普通高等教育“十三五”规划教材
现代支付精品系列

Android 支付开发实务

赵厚宝◎主　编

图书在版编目(CIP)数据

Android支付开发实务/赵厚宝主编. —上海:立信会计出版社,2019.11

ISBN 978-7-5429-5502-9

Ⅰ.①A… Ⅱ.①赵… Ⅲ.①移动终端—应用程序—应用—支付方式—程序设计 Ⅳ.①TN929.53 ②F830.4-39

中国版本图书馆CIP数据核字(2019)第271055号

策划编辑　张巧玲
责任编辑　张巧玲
封面设计　南房间

Android支付开发实务

出版发行	立信会计出版社		
地　　址	上海市中山西路2230号	邮政编码	200235
电　　话	(021)64411389	传　　真	(021)64411325
网　　址	www.lixinaph.com	电子邮箱	lixinaph2019@126.com
网上书店	http://lixin.jd.com		http://lxkjcbs.tmall.com
经　　销	各地新华书店		
印　　刷	浙江临安曙光印务有限公司		
开　　本	787毫米×1092毫米	1/16	
印　　张	22.75		
字　　数	580千字		
版　　次	2019年11月第1版		
印　　次	2019年11月第1次		
印　　数	1—2100		
书　　号	ISBN 978-7-5429-5502-9/F		
定　　价	59.00元		

如有印订差错,请与本社联系调换

前　言

随着我国国家信息化发展战略的深入推进和互联网、移动通信等技术在国内的普及应用与不断发展，商务模式也在迅速发生改变，移动支付作为移动网络时代一种新的生产力，以其特有的低成本、跨地域、随时随地及个性化等优势，正以一种前所未有的方式改变着传统商务活动的模式和格局，也深刻地影响着人们的商务理念和生活方式。

移动支付就是指以电子化移动工具和各类电子货币为媒介，以计算机技术和移动通信技术为手段，通过电子数据存储和传递的形式在计算机网络系统上实现资金的流通和支付。Android 是 Google 开发的、基于 Linux 平台的开源手机操作系统，占据了手机操作系统的大部分份额，相应地，使用 Android 手机进行移动支付的用户也越来越多，因此，对于将来想从事 Android 软件开发行业的初学者，在熟悉 Android 开发技术的基础上，掌握 Android 支付开发技术是很有必要的。

因为 Android 开发主要使用 Java 语言，所以本书第 1 章从零基础开始学习 Java 语言，要想学好 Android 开发，必须要有扎实的 Java 技术基础。Android 是基于 Linux 内核的操作系统，第 2 章介绍 Linux 基础知识和常用命令、vi 编辑器、用户和设备管理以及 Shell 编程。在 Android 开发中 SQLite 起着很重要的作用，它在数据存储、管理、维护等各方面都相当出色，功能也非常强大，SQLite 数据库的学习内容安排在第 3 章。XML 广泛应用于各种开发中，Android 也不例外，作为承载数据的一个重要角色，如何读写 XML 成为 Android 开发中一项重要的技能，这部分内容将在第 4 章中讲述。Android Studio 是一个 Android 集成开发工具，它基于 IntelliJ IDEA，提供了用于开发和调试的集成 Android 开发工具，第 5 章对 Android Studio 的使用做了详细介绍。第 6 章以实务形式介绍如何在 Android 中集成中国银行卡联合组织(以下简称银联)和支付宝的支付接口。

总之，开发一个 Android 应用并不难，但开发出一个优秀的、能够经受住市场考验的 Android 应用却并不容易，需要开发者有丰富的 Android 开发经验。本书从零基础开始介绍 Android 开发涉及的基础技术，最后以在 APP 中集成中国银联支付接口和支付宝支付接口为实例，介绍 Android 支付开发技术。无论是想从头开始学习 Android 应用开发的初学者，还是有一定经验的开发人员，本书都适合您。

编　者

2019 年 11 月

目　录

第1章　Java基础

Android上的应用大多用Java编写，Android应用程序开发也以Java为语言基础，没有扎实的Java基础知识，机械地照抄别人的代码，对于Android应用程序的开发是没有任何意义的，所以在Android课程前期学习阶段中，应用心把Java学好。

1.1　开发环境

Java的运行环境工具称为JDK(Java Development Kit，Java软件开发工具包)。JDK是Oracle公司提供的用于支持Java程序运行的开发工具包。

JDK是整个Java的核心，包括了Java运行环境(JRE)、Java开发工具和Java基础类库。

JRE是Java Runtime Environment的缩写，即Java运行时的环境，Java程序运行时必须有JRE的支持。

1.1.1　Java平台版本

Java分为J2SE、J2EE和J2ME三个不同的平台版本，即标准版(Java 2 Platform，Standard Edition)、企业版(Java 2 Platform，Enterprise Edition)和微型版(Java 2 Platform，Micro Edition)。从Java 1.5开始，它们被改称为Java SE、Java EE和Java ME。

各平台版本之间的差别在于适用范围不同：

(1) 标准版平台(Java SE)允许开发者开发和部署在桌面、服务器、嵌入式和实时环境中使用的Java应用程序。另外，Java SE包含了支持实现Java Web服务的类库，因此标准版是企业版的基础。

(2) 企业版平台(Java EE)帮助开发者开发和部署Java Web应用。企业版提供Web服务、组件模型、管理和通信API，可以用来实现企业级面向服务的体系结构(Service-Oriented Architecture，SOA)和Web 2.0应用程序。

(3) 微型版平台(Java ME)主要用于移动设备和嵌入式设备，如手机、PDA、电视机顶盒等。微型版包括灵活的用户界面、健壮的安全模型、许多内置的网络协议以及对可动态下载的在线和离线应用的支持。基于Java ME规范的应用程序与普通Java程序一样，因此其只编译一次，即可在许多设备上运行。

1.1.2 Java 开发与运行环境搭建(Java SE)

一、下载 JDK/JRE

访问 Oracle 公司的 Java SE 的下载主页(http://www.oracle.com/technetwork/Java/javase/downloads/index.html),选择一个版本(最新版为 Java SE 8),如图 1-1 所示。

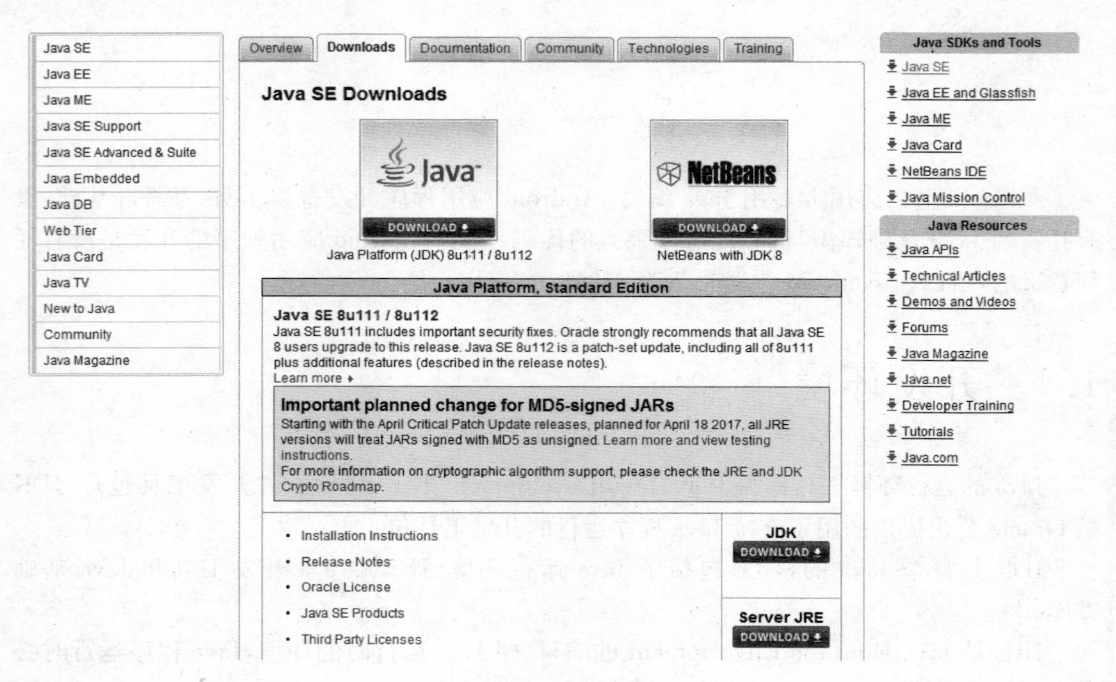

图 1-1 下载主页

此页面包含多个版本的 JDK、JRE、帮助文档、源代码等下载内容的链接。如果不是 Java 程序的开发者,仅仅想在自己的系统中运行 Java 程序,那么只需要一个 JRE;如果想使用 Java 开发自己的应用程序,则需要下载 JDK,其中已包含 JRE,因此下载了 JDK 后无须再单独下载 JRE。

这里以下载 Java SE 8 的 JDK 为例,点击相应的"Download"按钮,转到下载页面如图 1-2所示。

在此页面中,包含了对应各种操作系统的 JDK 下载链接,选择自己系统对应的 JDK,将其下载到本地硬盘上。注意,在下载之前需要先阅读"Oracle Binary Code License Agreement for Java SE",必须接受其中的条款才能下载 JDK(选中"Accept License Agreement")。

注意:操作系统分为 32 位操作系统和 64 位操作系统,对应地,JDK 也分为 32 位版和 64 位版(名称中带有"i586"或"x86"的为 32 位版,带有"x64"则表示该 JDK 为 64 位版)。64 位版 JDK 只能安装在 64 位操作系统上,32 位版 JDK 则既可以安装在 32 位操作系统上,也可以安装在 64 位操作系统上。因为 64 位的操作系统能够兼容 32 位操作系统的应用程序。换句话说,即使 CPU 是 64 位的,但如果安装的操作系统是 32 位的,那么也无法安装 64 位版的 JDK。

Java SE Development Kit 8 Downloads

Thank you for downloading this release of the Java™ Platform, Standard Edition Development Kit (JDK™). The JDK is a development environment for building applications, applets, and components using the Java programming language.

The JDK includes tools useful for developing and testing programs written in the Java programming language and running on the Java platform.

See also:

- Java Developer Newsletter: From your Oracle account, select **Subscriptions**, expand **Technology**, and subscribe to **Java**.
- Java Developer Day hands-on workshops (free) and other events
- Java Magazine

JDK 8u111 Checksum
JDK 8u112 Checksum

Java SE Development Kit 8u111

You must accept the Oracle Binary Code License Agreement for Java SE to download this software.

Accept License Agreement　Decline License Agreement

Product / File Description	File Size	Download
Linux ARM 32 Hard Float ABI	77.78 MB	jdk-8u111-linux-arm32-vfp-hflt.tar.gz
Linux ARM 64 Hard Float ABI	74.73 MB	jdk-8u111-linux-arm64-vfp-hflt.tar.gz
Linux x86	160.35 MB	jdk-8u111-linux-i586.rpm
Linux x86	175.04 MB	jdk-8u111-linux-i586.tar.gz
Linux x64	158.35 MB	jdk-8u111-linux-x64.rpm
Linux x64	173.04 MB	jdk-8u111-linux-x64.tar.gz
Mac OS X	227.39 MB	jdk-8u111-macosx-x64.dmg
Solaris SPARC 64-bit	131.92 MB	jdk-8u111-solaris-sparcv9.tar.Z
Solaris SPARC 64-bit	93.02 MB	jdk-8u111-solaris-sparcv9.tar.gz
Solaris x64	140.38 MB	jdk-8u111-solaris-x64.tar.Z
Solaris x64	96.82 MB	jdk-8u111-solaris-x64.tar.gz
Windows x86	189.22 MB	jdk-8u111-windows-i586.exe
Windows x64	194.64 MB	jdk-8u111-windows-x64.exe

图 1-2　下载页面

二、安装 JDK/JRE

无论是在 Windows 还是在 Linux 中，安装 JDK 都很简单，与安装其他程序是一样的。

在 Windows 中，双击刚才下载的“jdk-8u111-windows-i586.exe”文件，就会打开安装界面。点击“下一步”按钮，可以在此选择需要安装的组件和安装目录，窗口右侧是对所选组件的说明，包括组件功能和所需的磁盘空间；可以点击“更改”按钮来改变安装目录。点击“下一步”即开始正式安装。安装完毕后，将会显示安装已完成的信息，点击“完成”按钮即可完成安装。

来到安装文件夹下，可以看到已安装的 JDK 的目录结构。(注意其中包含名为“jre”的文件夹，正如前面所说，JDK 包含了 JRE)

在 Linux 中下载 JDK 时，可以选择.rpm 或.tar.gz 格式的安装文件，这里以后者为例进行说明。

首先解压缩下载的文件，输入命令“tar-xf jdk-8u111-linux-i586.tar.gz-C/usr”，将文件解压到/usr 目录下，这样就完成了安装。

三、设置环境变量

环境变量是指在操作系统中用来指定操作系统运行环境的一些参数，如临时文件夹位置和系统文件夹位置等。环境变量相当于给系统或应用程序设置的一些参数。

Java 程序的编译或运行，都是基于命令行的，所以在此之前必须设置一些环境变量的值。有些 Java IDE(集成开发环境)内置了 JDK,因此使用这些 IDE 时可以不指定环境变量。还有些程序需要个性化的环境变量(如 Apache Tomcat 需要 JAVA _HOME 环境变量)。

与 JDK 或 JRE 的使用有关的是 PATH、CLASSPATH 等几个环境变量。这里先解释一下这些变量的含义。

PATH 变量用来告诉操作系统到哪里去查找一个命令。如果清空 PATH 变量的值,在 Windows 中运行一个外部命令时,将提示未知命令错误,如图 1-3 所示(在 Linux 中也是一样)。

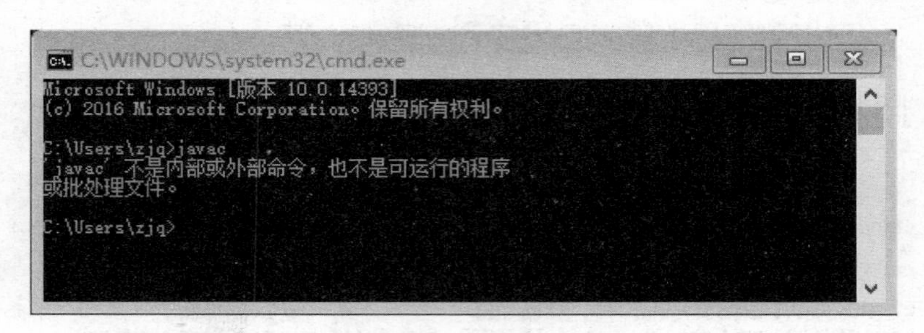

图 1-3 Windows 命令窗口

在 Windows 中,“dir”“cd”等命令是内部命令,类似于 DOS 中的常驻命令。这些命令在命令行窗口启动时会自动加载到内存中,不需要到磁盘上去寻找对应的可执行文件,因此即使清空了 PATH 变量的值也不会影响这些命令的使用。然而,像“Java”这样的外部命令,在执行时必须先由操作系统到指定的目录找到对应的可执行程序,然后才能加载并运行。到哪里去寻找这些程序就是依靠 PATH 变量来指定的。

Linux 也是类似,并且在 Linux 中,PATH 环境变量更为重要,因为 Linux 的很多基本命令都属于外部命令,如“ls”“mkdir”等。当将 PATH 变量清空后,这些命令都将无法使用(有一些内部命令仍然可以使用)。

CLASSPATH 是编译或运行 Java 程序时用来告诉 Java 编译器或虚拟机到哪里查找 Java 类文件的。

在 Windows XP 或之前的版本中,依次右键点击“我的电脑”→“属性”→“高级”→“环境变量”;在 Windows Vista 和 Windows 7 中则依次右键点击“我的电脑”→“属性”→“高级系统设置”→“高级”→“环境变量”;在 Windows 10 版本中,依次右键点击“开始”→“系统”→“高级系统设置”→“环境变量”,打开环境变量设置窗口,如图 1-4 所示。

选中用户变量 Path,点击“编辑...”,编辑写入“C:\Program Files\Java\ jdk1. 8. 0_111 \bin”(与 JDK 安装目录相同),点击“确定”按钮。然后新建一个 CLASSPATH 变量,暂时将值设置为“.”。

设置完成后,环境变量设置窗口如图 1-5 所示。点击确定按钮,环境变量设置完成。

注意: 在 Windows 中,环境变量分为“用户变量”和“系统变量”,它们的区别是,“用户变量”只对当前的用户起作用,而“系统变量”则对系统中的所有用户起作用。如果希望在多个用户之间共享环境变量的设置,可以将这些环境变量设置为系统变量,否则,应该使用用户变量,避免影响其他用户。在 Linux 中也有类似的概念。

在 Linux 中,可以通过编辑“~/. bashrc”文件来修改环境变量。在文件最后添加下面几行脚本,然后保存并退出。

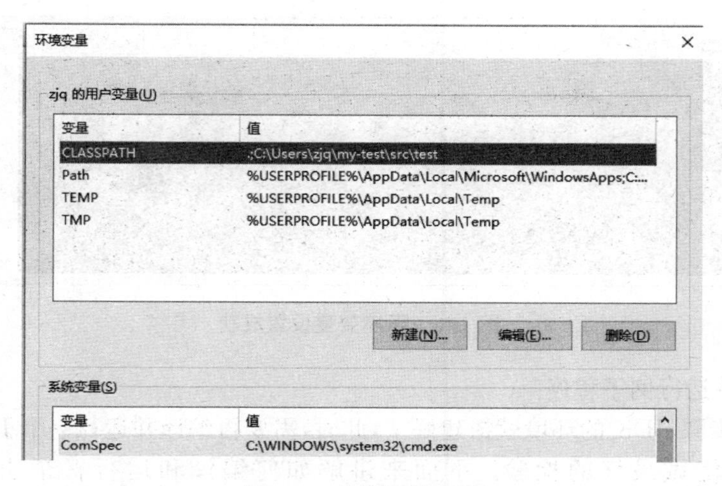

图 1-4　设置环境变量

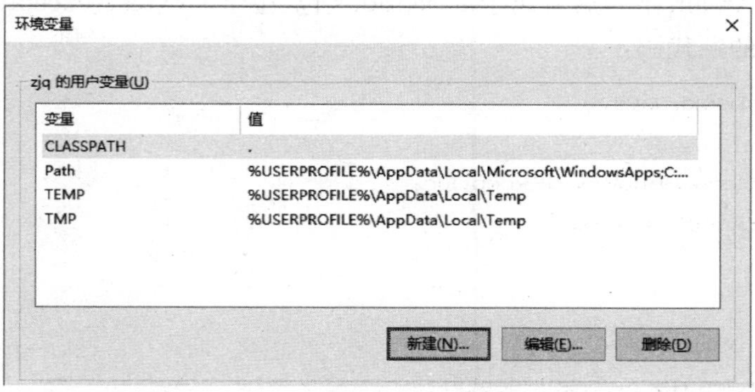

图 1-5　设置环境变量窗口

```
JAVA_HOME=/usr/jdk1.8.0
JAVA_BIN=/usr/jdk1.8.0/bin
PATH=$PATH:$JAVA_HOME/bin
CLASSPATH=.
export JAVA_HOME JAVA_BIN PATH CLASSPATH
```

注意：Linux 中每个用户的 home 目录下都有. bashrc 文件，这个文件用来保存用户的个性化设置，如命令别名、路径等，当然也可以用来定义环境变量。此文件是与每个用户相关的，一个用户的设置不会影响到其他用户，在这里设置环境变量相当于前面讲的 Windows 的用户环境变量。Linux 的全局设置通常保存在"/etc/profile"文件中。

另外，Linux 中 PATH 和 CLASSPATH 的分割符都是"："，而 Windows 中是"；"。

当环境变量设置完成后，在 Windows 中打开新的命令行窗口，在 Linux 中使用"source ~/. bashrc"命令重新加载. bashrc 文件，即可使新的环境变量生效。输入"Java-version"命令，会出现如图 1-6 所示的内容。

图 1-6　环境变量设置成功

四、编译并运行例子程序

经过以上步骤，JDK 的环境就搭建好了，此时，需要再编译并运行一个 Java 例子程序来对刚搭建的环境做最终的检验。下面来讲解如何编译和运行一个 Java 程序，以及 CLASSPATH 的作用。

程序有两个 Java 文件：ExceptionDemo. Java 和 HelloWorldException. Java，前者属于 main 包(位于 src\main 下)，后者属于 exceptions 包(位于 src\test\exceptions 下)。

下面是它们的源代码：

```
(1) ExceptionDemo. Java:
package main;
import exceptions.HelloWorldException;
public class ExceptionDemo {
    /**
     *
     * @param args
     * @throws HelloWorldException
     */
    public static void main(String[] args)
            throws HelloWorldException {
        throw new HelloWorldException( );
    }
}

(2) HelloWorldException. Java:
package exceptions;
public class HelloWorldException extends Exception {
        public HelloWorldException( ) {
        super("Hello World!");
    }
}
```

此程序是一个经典的 HelloWorld 程序。要编译这个程序，首先尝试第一种方法(下面的操作是在 Windows 命令行下进行的，Linux 与此类似)：

进入 src 文件夹，输入“javac main\ExceptionDemo. Java”，但编译报错，如图 1-7 所示。

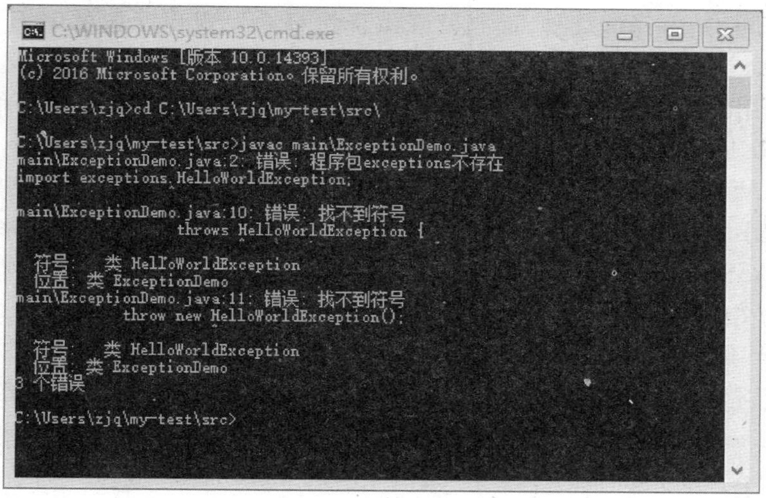

```
C:\WINDOWS\system32\cmd.exe
Microsoft Windows [版本 10.0.14393]
(c) 2016 Microsoft Corporation。保留所有权利。

C:\Users\zjq>cd C:\Users\zjq\my-test\src\

C:\Users\zjq\my-test\src>javac main\ExceptionDemo.java
main\ExceptionDemo.java:2: 错误: 程序包exceptions不存在
import exceptions.HelloWorldException;

main\ExceptionDemo.java:10: 错误: 找不到符号
                throws HelloWorldException {

  符号:   类 HelloWorldException
  位置: 类 ExceptionDemo
main\ExceptionDemo.java:11: 错误: 找不到符号
            throw new HelloWorldException();

  符号:   类 HelloWorldException
  位置: 类 ExceptionDemo
3 个错误

C:\Users\zjq\my-test\src>
```

图 1-7　编译报错

提示找不到 HelloWorldException 是因为该 Java 文件位于“test\exceptions\”目录下，但它的包名却是“exceptions”。从当前的 src 目录，javac 无法找到 exceptions 目录，因为“src\exceptions”目录是不存在的。

接下来，我们尝试第二种方法：

由 src 目录进入 test 目录，运行“javac ..\main\Exceptiondemo. Java”，如图 1-8 所示。

图 1-8　编译成功

编译没有报错而是通过了，并且 main 目录下生成了 ExceptionDemo. class 文件，说明编译确实成功了。我们使用了“javac..\main\Exceptiondemo. Java”，这明显不是

ExceptionDemo 的包路径，为什么编译器却不报错呢？

原来，javac 只是将“..\main\Exceptiondemo. Java”当作普通路径来寻找 Java 源程序文件，找到后即开始编译此文件，而当其在编译过程中发现程序还引用了其他类时（如 ExceptionDemo. Java 中引用了 HelloWorldException 类），就会暂停对当前文件的编译，开始寻找这个引用的类文件，如果未找到，那么将会报告错误，编译失败。前一种方法就是因为没有找到 HelloWorldException 类而出错的。

那么 javac 程序是如何查找程序引用的其他类的呢？答案是按照 CLASSPATH 指定的路径加上程序所引用类的包名来查找。CLASSPATH 默认为“.”，即当前路径（我们之前也设置了 CLASSPATH 的值为“.”，但即使不设置，javac 也会默认以当前路径为起点来查找所引用的类文件）。

因此 javac 会检查“src\test\exceptions\”中是否有 HelloWorldException. class 文件，如果有，则继续检查其中是否有 HelloWorldException. Java 文件，如果两者都存在，则检查 HelloWorldException. class 是否比 HelloWorldException. Java 更新，如果是，则加载 HelloWorldException. class 并继续编译 ExceptionDemo. Java。而如果比较是 HelloWorldException. Java 更新，或者不存在 HelloWorldException. class，则说明需要重新编译 HelloWorldException. Java 文件。如果只有 HelloWorldException. class 文件而不存在 HelloWorldException. Java 文件，则加载它并继续编译 ExceptionDemo. Java。如果没有找到目标文件（HelloWorldException. class 或 HelloWorldException. Java），那么 javac 报告错误。

也就是说，编译是递归进行的：当程序中引用了其他类时，javac 会判断是否需要编译这些类，如果需要，则 javac 会首先编译它们，如果这些类再次用到了其他的类，javac 将再次重复此过程，直到完成全部编译。

只要在此过程中有任何类没有找到，那么 javac 将报告错误并中止编译。

默认的 CLASSPATH 是当前目录（“.”），我们也可以设置为需要的路径，让 javac 据此查找类文件（这就是前面所说的为什么只是暂时将 CLASSPATH 设置为“.”的原因）。在这个例子中，我们设置 CLASSPATH 为“.；C：\Users\zjq\my-test\src\test”（注意 Linux 中分隔符为“：”），如图 1-9 所示。

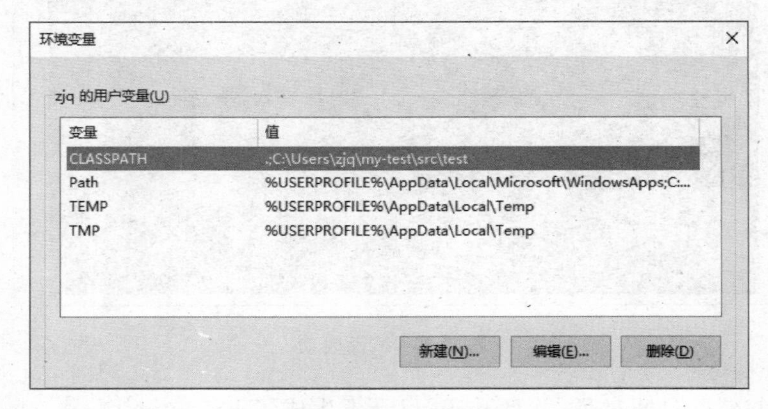

图 1-9　设置 CLASSPATH

然后在 src 目录下就可以使用命令“javac main\ExceptionDemo. Java”进行编译，如图 1-10 所示。

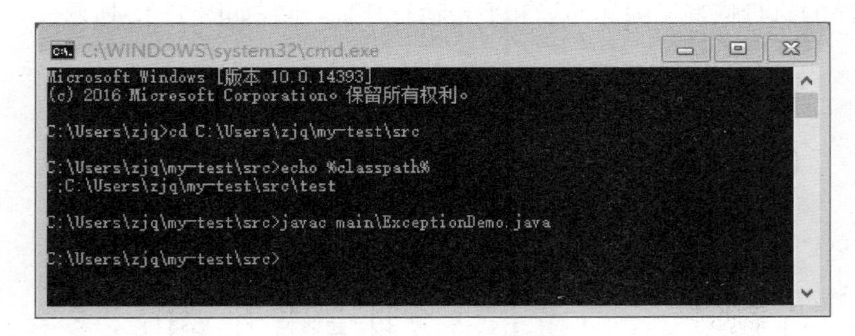

图 1-10　设置 CLASSPATH 后编译成功

这是因为设置了 CLASSPATH 后，javac 总能找到 HelloWorldException 类。当涉及的类很多而这些类并不在同一个目录下时，只能使用 CLASSPATH 来指定这些类的路径，因为无法同时处于多个类的“当前目录”下。

另外一个需要注意的问题是，JDK 包含的 Java 基础类(如 Java. lang 包中的类)并不需要指定 CLASSPATH——Java 知道如何找到它们。

编译完成后，运行程序，程序将抛出一个异常，并向世界问好，如图 1-11 所示。

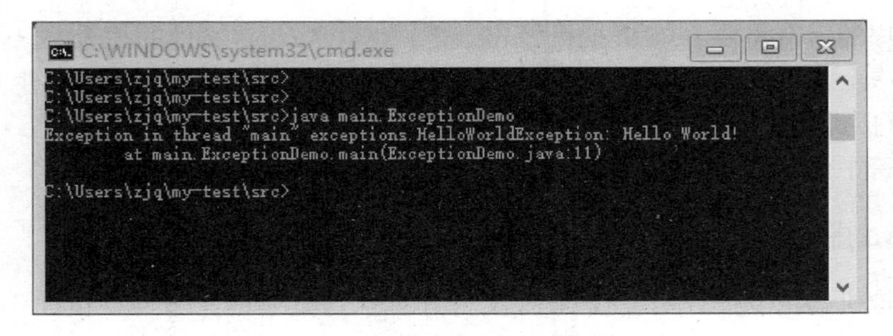

图 1-11　程序运行成功

注意：必须输入完整的包名和类名，不过不需要. class 后缀，且大小写不能弄错，因为 Java 是区分大小写的。完整的包名+类名在 Java 中称为类的完全限定名。

至此为止，我们成功地搭建起了 Java 开发和运行环境。

1.2　理解 Java 虚拟机体系结构

Java 技术的核心就是 Java 虚拟机(JVM，Java Virtual Machine)，因为所有的 Java 程序都运行在 Java 虚拟机内部。Java 平台由 Java 虚拟机和 Java 核心类所构成，不管下层操作系统是什么，它都为纯 Java 程序提供了统一的编程接口。正是得益于 Java 虚拟机，“一次编译，到处运行”才能得到保障。

1.2.1 Java程序执行流程

Java程序的执行依赖于编译环境和平台运行环境，流程如图1-12所示。

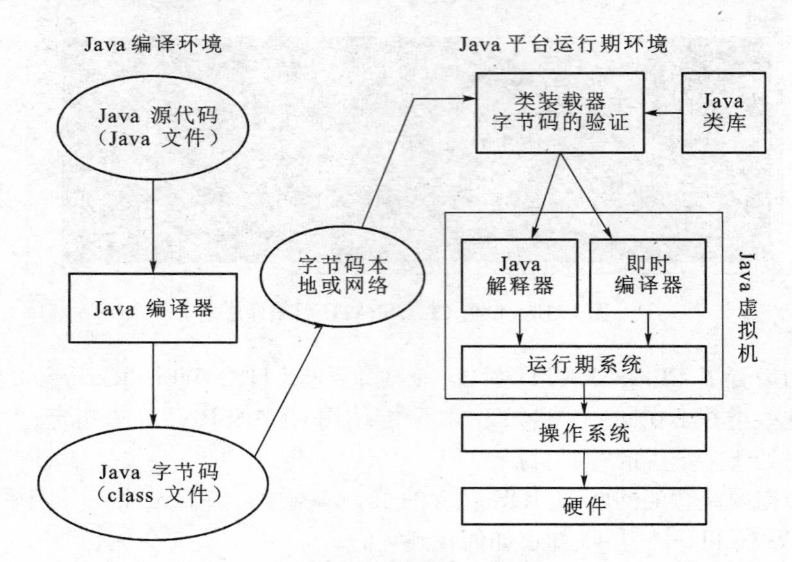

图1-12 Java程序运行流程

Java程序的运行需要Java虚拟机、Java API和Java class文件的配合。Java虚拟机实例负责运行一个Java程序。当启动一个Java程序时，一个虚拟机实例就诞生了。当程序结束，这个虚拟机实例也就消亡了。

Java的跨平台特性，是因为它有针对不同平台的虚拟机。

1.2.2 Java虚拟机

Java虚拟机的主要任务是装载class文件并且执行其中的字节码。由图1-12可以看出，类装载器(Class Loader)负责从程序和Java类库中装载class文件，Java类库只有程序执行时需要的类才会被装载，字节码由Java虚拟机来执行。

Java虚拟机由操作系统上的软件实现，Java程序通过调用本地方法和操作系统进行交互。Java方法由Java语言编写，编译成字节码，存储在class文件中。本地方法由C/C++/汇编语言编写，编译成和处理器相关的机器代码，存储在动态链接库中，格式是各个平台专有。所以本地方法是联系Java程序和底层操作系统的连接方式。

由于Java虚拟机并不知道某个class文件是如何被创建的，并对其是否被篡改一无所知，所以它实现了一个字节码验证器，确保class文件中定义的类型可以安全地使用。

1.2.3 Java虚拟机数据类型

Java虚拟机通过某些数据类型来执行计算。数据类型可以分为两种：基本类型和引用类型，如图1-13所示。

其中boolean有点特别，当编译器把Java源码编译为字节码时，它会用int或byte表示boolean。在Java虚拟机中，false是由0表示，而true则由所有非0整数表示。和Java语

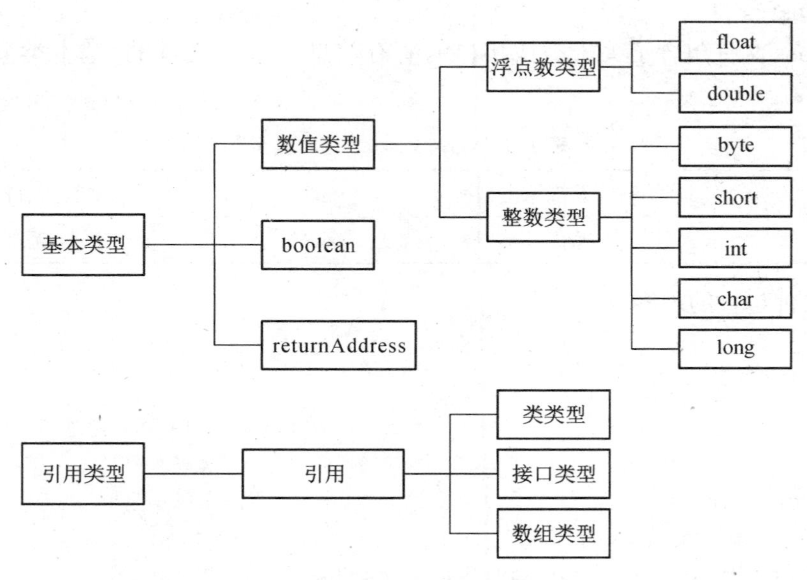

图 1-13　Java 数据类型

言一样，Java 虚拟机的基本类型的值域在任何地方都是一致的，不管主机平台是什么，一个 long 在任何虚拟机中总是一个 64 位二进制补码的有符号整数。

对于 returnAddress，这个基本类型被用来实现 Java 程序中的 finally 子句，Java 程序员不能使用这个类型，它的值指向一条虚拟机指令的操作码。

1.2.4　体系结构

在 Java 虚拟机规范中，一个虚拟机实例的行为是分别按照子系统、内存区、数据类型和指令来描述的，这些组成部分一起展示了抽象的虚拟机的内部体系结构，如图 1-14 所示。

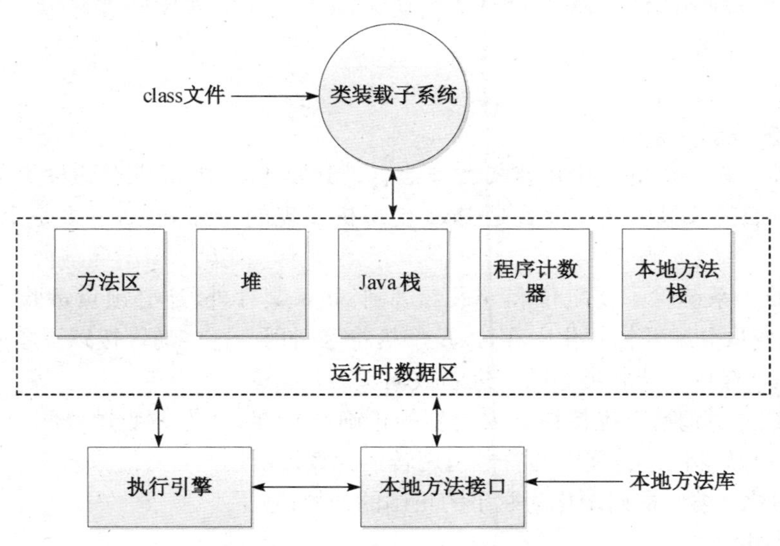

图 1-14　虚拟机内部体系结构

（一）class 文件

Java class 文件包含了关于类或接口的所有信息。class 文件的“基本类型”如表 1-1 所示。

表 1-1　class 文件的“基本类型”

u1	1 个字节，无符号类型	u4	4 个字节，无符号类型
u2	2 个字节，无符号类型	u8	8 个字节，无符号类型

class 文件包含的内容：

```
ClassFile {

    u4 magic;                                    //魔数：0xCAFEBABE，用来判断是不是 Java class 文件
    u2 minor_version;                            //次版本号
    u2 major_version;                            //主版本号
    u2 constant_pool_count;                      //常量池大小
    cp_info constant_pool[constant_pool_count-1];  //常量池
    u2 access_flags;                             //类和接口层次的访问标志（通过运算得到）
    u2 this_class;                               //类索引（指向常量池中的类常量）
    u2 super_class;                              //父类索引（指向常量池中的类常量）
    u2 interfaces_count;                         //接口索引计数器
    u2 interfaces[interfaces_count];             //接口索引集合
    u2 fields_count;                             //字段数量计数器
    field_info fields[fields_count];             //字段表集合
    u2 methods_count;                            //方法数量计数器
    method_info methods[methods_count];          //方法表集合
    u2 attributes_count;                         //属性个数
    attribute_info attributes[attributes_count]; //属性表

}
```

（二）类装载器子系统

类装载器子系统负责查找并装载类型信息。其实 Java 虚拟机有两种类装载器：系统装载器和用户自定义装载器。前者是 Java 虚拟机实现的一部分，后者则是 Java 程序的一部分。

类装载器子系统除了要定位和导入二进制 class 文件外，还必须负责验证被导入类的正确性，为类变量分配并初始化内存，以及解析符号引用。这些动作按以下顺序进行：

（1）装载：查找并装载类型的二进制数据。

（2）连接：执行验证（确保被导入类型的正确性）、准备（为类变量分配内存，并将其初始化为默认值）、解析（把类型中的符号引用转换为直接引用）。

（3）初始化：类变量初始化为赋予的正确的初始值。

（三）方法区

在 Java 虚拟机中，关于被装载的类型信息存储在一个方法区的内存中。当虚拟机装载

某个类型时，它使用类装载器定位相应的class文件，然后读入这个class文件并将它传输到虚拟机中，接着虚拟机提取其中的类型信息，并将这些信息存储到方法区。

（四）堆

Java程序在运行时创建的所有类实例或数组（数组在Java虚拟机中是一个真正的对象）都放在同一个堆中。由于Java虚拟机实例只有一个堆空间，所以所有线程都将共享这个堆。需要注意的是，Java虚拟机有一条在堆中分配对象的指令，却没有释放内存的指令，这是因为虚拟机把这个任务交给垃圾收集器处理。Java虚拟机规范并没有强制规定垃圾收集器，它只要求虚拟机实现必须"以某种方式"管理自己的堆空间。比如，某个实现可能只有固定大小的堆空间，当空间填满，它就简单抛出OutOfMemory异常，根本不考虑回收垃圾对象的问题，但这却是符合规范的。

（五）Java栈

每当启动给一个线程时，Java虚拟机会为它分配一个Java栈。Java栈由许多栈帧组成，一个栈帧包含一个Java方法调用的状态。当线程调用一个Java方法时，虚拟机压入一个新的栈帧到该线程的Java栈中，当该方法返回时，这个栈帧就从Java栈中弹出。Java栈存储线程中，Java方法调用的状态包括局部变量、参数、返回值以及运算的中间结果等。Java虚拟机没有寄存器，其指令集使用Java栈来存储中间数据。这样设计的原因是为了保持Java虚拟机的指令集尽量紧凑，同时也便于Java虚拟机在只有很少通用寄存器的平台上实现。另外，基于栈的体系结构，也有助于运行时某些虚拟机实现的动态编译器和即时编译器的代码优化。

（六）程序计数器

对于一个运行中的Java程序而言，每一个线程都有它的程序计数器。程序计数器也叫PC寄存器。程序计数器既能持有一个本地指针，也能持有一个returnAddress。当线程执行某个Java方法时，程序计数器的值总是下一条被执行指令的地址。这里的地址可以是一个本地指针，也可以是方法字节码中相对该方法起始指令的偏移量。如果该线程正在执行一个本地方法，那么此时程序计数器的值是"undefined"。

（七）本地方法栈

任何本地方法接口都会使用某种本地方法栈。当线程调用Java方法时，虚拟机会创建一个新的栈帧并压入Java栈。当它调用的是本地方法时，虚拟机会保持Java栈不变，不再在线程的Java栈中压入新的栈，虚拟机只是简单地动态连接并直接调用指定的本地方法。

其中方法区和堆由该虚拟机实例中所有线程共享。当虚拟机装载一个class文件时，它会从这个class文件包含的二进制数据中解析类型信息，然后把这些类型信息放到方法区。当程序运行时，虚拟机会把所有该程序在运行时创建的对象放到堆中。

像其他运行时内存区一样，本地方法栈占用的内存区可以根据需要动态扩展或收缩。

（八）执行引擎

在Java虚拟机规范中，执行引擎的行为使用指令集定义。实现执行引擎的设计者将决定如何执行字节码，实现可以采取解释、即时编译或直接使用芯片上的指令执行等方式，还可以混合使用上述方式。

执行引擎可以理解成一个抽象的规范、一个具体的实现或一个正在运行的实例。抽象规范使用指令集规定了执行引擎的行为。具体实现可能使用多种不同的技术——包括软件方面、硬件方面或树种技术的结合。作为运行时实例的执行引擎就是一个线程。

运行中Java程序的每一个线程都是一个独立的虚拟机执行引擎的实例。从线程生命周期的开始到结束，它要么在执行字节码，要么执行本地方法。

（九）市地方法接口

Java本地接口，也叫JNI(Java Native Interface)，是为可移植性准备的。

1.3 编程基础

1.3.1 Java程序的基本元素

Java程序由空白分隔符、标识符、常量、注释、分隔符、关键字和类库等组成。

（一）空白分隔符(whitespace)

Java是一种形式自由的语言。这意味着不需要遵循任何特殊的缩进书写规范。例如，例子程序的所有代码都可以在一行上，程序员也可以按自己喜欢的方式输入程序代码，前提是必须在已经被运算符或分隔符描述的标记之间至少留出一个空白分隔符。在Java中，空白分隔符可以是空格、Tab跳格键或是换行符。

（二）标识符(identifiers)

标识符是类、方法或是变量的名字。一个标识符可以是大写和小写字母、数字、下划线、美元符号的任意顺序组合，但不能以一个数字开始，否则容易与数字、常量相混淆。需要强调的是，Java是区分大小写的，VALUE和Value是两个不同的标识符。下面是一些有效的标识符：

```
AvgTemp count a4 $test this_is_ok
```

下面是一些无效的变量名：

```
2count high-temp Not/ok
```

（三）常量(literal)

在Java中，常量用literal表示。例如，下面是一些常量：

```
10          20.8 'A' "This is a test"
```

从左到右，第一个表示一个整数，第二个是浮点值，第三个是一个字符常数，最后是一个字符串。常量能在任何地方被它所允许的类型使用，代表的是所属类型的一个值。

（四）注释(comments)

Java定义了3种注释的类型：单行注释、多行注释和文档注释(documentation comment)。这类注释以HTML文件的形式为程序作注释。文档注释以“/＊＊”开始，以“＊/”结束。

（五）分隔符(separators)

在Java中，有一些字符被当作分隔符使用，最常用的分隔符是分号(;)，用来分隔语句，表1-2是常用分隔符。

表 1-2 常用分割符

符号	名称	用 途
( )	圆括号、小括号	在定义和调用方法时用来容纳参数表。在控制语句或强制类型转换组成的表达式中用来表示执行或计算的优先权
{}	花括号、大括号	用来包括自动初始化的数组的值。也用来定义程序块、类、方法以及局部范围
[]	方括号、中括号	用来声明数组的类型,也用来表示撤销对数组值的引用
;	分号	用来终止一个语句
,	逗号	在变量声明中,用于分隔变量表中的各个变量。在 for 控制语句中,用来将圆括号内的语句连接起来
.	句号(点)	用来将软件包的名字与它的子包或类分隔。也用来将引用变量与变量或方法分隔

(六) 关键字

目前 Java 语言一共定义了 48 个保留关键字(见表 1-3)。这些关键字与运算符和分隔符的语法一起构成 Java 语言的定义。这些关键字不能用于变量名、类名或方法名。关键字 const 和 goto 虽然被保留但未被使用。在 Java 语言的早期,还有几个其他关键字被保留以备以后使用。除了上述关键字,Java 还有以下保留字: true,false,null。这些词是 Java 定义的值。这些词也不能作为变量名、类名等。

表 1-3 保留关键字

abstract	const	finally	Int	public	this
boolean	continue	float	interface	return	throw
break	default	for	long	short	throws
byte	do	goto	native	static	transient
case	double	if	new	strictfp	try
catch	else	implements	package	super	void
char	extends	import	private	switch	volatile
class	final	instanceof	protected	synchronized	while

(七) 类库

Java 环境依靠几个内置的类库,这些类库包含许多内置的方法,用以提供对输入/输出(I/O)、字符串处理、网络、图形等的支持。标准的类还提供对窗口输出的支持。因此,作为一个整体,Java 是 Java 语言本身和它的标准类的组合体,Java 类库提供了 Java 的许多功能。毫无疑问,要成为一个 Java 程序员,其中的一部分工作就是学会使用标准的 Java 类。

1.3.2 Java 数据类型、变量和数组

Java 语言中三个最基本的元素: 数据类型、变量和数组。就像所有的现代编程语言一样,Java 支持多种数据类型。程序员可以使用这些类型声明变量或创建数组。

一、数据类型

Java 定义了八个简单(基本)的数据类型：字节型(byte)、短整型(short)、整型(int)、长整型(long)、字符型(char)、单精度浮点型(float)、双精度浮点型(double)、布尔型(boolean)。这些类型可分为 4 组。

整数类型：该组包括字节型(byte)、短整型(short)、整型(int)和长整型(long)。它们都是有符号整数。

浮点类型：该组包括单精度浮点型(float)、双精度浮点型(double)，它们代表有小数精度要求的数字。

字符类型：该组包括字符型(char)，它代表字符集的符号。

布尔类型：该组包括布尔型(boolean)，它是一种特殊的类型，表示真/假值。

程序员可以按照定义使用它们，也可以构造数组或类的类型来使用它们。因此，它们就形成了程序员可能创建的所有其他类型数据的基础。

简单数据类型代表单值，而不是复杂的对象。Java 是完全面向对象的，但简单数据类型不是这样。它们类似于其他大多数非面向对象语言的简单数据类型。这样类比的原因是出于效率方面的考虑。在面向对象中引入简单数据类型不会对执行效率产生太多的影响。简单类型的定义有明确的范围，而且有数学特性。像 C 和 C＋＋这样的语言，整数大小根据执行环境的规定而变化。然而，Java 不是这样。因为 Java 可移植性的要求，所有的数据类型都有一个严格的定义的范围。例如，不管是基于什么平台，整型(int)总是 32 位。这样写出来的程序在任何机器体系结构上都可以保证运行。当然，严格地指定一个整数的大小在一些环境上可能会损失性能，但为了达到可移植性，这种损失是必要的。

下面我们依次讨论每种数据类型。

(一) 整数类型

Java 定义了 4 个整数类型：字节型(byte)、短整型(short)、整型(int)和长整型(long)。这些都是有符号的值，正数或是负数。Java 不支持仅仅是正的无符号的整数。许多其他计算机语言，包括 C/C＋＋，支持有符号或无符号的整数。然而，Java 的设计者认为无符号整数是不必要的。具体地说，他们认为无符号(unsigned)概念主要被用来指定高位(High-order Bit)状态，它定义了当 int 表示一个数字时的符号。Java 对高位含义的管理是不同的，它通过增加一个专门的“无符号右移”运算符来管理高位。这样，就不需要无符号整数了。整数类型的长度不应该被理解为它占用的存储空间，而应该是该类变量和表达式的行为。只要对类型进行了说明，Java 的运行环境对该类的大小是没有限制的。事实上，为了提高性能，字节型和短整型的存储至少是 32 位，而非 8 位和 16 位，因为这是现在大多数计算机使用的字节的大小。

1. 字节型

最小的整数类型是字节型。它是有符号的 8 位类型，数的范围是－128～127。在从网络或文件中处理数据流的时候，字节类型的变量特别有用。在处理可能与 Java 的其他内置类型不直接兼容的未加工的二进制的数据时，它们也是有用的。

通过“byte”这个关键字的使用来定义字节变量。例如，下面定义了 2 个变量，称为 b 和 c：

```
byte b, c;
```

2. 短整型

“short”是有符号的 16 位类型，数的范围是－32 768～32 767。因为它被定义为高字节优先（称为 big-endian 格式），所以它可能是 Java 中使用得最少的类型。这种类型主要适用于 16 位计算机，而这种计算机现在已经很少见了。下面是声明 short 型变量的一些例子：

```
short x;
short y;
```

3. 整型

最常用的整型是 int。它是有符号的 32 位类型，int 型的变量通常被用来控制循环及作数组的下标。当整数表达式包含 byte、short、int 及字面量数字时，在进行计算以前，所有表达式的类型会被提升到整型。整型是最通用并且有效的类型，当想要计数或表示数组下标、进行整数计算时，应该使用整型。虽然使用字节型和短整型可以节约空间，但是不能保证 Java 不会把那些类型提升到整型。应当记住，类型决定行为，而不是大小（唯一的例外是数组，字节型的数据保证每个数组元素只占用一个字节，短整型使用 2 个字节，整型将使用 4 个字节）。

4. 长整型

long 是有符号的 64 位类型，它对于那些整型不足以保存所要求的数值时是有用的。长整型数的范围是相当大的。这使得大的、整个数字都被需要时，它是非常有用的。例如，计算光在一个指定的天数旅行的公里数。

（二）浮点类型

浮点数字，也就是人们知道的实数（real），当计算的表达式有精度要求时会被使用。例如，计算平方根，或超出人类经验的计算如正弦和余弦，它们的计算结果的精度要求使用浮点型。浮点型有 2 种，单精度浮点型（float）及双精度浮点型（double）。

1. 单精度浮点型

“float”占用 32 位存储空间。在一些处理器上处理单精度类型变量的速度比双精度类型的更快，而且单精度类型变量占用的空间只有双精度类型变量的一半，但是当值很大或很小的时候，它将变得不精确。当你需要小数部分并且对精度的要求不高时，单精度浮点型的变量是有用的。例如，当表示美元和分时，单精度浮点型是有用的。声明 float 型变量的例子：

```
float bigtemp, littletemp;
```

2. 双精度浮点型

“double”占用 64 位的存储空间。在一些现代的被优化用来进行高速数学计算的处理器上，双精度浮点型实际上比单精度的快。所有超出人类经验的数学函数，如 sin( )、cos( ) 和 sqrt( )均返回双精度浮点型的值。当你需要保持多次反复迭代的计算的精确性时，或在操作值很大的数字时，双精度浮点型是最好的选择。

（三）字符类型

在 Java 中，存储字符的数据类型是 char。但是，Java 的 char 与 C 或 C＋＋中的 char 不同，在 C/C＋＋中，char 的宽是 8 位整数，但 Java 使用 Unicode 码代表字符。Unicode 定义的国际化的字符集能表示迄今为止人类语言的所有字符集，它是几十个字符集的统一，例如，拉丁文、希腊语、阿拉伯语、古代斯拉夫语、希伯来语、日文片假名、匈牙利语等，因此它要求16位。这样，Java中的char型是16位，其范围是0～65 536、没有负数的char。人们熟知的标准字符集ASCII码的范围仍然是0～127，扩展的8位字符集的范围是0～255。由于Java被设计为允许其开发的applet在世界范围内使用，因此使用Unicode码代表字符是必然的。当然，Unicode的使用对于英语、德语、西班牙语或法语的语言是有点低效的，因为它们的字符能够被包含在8位以内。但是为了全球的可移植性，Java的char统一采用16位。

（四）布尔类型

Java有一种表示逻辑值的简单类型，它被称为布尔型。它的值只能是真或假这两个值中的一个。它是所有的如a<b这样的关系运算的返回类型。布尔类型对管理像if、for这样的控制语句的条件表达式也是必需的。

二、变量

变量是Java程序的一个基本存储单元。变量是一个标识符、类型及一个可选初始值的组合定义。此外，所有的变量都有一个作用域，定义变量的可见性和生存期。

（一）声明一个变量

在Java中，所有的变量必须先声明再使用。基本的变量声明方法如下：

```
type identifier [ = value][,identifier [= value] ...];
```

“type”是Java的基本类型之一，也是类及接口类型的名字。标识符(identifier)是变量的名字，指定一个等号和一个值来初始化变量。声明指定类型的多个变量时，使用逗号将各变量分开。

```
int a, b, c;  //declares three ints, a, b, and c.
int d = 3, e;//declares two ints, initializing d.
char x = 'x';   // the variable x has the value 'x'.
```

（二）动态初始化

Java允许在变量声明时使用任何有效的表达式来动态地初始化变量。

```
double a = 3.0, b = 4.0;
double c = Math.sqrt(a * a + b * b);
```

上述的初始化表达式可以使用任何有效的元素，包括方法调用、其他变量或常量。

（三）变量的作用域和生存期

Java允许变量在任何程序块内被声明。一个程序块定义了一个作用域，这样，每次开始一个新块，就创建了一个新的作用域。从先前的编程经验可以知道，一个作用域决定了哪些对象对程序的其他部分是可见的，也决定了这些对象的生存期。大多数其他计算机语言定义了两大类作用域：全局和局部。然而，这些传统型的作用域不适合Java的严格的、面向对象的模型。当然将一个变量定义为全局变量是可行的，但这是例外而不是规则。在Java中两个主要的作用域是通过类和方法定义的。这里仅仅考虑由方法或在一个方法内定义的作用域。

方法定义的作用域以它的左大括号开始。但是，如果该方法有参数，那么它们也被包括在该方法的作用域中。因此，可认为它们与方法中其他变量的作用域一样。

作为一个通用规则，在一个作用域中定义的变量对于该作用域外的程序是不可见(即

访问)的。因此,在一个作用域中定义一个变量时,应该将该变量局部化并且保护它不被非授权访问和/或修改。实际上,作用域规则为封装提供了基础。作用域可以进行嵌套,例如,每次创建一个程序块,就创建了一个新的嵌套的作用域。这样,外面的作用域包含内部的作用域。这意味着外部作用域定义的对象对于内部作用域中的程序是可见的。但是,反过来就是错误的。内部作用域定义的对象对于外部是不可见的。

此外,需要记住的是:变量在其作用域内被创建,离开其作用域时被撤销。这意味着一个变量一旦离开它的作用域,将不再保存它的值了,因此,在一个方法内定义的变量在几次调用该方法之间将不再保存它们的值;同样,在块内定义的变量在离开该块时也将丢弃它的值,因此,一个变量的生存期就被限定在它的作用域中。

(四) 类型转换与强制类型转换

在编程中把一种类型的值赋予另外类型的一个变量是相当常见的。如果这两种类型是兼容的,那么 Java 将自动地进行转换。例如,把 int 型的值赋予 long 型的变量,总是可行的。然而,不是所有的类型都是兼容的,因此,不是所有的类型转换都是可以隐式实现的。例如,没有将 double 型转换为 byte 型的定义。幸好,获得不兼容的类型之间的转换仍然是可能的。要达到这个目的,必须使用一个强制类型转换,它能完成两个不兼容的类型之间的显式变换。比如,自动类型转换和强制类型转换。

1. 自动类型转换

如果下列两个条件都能满足,那么将一种类型的数据赋给另外一种类型变量时,将执行自动类型转换:

(1) 这两种类型是兼容的。

(2) 目的类型数的范围比来源类型的大。

当以上两个条件都满足时,拓宽转换发生。例如,int 型的范围比所有 byte 型的合法范围大,因此不要求显式强制类型转换语句。对于拓宽转换,数字类型(包括整数和浮点类型)都是彼此兼容的,但数字类型和字符类型或布尔类型是不兼容的。字符类型和布尔类型也是互相不兼容的。

2. 强制类型转换

尽管自动类型转换是很有帮助的,但并不能满足所有的编程需要。例如,如果需要将 int 型的值赋予一个 byte 型的变量,该怎么办?这种转换不会自动进行,因为 byte 型的变化范围比 int 型的要小。这种转换有时称为“缩小转换”,因为要将源数据类型的值变小才能适合目标数据类型。为了完成两种不兼容类型之间的转换,就必须进行强制类型转换。所谓强制类型转换只不过是一种显式的类型变换。它的通用格式如下:

```
(target-type)value
```

其中,目标类型指定了要将指定值转换成的类型。例如,下面的程序段将 int 型强制转换成 byte 型:

```
int a;
byte b;
// ...
b = (byte) a;
```

三、数组

数组(array)是相同类型变量的集合,可以用共同的名字引用它。数组可被定义为任何类型,可以是一维或多维的,数组中的一个特别要素是通过下标来访问它。

(一)一维数组

一维数组实质上是相同类型变量列表。要创建一个数组,必须首先定义数组变量所需的类型,通用的一维数组的声明格式是:

```
type var-name[];
```

其中,type 定义了数组的基本类型。基本类型决定了组成数组的每一个基本元素的数据类型。这样,数组的基本类型决定了数组存储的数据类型。例如,下面的例子定义了数据类型为 int、名为 month_days 的数组。

```
int month_days[];
```

尽管该例子定义了 month_days 是一个数组变量的事实,但实际上没有数组变量存在,事实上,month_days 的值被设置为空,它代表一个数组没有值。为了使数组 month_days 成为实际的、物理上存在的整型数组,必须用运算符 new 来为其分配地址并且把它赋予 month_days。运算符 new 是专门用来分配内存的运算符,当运算符 new 被应用到一维数组时,它的一般形式如下:

```
array-var = new type[size];
```

其中,type 为指定被分配的数据类型,size 为指定数组中变量的个数,array-var 是被链接到数组的数组变量。也就是说,使用运算符 new 来分配数组,必须指定数组元素的类型和数组元素的个数。用运算符 new 分配数组后,数组中的元素将会被自动初始化为 0。下面的代码行分配了一个具有 12 个整型元素的数组并把它们和数组 month_days 链接起来。

```
month_days = new int[12];
```

通过这个语句的执行,数组 month_days 将会指向 12 个整数,而且数组中的所有元素将被初始化为 0。回顾一下上面的过程,获得一个数组需要 2 步:第一步,必须定义变量所需的类型;第二步,必须使用运算符 new 来为数组所要存储的数据分配内存,并把它们分配给数组变量,这样 Java 中的数组被动态地分配。一旦分配了一个数组,就可以在方括号内指定它的下标来访问数组中特定的元素,所有的数组下标从零开始。

例如,下面的语句将值 12 赋予数组 month_days 的第二个元素。

```
month_days[1] = 12;
```

(二)多维数组

在 Java 中,多维数组实际上是数组的数组。这些数组在形式上和行动上与一般的多维数组一样。然而,它们之间仍有一些微妙的差别。定义多维数组变量要将每个维数放在它们各自的方括号中。例如,下面语句定义了一个名为 twoM 的二维数组变量。

```
int twoM[][] = new int[4][5];
```

该语句分配了一个 4 行 5 列的数组并把它分配给数组 twoM。

四、字符串的简单介绍

Java 的字符串类型,叫做字符串(String),它不是一种简单的类型,也不是简单的字符

数组(在 C/C++中是)。字符串在 Java 中被定义为对象,要完全理解它需要理解几个和对象相关的特征。因此,有关字符串的讨论被放到本书的后面,在对象被描述后再讲字符串,这里只做简单介绍。String 类型被用来声明字符串变量,也可以被用于定义字符串数组。一个被引号引起来的字符串常量可以被分配给字符串变量。一个字符串类型的变量可被分配给另一个字符串类型的变量。例如,考虑下面的语句:

```
String str = "this is a test";
System.out.println(str);
```

这里,str 是 String 类型的一个对象,它被分配给字符串"this is a test",该字符串被 println( )语句显示。

1.3.3 Java 运算符

Java 提供了丰富的运算符环境。Java 有六大类运算符:算术运算符、位运算符、关系运算符、布尔逻辑运算符、赋值运算符和条件运算符。

(一) 算术运算符

算术运算符在数学表达式中的用法和功能与代数学(或其他计算机语言)中的一样,Java 定义了下列算术运算符(见表 1-4)。

表 1-4 算术运算符

运算符	含义	运算符	含义	运算符	含义
+	加法	%	模运算	*=	乘法赋值
−	减法(一元减号)	++	递增运算	/=	除法赋值
*	乘法	+=	加法赋值	%=	模运算赋值
/	除法	−=	减法赋值	−−	递减运算

算术运算符的运算数必须是数字类型,算术运算符不能用在布尔类型上,但是可以用在 char 型上,因为实质上在 Java 中,char 型是 int 型的一个子集。

(二) 位运算符

Java 定义的位运算符直接对整数类型的位进行操作,这些整数类型包括 long、int、short、char 和 byte。表 1-5 列出了位运算符。

表 1-5 位运算符

运算符	作用	运算符	作用
~	按位非(NOT)(一元运算)	<<	左移
&	按位与(AND)	&=	按位与赋值
|	按位或(OR)	|=	按位或赋值
^	按位异或(XOR)	^=	按位异或赋值
>>	右移	>>=	右移赋值
>>>	右移,左边空出的位以 0 填充	>>>=	右移赋值,左边空出的位以 0 填充
		<<=	左移赋值

由于位运算符在整数范围内对位操作，因此理解这样的操作会对一个值产生什么效果是重要的。具体来说，知道 Java 是如何存储整数值并且如何表示负数的是有用的。

所有的整数类型以二进制数字位的变化及其宽度来表示，例如，byte 型值 42 的二进制代码是 00101010。所有的整数类型（除了 char 型之外）都是有符号的整数，这意味着它们既能表示正数，又能表示负数，即通过将正数的二进制代码取反（即将 1 变成 0，将 0 变成 1），然后对其结果加 1，可以得到与正数对应的负数。例如，－42 就是通过将 42 的二进制代码的各个位取反（即对 00101010 取反）得到 11010101，然后再加 1，得到 11010110，即－42。要对一个负数解码，首先对其所有的位取反，然后加 1。例如－42（即 11010110）取反后为 00101001（即 41），然后加 1，这样就得到了 42。

（三）关系运算符

关系运算符决定值和值之间的关系。关系运算符如表 1-6 所示。

表 1-6　关系运算符

运算符	作用	运算符	作用	运算符	作用
＝＝	等于	＞	大于	＞＝	大于等于
！＝	不等于	＜	小于	＜＝	小于等于

这些关系运算符产生的结果是布尔值。关系运算符常常用在 if 控制语句和各种循环语句的表达式中。

Java 中的任何类型，包括整数、浮点数、字符，以及布尔型都可用“＝＝”来比较是否相等，用“！＝”来测试是否不等。注意 Java（就像 C 和 C＋＋一样）比较是否相等的运算符是两个等号，而不是一个（注意：单等号是赋值运算符）。

（四）布尔逻辑运算符

布尔逻辑运算符的运算数只能是布尔型，而且逻辑运算的结果也是布尔类型（见表1-7）。

布尔逻辑运算符“&”“|”“^”，对布尔值的运算和它们对整数位的运算一样。逻辑运算符“!”的结果表示布尔值的相反状态：！ true ＝＝ false 和 ！ false ＝＝ true。

表 1-7　布尔逻辑运算符

<table>
<tr><th>运算符</th><th>含义</th><th>运算符</th><th>含义</th></tr>
<tr><td>&</td><td>逻辑与</td><td>&＝</td><td>逻辑与赋值（赋值的简写形式）</td></tr>
<tr><td>|</td><td>逻辑或</td><td>|＝</td><td>逻辑或赋值（赋值的简写形式）</td></tr>
<tr><td>^</td><td>异或</td><td>^＝</td><td>异或赋值（赋值的简写形式）</td></tr>
<tr><td>||</td><td>短路或</td><td>＝＝</td><td>相等</td></tr>
<tr><td>&&</td><td>短路与</td><td>！＝</td><td>不相等</td></tr>
<tr><td>!</td><td>逻辑反</td><td>?：</td><td>三元运算符（IF-THEN-ELSE）</td></tr>
</table>

（五）赋值运算符

赋值运算符是一个等号“＝”。它在 Java 中的运算与在其他计算机语言中的运算一样，其通用格式为：

```
var = expression;
```

这里,变量 var 的类型必须与表达式 expression 的类型一致。

（六）条件运算符

Java 提供一个特别的三元运算符经常用于取代某个类型的 if-then-else 语句的,这个运算符就是条件运算符(?),它在 Java 中的用法和在 C/C++中的几乎一样。条件运算符的通用格式如下:

```
expression1 ? expression2: expression3
```

其中,expression1 是一个布尔表达式,如果 expression1 为真,那么 expression2 被求值;否则,expression3 被求值。整个? 表达式的值就是被求值表达式(expression2 或 expression3)的值。expression2 和 expression3 是除了 void 以外的任何类型的表达式,且它们的类型必须相同。

1.3.4 运算符优先级

表 1-8 显示了 Java 运算符从最高到最低的优先级。注意表中第一行显示的项通常不能作为运算符,具体包括:圆括号,方括号,点运算符。圆括号被用来改变运算的优先级,提高了括在其中的运算的优先级,这常常对于获得需要的结果是必要的。

表 1-8 运算符优先级

<table>
<tr><th>最高</th><th></th><th></th><th></th></tr>
<tr><td>()</td><td>[]</td><td>.</td><td></td></tr>
<tr><td>++</td><td>--</td><td>~</td><td>!</td></tr>
<tr><td>*</td><td>/</td><td>%</td><td></td></tr>
<tr><td>+</td><td>-</td><td></td><td></td></tr>
<tr><td>>></td><td>>>></td><td><<</td><td></td></tr>
<tr><td>></td><td>>=</td><td><</td><td><=</td></tr>
<tr><td>==</td><td>|=</td><td></td><td></td></tr>
<tr><td>&</td><td></td><td></td><td></td></tr>
<tr><td>^</td><td></td><td></td><td></td></tr>
<tr><td>|</td><td></td><td></td><td></td></tr>
<tr><td>&&</td><td></td><td></td><td></td></tr>
<tr><td>||</td><td></td><td></td><td></td></tr>
<tr><td>?:</td><td></td><td></td><td></td></tr>
<tr><td>=</td><td>op=</td><td></td><td></td></tr>
<tr><td>最低</td><td></td><td></td><td></td></tr>
</table>

1.3.5 程序控制语句

编程语言使用控制语句来产生执行流,从而完成程序状态的改变,如程序顺序执行和分支执行。Java 的程序控制语句分为以下几类：选择、重复和跳转。根据表达式结果或变量状态选择语句，可以使程序选择不同的执行路径。重复语句使程序能够重复执行一个或一个以上语句（也就是说，重复语句形成循环）。跳转（jump）语句允许程序以非线性的方式执行。下面将分析 Java 的所有控制语句。

如果熟悉 C/C++，那么掌握 Java 的控制语句将很容易。事实上，Java 的控制语句与 C/C++中的语句几乎完全相同。当然它们还是有一些差别的——尤其是 break 语句与 continue 语句。

一、Java 选择语句

（一）if 语句

if 语句是 Java 中的条件分支语句，它能将程序的执行路径分为两条。if 语句的完整格式如下：

```
if (condition) statement1;
else statement2;
```

其中，if 和 else 的对象可以是单个语句（statement），也可以是程序块。条件 condition 可以是任何返回布尔值的表达式，else 子句是可选的。

if 语句的执行过程如下：

如果条件为真，就执行 if 的对象（statement1）；否则，执行 else 的对象（statement2）。任何时候两条语句都不可能同时执行。例如：

```
int a,b;
// ...
if(a < b) a = 0;
else b = 0;
```

本例中，如果 a 小于 b，那么 a 被赋值为 0；否则，b 被赋值为 0。任何情况下都不可能使 a 和 b 都被赋值为 0。

记住，直接跟在 if 或 else 语句后的语句只能有一句，如果想包含更多的语句，需要建一个程序块，如下面的例子：

```
int bytesAvailable;
// ...
if (bytesAvailable > 0) {
  ProcessData( );
  bytesAvailable -= n;
} else
waitForMoreData( );
```

这里，如果变量 bytesAvailable 大于 0，则 if 块内的所有语句都会执行。

1. 嵌套 if 语句

嵌套 if 语句是指该 if 语句为另一个 if 或者 else 语句的对象。在编程时经常要用到嵌套 if 语句。使用嵌套 if 语句时，需记住的是：一个 else 语句总是对应着和它在同一个块中的最近的 if 语句，而且该 if 语句不与其他 else 语句相关联。例子：

```
if(i == 10) {
  if(j < 20) a = b;
  if(k > 100) c = d;   // this if is
    else a = c;        // associated with this else
}
else a = d;            // this else refers to if(i == 10)
```

2. if-else-if 阶梯

基于嵌套 if 语句的通用编程结构被称为 if-else-if 阶梯。它的语法如下：

```
if(condition)
  statement;
else if(condition)
  statement;
else if(condition)
  statement;
...
else statement;
```

条件表达式从上到下被求值，一旦找到为真的条件，就执行与它关联的语句，该阶梯的其他部分就被忽略了；如果所有的条件都不为真，则执行最后的 else 语句；最后的 else 语句经常被作为默认的条件，即如果所有其他条件测试失败，就执行最后的 else 语句，若没有最后的 else 语句，而且所有其他的条件都失败，那么程序就不做任何动作。

（二）switch 语句

switch 语句是 Java 的多路分支语句。它提供了一种通过一个表达式的值来使程序执行不同部分的简单方法。因此，它提供了一个比一系列 if-else-if 语句更好的选择。switch 语句的通用形式如下：

```
switch (expression) {
  case value1:
    // statement sequence
    break;
  case value2:
    // statement sequence
    break;
    ...
  case valueN:
    // statement sequence
    break;
  default:
    // default statement sequence
  }
```

表达式 expression 必须为 byte、short、int 或 char 类型。每个 case 语句后的值 value 必须是与表达式类型兼容的一个特定常量，重复的 case 值是不允许重复的。

switch语句的执行过程如下：将表达式的值与每个case语句中的常量作比较，如果发现了一个与之相匹配的，则执行该case语句后面的代码，如果没有一个case常量与表达式的值相匹配，则执行default语句。当然，default语句是可选的，如果没有相匹配的case语句，也没有default语句，则什么也不执行。

在case语句序列中的break语句将引导程序流从整个switch语句退出。当遇到一个break语句时，程序将从整个switch语句后的第一行代码开始继续执行，这样会出现“跳出”switch语句的效果。

二、Java循环语句

Java的循环语句有while、do-while和for，这些语句创造了通常所称的循环。一个循环重复执行同一套指令直到一个结束条件出现。Java有适合任何编程所需要的循环结构。

（一）while循环语句

while语句是Java最基本的循环语句。当它的控制表达式是真时，while语句重复执行一个语句或语句块。它的通用格式如下：

```
while(condition) {
    // body of loop
}
```

条件condition可以是任何布尔表达式，只要条件表达式为真，循环体就会被执行；当条件condition为假时，程序控制会传递到循环后面紧跟的语句行。如果只有单个语句需要重复，大括号是不必要的。

因为while语句在循环一开始就计算条件表达式，所以若开始时条件为假，则循环体一次也不会执行。

while循环（或Java的其他任何循环）的循环体可以为空。这是因为一个空语句（仅由一个分号组成的语句）在Java的语法上是合法的。

（二）do-while循环语句

如上文所见，如果while循环一开始条件表达式就是假的，那么循环体就根本不会被执行。然而，有时需要while循环在条件表达式开始为假的情况下，至少执行一次。换句话说，有时需要在一次循环结束后再测试中止表达式，而不是在循环开始时就中止，Java就提供了这样的循环：do-while循环。do-while循环总是执行它的循环体至少一次，因为它的条件表达式在循环的结尾。它的通用格式如下：

```
do {
  // body of loop
}while (condition);
```

do-while循环总是先执行循环体，然后再计算条件表达式。如果表达式为真，则循环继续，否则，循环结束。当然，条件condition必须是一个布尔表达式，这对所有的Java循环都通用。

（三）for循环语句

for循环是一个功能强大且形式灵活的结构。下面是for循环的通用格式：

```
for(initialization; condition; iteration) {
// body
}
```

注意：如果格式中只有一条语句需要重复，就没有必要用大括号。

for 循环的执行过程如下：第一步，当循环启动时，先执行其初始化部分。通常，这是设置循环控制变量值的一个表达式，作为控制循环的计数器重要的是，要理解初始化表达式仅被执行一次。第二步，计算条件 condition 的值。条件 condition 必须是布尔表达式，它通常将循环控制变量与目标值相比较，如果这个表达式为真，则执行循环体；如果为假，则循环终止。第三步，执行循环体的反复部分。这部分通常是增加或减少循环控制变量的一个表达式，接下来重复循环，首先计算条件表达式的值，然后执行循环体，接着执行反复表达式。这个过程不断重复直到控制表达式变为假。

控制 for 循环的变量经常只是用于该循环，而不用在程序的其他地方。在这种情况下，可以在循环的初始化部分中声明变量。例如，下面重写了前面的程序，使变量 n 在 for 循环中被声明为整型：

```
// Declare a loop control variable inside the for.
class ForTick {
  public static void main(String args[]) {

    // here, n is declared inside of the for loop
    for(int n=10; n>0; n--)
    System.out.println("tick " + n);
    }
}
```

当在 for 循环内声明变量时，必须记住一点：该变量的作用域在 for 语句执行后就结束了(因此，该变量的作用域就局限于 for 循环内)，在 for 循环外，变量就不存在了。如果在程序的其他地方需要使用循环控制变量，就不能在 for 循环中声明它。由于循环控制变量不会在程序的其他地方使用，因此大多数程序员都在 for 循环中来声明它。

(四) 使用逗号

有时需要在初始化和 for 循环的反复部分包括超过一个变量的声明。例如，考虑下面程序的循环部分：

```
class Sample {
  public static void main(String args[]) {
    int a, b;
    b = 4;
    for(a=1; a<b; a++) {
      System.out.println("a = " + a);
      System.out.println("b = " + b); b--;
    }
  }
}
```

如上所述，循环被两个相互作用的变量控制。由于循环被两个变量控制，因此如果两个变量都能被定义在for循环中，而变量b不需要通过人工处理，将是很便利的。Java提供了一个完成此任务的方法。为了允许两个或两个以上的变量控制循环，Java允许你在for循环的初始化部分和反复部分声明多个变量，每个变量之间用逗号分开。使用逗号可以使前面的for循环运行得更高效，改写后的程序如下：

```
// Using the comma.
class Comma {
  public static void main(String args[]) {
    int a, b;

    for(a=1, b=4; a<b; a++, b--) {
        System.out.println("a = " + a);
        System.out.println("b = " + b);
    }
  }
}
```

在本例中，初始化部分把两个变量a和b都定义了。在循环的反复部分，"a++，b--"在每次循环重复时都再重新赋值执行一次。

三、Java的跳转语句

Java支持三种跳转语句：break、continue和return。这些语句把控制转移到程序的其他部分。

（一）break语句

在Java中，break语句有三种作用：第一，在switch语句中，它被用来终止语句序列；第二，它能被用来退出一个循环；第三，它能作为一种"先进"的goto语句来使用。

1. 在switch语句中，用来终止语句序列

在switch语句中，若所有的case语句都不满足条件，则执行default语句，然后结束；若有case满足，则执行case语句直到遇到break。

下面是简单的例子：

```
public static void main(String[] args) {
    System.out.println("5 = "+ toNumberCase(5));
}
public static String toNumberCase(int n){
    String str = "";
    switch(n){
        case 0:  str = "我是 0";  break;
        case 1:  str = "我是 1";  break;
        case 2:  str = "我是 2";  break;
        case 3:  str = "我是 3";  break;
        case 4:  str = "我是 4";  break;
        case 5:  str = "我是 5";  break;
```

```
        default:  str = "我是 default";
    }
    return str;
}
```

2. 使用 break 退出循环

使用 break 语句可以直接强行退出循环、忽略循环体中的任何其他语句和循环的条件测试。在循环中遇到 break 语句时，循环被终止，程序控制在循环后面的语句重新开始。下面是一个简单的例子：

```
// Using break to exit a loop.
class BreakLoop {
  public static void main(String args[]) {
    for(int i=0; i<100; i++) {
      if(i == 10) break;// terminate loop if i is 10
      System.out.println("i:" + i);
    }
    System.out.println("Loop complete.");
  }
}
```

正如看到的那样，尽管 for 循环被设计为从 0 执行到 99，但是当 i 等于 10 时，break 语句终止了程序。

break 语句能用于任何 Java 循环中，包括人们有意设置的无限循环。

3. 把 break 当作 goto 的一种形式来用

break 语句除了在 switch 语句和循环中使用之外，它还能作为 goto 语句的一种"文明"形式来使用。Java 中没有 goto 语句是因为 goto 语句提供了一种改变程序运行流程的非结构化方式，这通常使程序难以理解和难于维护，也阻止了某些编译器的优化。但是，有些地方使用 goto 语句对于构造流程控制是有用的而且是合法的，例如，从嵌套很深的循环中退出时，goto 语句就很有帮助。因此，Java 定义了 break 语句的一种扩展形式来处理这一情况。通过使用这种形式的 break，可以终止一个或者几个代码块，这些代码块不必是一个循环或一个 switch 语句的一部分，它们可以是任何的块，而且，这种形式的 break 语句由于带有标签，因此可以明确指定执行从何处重新开始。可以看到，break 带来的是 goto 的益处，并舍弃了 goto 语句带来的麻烦。

标签 break 语句的通用格式如下所示：

```
break label;
```

这里，标签 label 是标识代码块的标签。当这种形式的 break 执行时，控制被传递出指定的代码块。被加标签的代码块必须包围 break 语句。

要指定一个代码块，在其开头加一个标签即可。标签可以是任何合法有效的 Java 标识符后跟一个冒号。一旦给一个块加上标签后，就可以使用这个标签作为 break 语句的对象了。这样做会使执行在加标签的块的结尾重新开始。例如，下面的程序示例了 3 个嵌套块，每一个都有它自己的标签：break 语句使执行向前跳，跳过了定义为标签 second 的代码块结尾和 2 个 println（ ）语句。

```
// Using break as a civilized form of goto.
class Break {
  public static void main(String args[]) {
    boolean t = true;
    first: {
      second: {
        third: {
          System.out.println("Before the break.");
          if(t) break second;// break out of second block
          System.out.println("This won't execute");
        }
        System.out.println("This won't execute");
      }
      System.out.println("This is after second block.");
    }
  }
}
```

运行该程序，产生如下的输出：

```
Before the break.
This is after second block.
```

（二）continue 语句

有时需要强迫一个循环提早结束单次循环。也就是说，如果想要继续运行循环，就要忽略这次重复的循环体的语句。在 while 和 do-while 循环中，continue 语句使控制直接转移给控制循环的条件表达式，然后继续循环过程。在 for 循环中，循环的反复表达式被求值，然后执行条件表达式，循环继续执行。对于这 3 种循环，任何中间的代码都将被忽略。

（三）return 语句

return 语句用来明确从一个方法返回。也就是，return 语句使程序控制返回到调用它的方法，因此，将它分类为跳转语句。

在一个方法的任何时间，return 语句可被用来使正在执行的分支程序返回到调用它的方法。下例中，由于是 Java 运行系统调用 main（ ），因此，return 语句使程序执行返回到 Java 运行系统。

```
class Return {
  public static void main(String args[]) {
boolean t = true;
    System.out.println("Before the return.");
    if(t) return;// return to caller
    System.out.println("This won't execute.");
```

```
    }
}
```

该程序的结果如下：

```
Before the return.
```

1.4　面向对象编程

类是 Java 的核心和本质，也是 Java 语言的基础，因为类定义了对象的本性。由于类是面向对象程序设计 Java 语言的基础，因此要在 Java 程序中实现的每一个概念都必须封装在类内。

1.4.1　类的定义

理解类的最重要的一点就是，它定义了一种新的数据类型。一旦定义后，就可以用这种新类型来创建该类型的对象，这样类就是对象的模板，而对象就是类的一个实例。

当定义一个类时，要声明它准确的格式和属性，可以通过指定它包含的数据和操作数据的代码来定义类。尽管非常简单的类可能只包含代码或者只包含数据，但绝大多数自定义类都包含上述两者。如果使用关键字 class 来创建类，那么类实际上就被限制在它的完全格式中。类通常是一个组合体。

类定义的通用格式如下所示：

```
class classname  {
    type instance-variable1;
    type instance-variable2;
    // ...
    type instance-variableN;
    type methodname1(parameter-list) {
    // body of method
    }
    type methodname2(parameter-list) {
    // body of method
    }
    // ...
    type methodnameN(parameter-list) {
    // body of method
  }
}
```

在类中，数据或变量被称为实例变量，代码包含在方法内。定义在类中的方法和实例变量被称为类的成员(members)。

定义在类中的变量被称为实例变量，这是因为类中的每个实例，也就是类的每个对象，都包含它自己对这些变量的拷贝，这样，一个对象的数据是独立的且是唯一的。

所有的方法和我们到目前为止用过的方法 main( )的形式一样。但是，以后讲到的方法将不仅仅是被指定为 static 或 public。注意类的通用格式中并没有指定 main( )方法。Java 类不需要 main( )方法，main( )方法只是在定义程序的起点时用到，而且，Java 小应用程序也不要求 main( )方法。

下面定义了一个名为 Box 的类，它定义了 3 个实例变量：width、height 和 depth。当前，Box 类不包含任何方法。

```
class Box {
  double width;
  double height;
  double depth;
}
```

记住类声明只是创建一个模板（或类型描述），它并不会创建一个实际的对象。因此，上述代码不会生成任何 Box 类型的对象实体。要真正创建一个 Box 对象，必须使用下面的语句：

```
Box mybox = new Box( );
```

这个语句执行后，mybox 就是 Box 的一个实例了，因此，它将具有“物理的”真实性。

每次创建类的一个实例时，都是在创建一个对象，该对象包含它自己的、由类定义的每个实例变量的拷贝。因此，每个 Box 对象都将包含它自己的实例变量拷贝，这些变量即 width、height 和 depth。要访问这些变量，要使用点号“.”运算符。点号运算符将对象名和成员名连接起来。例如，要将 mybox 的 width 变量赋值为 100，使用下面的语句：

```
mybox.width = 100;
```

该语句告诉编译器对 mybox 对象内包含的 width 变量拷贝的值赋为 100。通常情况下，可以使用点号运算符来访问一个对象内的实例变量和方法。

下面是使用 Box 类的完整程序：

```
/* A program that uses the Box class.
   Call this file BoxDemo.Java
 */
class Box {
  double width;
  double height;
  double depth;
}
// This class declares an object of type Box.
class BoxDemo {
  public static void main(String args[]) {
    Box mybox = new Box( );
    double vol;
```

```
// assign values to mybox's instance variables
    mybox.width = 10;
    mybox.height = 20;
    mybox.depth = 15;
// compute volume of box
    vol = mybox.width * mybox.height * mybox.depth;
System.out.println("Volume is " + vol);
  }
}
```

把包含该程序的文件命名为 BoxDemo. Java，因为 main( )方法在名为 BoxDemo 的类中，而不是名为 Box 的类中。当编译这个程序时，会发现生成了两个“. class”文件，一个属于 box，另一个属于 BoxDemo。Java 编译器自动将每个类保存在它自己的“. class”文件中，没有必要分别将 Box 类和 BoxDemo 类放在同一个源文件中。也可以分别将它们放在各自的文件中，并分别命名为 Box. Java 和 BoxDemo. Java。

要运行这个程序，必须执行 BoxDemo. class。运行该程序后，见如下输出：

```
Volume is 3000.0
```

前面已经讲过，每个对象都含有它自己的、由它的类定义的实例变量的拷贝。因此，假设有两个 Box 对象，每个对象都有各自的 depth、width 和 height 拷贝，改变一个对象的实例变量对另外一个对象的实例变量没有任何影响，理解这一点是很重要。例如，下面的程序定义了两个 Box 对象：

```
// This program declares two Box objects.
class Box {
  double width;
  double height;
  double depth;
}
class BoxDemo2 {
  public static void main(String args[]) {
    Box mybox1 = new Box( );
    Box mybox2 = new Box( );
    double vol;
// assign values to mybox1's instance variables
    mybox1.width = 10;
    mybox1.height = 20;
    mybox1.depth = 15;
  // assign different values to mybox2's instance variables
    mybox2.width = 3;
    mybox2.height = 6;
    mybox2.depth = 9;
// compute volume of first box
```

```
        vol = mybox1.width * mybox1.height * mybox1.depth;
        System.out.println("Volume is " + vol);
    // compute volume of second box
        vol = mybox2.width * mybox2.height * mybox2.depth;
    System.out.println("Volume is " + vol);
    }
}
```

该程序产生的输出如下所示：

```
Volume is 3000.0
Volume is 162.0
```

可以看到，mybox1 的数据与 mybox2 的数据完全分离。

1.4.2 声明对象

当创建一个类时，就创建了一种新的数据类型，可以使用这种类型来声明该种类型的对象。然而，要获得一个类的对象需要两步：第一步，必须声明该类类型的一个变量，这个变量没有定义一个对象，实际上，它只是一个能够引用对象的简单变量；第二步，该声明要创建一个对象的实际的物理拷贝，并把对于该对象的引用赋给该变量，这是通过使用 new 运算符实现的。new 运算符为对象动态分配(即在运行时分配)内存空间，并返回对它的一个引用，这个引用是 new 分配给对象的内存地址，然后这个引用被存储在该变量中。让我们详细看一下该过程。

在前面的例子中，用下面的语句来声明一个 Box 类型的对象；

```
Box mybox = new Box( );
```

本例将上面讲到的两步组合到了一起，可以将该语句改写为下面的形式，以便将每一步讲的更清楚；

```
Box mybox;// declare reference to object
mybox = new Box( );// allocate a Box object
```

第一行声明了 mybox，把它作为对于 Box 类型的对象的引用。当本句执行后，mybox 包含的值为 null，表示它没有引用对象。这时任何引用 mybox 的尝试都将导致一个编译错误。第二行创建了一个实际的对象，并把对于它的引用赋给 mybox，然后可以把 mybox 作为 Box 的对象来使用，但实际上，mybox 仅仅保存实际的 Box 对象的内存地址。这两行语句的效果如图 1-15 所示。

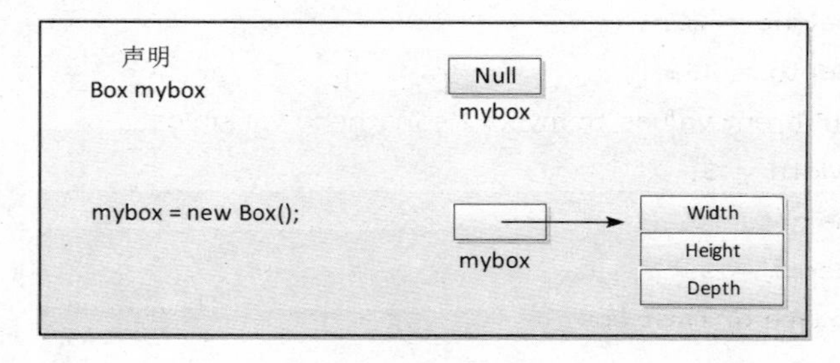

图 1-15 效果图

1.4.3 new 运算符

刚才已经解释过，new 运算符动态地为一个对象分配地址，它的通用格式如下：

```
class_var = new classname( );
```

其中，class_var 是所创建类类型的变量，classname 是被实例化的类的名字，类的后面跟的圆括号指定了类的构造函数。构造函数定义当创建一个类的对象时将发生什么。构造函数是所有类的重要组成部分，并有许多重要的属性。大多数类在它们自己的内部显式地定义构造函数，如果一个类没有显式地定义它自己的构造函数，那么 Java 将自动地提供一个默认的构造函数。对 Box 类的定义就是这种情况。这里先使用默认的构造函数，然后我们将看到类如何定义自己的构造函数。

首先，整数或字符这样的简单变量不是作为对象实现的，所以不能使用 new 运算符。出于效率的考虑，它们是作为"常规"变量实现的。对象有许多特性和属性，使 Java 对对象的处理不同于简单类型。由于对处理对象和处理简单类型的开销不同，因此 Java 能更高效地实现简单类型。

new 运算符是在运行期间为对象分配内存的，理解这点很重要，这样做的好处是程序在运行期间可以创建它所需要的内存。内存是有限的，因此 new 有可能由于内存不足而无法给一个对象分配内存。如果出现这种情况，运行时就会发生异常。在实际的编程中必须考虑这种可能性。

类和对象之间的区别在于，类创建一种新的数据类型，该种类型能被用来创建对象，即类创建了一个逻辑的框架，该框架定义了它的成员之间的关系，在声明类的对象时，就是在创造该类的实例。因此，类是一个逻辑构造，对象有的占用内存空间物理真实性。

1.4.4 类的方法

类通常由两个要素组成：实例变量和方法。方法是个很大的话题，因为 Java 给它们很多的功能和灵活性。下面是把方法加到类中的基础操作。

方法一般的形式：

```
type name(parameter-list) {
// body of method
}
```

其中，type 指定了方法返回的数据类型，它可以是任何合法有效的类型，包括创建的类的类型。如果该方法不返回任何值，则它的返回值 type 必须为 void。方法名由 name 指定，除了被当前作用域中的其他项使用的标识符以外，方法名可以是任何合法的标识符。parameter-list 是一系列类型和标识符对，用逗号分开，它接收方法被调用时传递给方法的参数值。如果方法没有参数，那么参数列表就为空。

对于不返回 void 类型的方法，使用下面格式的 return 语句，将值返回到它的调用程序：

```
return value;
```

其中，value 是返回的值。

下面的例子为Box类添加一个方法：

```
class Box {
  double width;
  double height;
  double depth;
  // display volume of a box
  void volume( ) {
    System.out.print("Volume is ");
    System.out.println(width * height * depth);
  }
}

class BoxDemo3 {
  public static void main(String args[]) {
    Box mybox1 = new Box( );
    Box mybox2 = new Box( );
// assign values to mybox1's instance variables
    mybox1.width = 10;
    mybox1.height = 20;
    mybox1.depth = 15;
//assign different values to mybox2's instance variables
    mybox2.width = 3;
    mybox2.height = 6;
    mybox2.depth = 9;
   // display volume of first box
        mybox1.volume( );
   // display volume of second box
        mybox2.volume( );
  }
}
```

该程序产生的输出如下：

```
Volume is 3000.0
Volume is 162.0
```

注意看下面两行程序：

```
mybox1.volume ( );
mybox2.volume ( );
```

上述程序使用对象名加点号运算符调用mybox1对象的volume( )方法。这样，调用mybox1. volume( )显示mybox1定义的盒子的体积，调用mybox2. volume( )将显示mybox2定义的盒子的体积。

当mybox1. volume ( )被执行时，Java运行系统将程序控制转移到volume( )定义内的

代码。当 volume( )内的语句执行后，程序控制返回调用者，然后执行程序调用的下一行语句。

1.4.5　构造函数

每次创建实例变量时，都要对类中的所有变量进行初始化是很繁琐的。如果在一个对象最初被创建时就设置让它自动初始化，那么程序运行将更简便。因为对初始化的要求是一致的，所以在 Java 中可进行这样的操作。这种自动的初始化是通过使用构造函数(constructor)来完成的。构造函数设置了在对象创建时的初始化，它与它的类同名，它的语法与方法类似。一旦定义了构造函数，在对象创建后、new 运算符完成前，构造函数立即自动调用。构造函数看起来有点奇怪，它没有任何返回值，即使是 void 型的值也不返回，这是因为一个类的构造函数隐藏的类型是它自己类的类型。构造函数的任务就是初始化一个对象的内部状态，以便使创建的实例变量能够完全初始化，并可以被对象马上使用。

可以重写 Box 例子程序，以便当对象创建时盒子的尺寸能被自动地初始化。示例如下：

```
/* Here,Box uses a constructor to initialize the
  dimensions of a box.
 */
class Box {
  double width;
  double height;
  double depth;
// This is the constructor for Box.
Box( ) {
  System.out.println("Constructing Box");
  width = 10;
  height = 10;
  depth = 10;
  }
// compute and return volume
  double volume( ) {
    return width * height * depth;
  }
}
class BoxDemo6 {
  public static void main(String args[]) {
    // declare,allocate,and initialize Box objects
    Box mybox1 = new Box( );
    Box mybox2 = new Box( );
    double vol;
    // get volume of first box
    vol = mybox1.volume( );
```

```
        System.out.println("Volume is " + vol);
        // get volume of second box
        vol = mybox2.volume( );
        System.out.println("Volume is " + vol);
    }
}
```

运行该程序，产生如下的结果：

```
Constructing Box
Constructing Box
Volume is 1000.0
Volume is 1000.0
```

当 mybox1 和 mybox2 被创建时，它们两个都被 Box 构造函数初始化。因为构造函数将所有的盒子赋予一样的尺寸，长、宽、高都是 10，mybox1 和 mybox2 就有一样的体积。在 Box( )内的 println( )语句仅仅是为了说明。大多数构造函数的功能不显示任何东西，他们仅简单地初始化一个对象。

再考察 new 运算符。当分配一个对象时，使用下面的通用格式：

```
class-var = new classname( );
```

在类的名字后面需要圆括号，圆括号的作用是调用该类的构造函数，这就有下面的这行程序：

```
Box mybox1 = new Box( );
```

new Box( )调用 Box( )构造函数。如果不为类定义一个构造函数，Java 将为该类创建一个默认的构造函数。这就是本行程序在 Box 早期版本没有定义构造函数工作的原因。默认构造函数自动地将所有的实例变量初始化为 0。默认构造函数对简单的类是足够的，但是对更复杂的类就不能满足要求了。一旦定义了构造函数，默认构造函数将不再被使用。

在前面的例子中，Box 构造函数确实初始化了 Box 对象，但它不是很有用，因为所有的盒子都是一样的尺寸。我们所需要的是一种能够构造各种各样尺寸盒子对象的方法。比较容易的解决办法是增加构造函数的参数。

下面版本的 Box 程序定义了一个参数构造函数，它根据参数设置每个指定盒子的尺寸。

```
/* Here,Box uses a parameterized constructor to initialize the dimensions of a box.
 */
class Box {
  double width;
  double height;
  double depth;
  // This is the constructor for Box.
  Box(double w,double h,double d) {
```

```
      width = w;
      height = h;
      depth = d;
    }
  // compute and return volume
    double volume( ) {
      return width * height * depth;
    }
  }
  class BoxDemo7 {
    public static void main(String args[]) {
      // declare,allocate,and initialize Box objects
      Box mybox1 = new Box(10,20,15);
      Box mybox2 = new Box(3,6,9);
      double vol;
      // get volume of first box
      vol = mybox1.volume( );
      System.out.println("Volume is " + vol);
      // get volume of second
      box vol = mybox2.volume( );
      System.out.println("Volume is " + vol);
    }
  }
```

该程序的输出如下：

```
Volume is 3000.0
Volume is 162.0
```

可以看到，每个对象被它的构造函数指定的参数初始化。

1.4.6　this 关键字

有时一个方法需要引用调用它的对象。为此，Java 定义了 this 这个关键字。this 可以在引用当前对象的所有方法内使用。为了更好理解 this 引用什么，下面举一个 Box( )的例子：

```
// A redundant use of this.
Box(double w,double h,double d) {
  this.width = w;
  this.height = h;
  this.depth = d;
}
```

本例中的 Box( )和它的更早版本完成同样的操作，因此使用 this 是冗余的。在 Box( )内，this 总是引用调用的对象，虽然在本例中它是冗余的，但在另外的环境中，它是有用的。

1.4.7 垃圾回收

使用new运算符来为对象动态地分配内存时，这些对象可以被撤销，它们的内存在以后重新分配时可以被释放。在一些语言中，如C++，用delete运算符来释放动态分配的对象的内存。Java使用一种不同的、自动地处理重新分配内存的办法——垃圾回收(Garbage Collection)技术：当一个对象的引用不存在时，则该对象被认为是不再需要的，它所占用的内存就被释放掉，它不像C++那样需要撤销对象。Java在不同的运行时刻会产生各种不同的垃圾回收办法，因此对于编写的大多数程序，不必考虑垃圾回收问题。

1.4.8 方法重载

在Java中，同一个类中的两个或两个以上的方法可以有同一个名字，只要它们的参数声明不同即可，在这种情况下，该方法就被称为重载，这个过程称为方法重载。方法重载是Java实现多态性的一种方式，是Java最有用的特性之一。当一个重载方法被调用时，Java用参数的类型和(或)数量来表明实际调用的重载方法的版本。因此，每个重载方法的参数的类型和(或)数量必须是不同的。虽然每个重载方法可以有不同的返回类型，但返回类型并不足以区分所使用的是哪个方法。当Java调用一个重载方法时，参数与调用参数匹配的方法被执行。

下面是一个方法重载的简单例子：

```
// Demonstrate method overloading.
class OverloadDemo {
  void test( ) {
    System.out.println("No parameters");
  }
// Overload test for one integer parameter.
  void test(int a) {
    System.out.println("a:" + a);
  }
  // Overload test for two integer parameters.
  void test(int a,int b) {
    System.out.println("a and b:" + a + " " + b);
  }
  // overload test for a double parameter
  double test(double a) {
    System.out.println("double a:" + a);
    return a * a;
  }
}
class Overload {
  public static void main(String args[]) {
    OverloadDemo ob = new OverloadDemo( );
    double result;
```

```
    // call all versions of test( )
    ob.test( );
    ob.test(10);
    ob.test(10,20);
    result = ob.test(123.25);
    System.out.println("Result of ob.test(123.25):" + result);
  }
}
```

该程序产生如下输出：

```
No parameters
a: 10
a and b: 10 20
double a: 123.25
Result of ob.test(123.25): 15190.5625
```

从上述程序可知，test( )被重载了四次，出现了四版本。第一个版本没有参数，第二个版本有一个整型参数，第三个版本有两个整型参数，第四个版本有一个 double 型参数。由于重载不受方法的返回类型的影响，test( )第四个版本也返回了一个和重载没有因果关系的值。

1.4.9 构造函数重载

除了重载正常的方法外，构造函数也能够重载。实际上，对于大多数创建的现实的类，重载构造函数是很常见的，并不是什么例外。下面是最新版本的 Box 类的例子：

```
class Box {
  double width;
  double height;
  double depth;
// This is the constructor for Box.
Box(double w,double h,double d) {
width = w;
height = h;
depth = d;
}
// compute and return volume
  double volume( ) {
    return width * height * depth;
  }
}
```

在本例中，Box( )构造函数需要三个自变量，这意味着定义的所有 Box 对象必须给 Box( )构造函数传递三个参数。例如，下面的语句在当前情况下是无效的：

```
Box ob = new Box( );
```

因为Box( )要求有三个参数，所以如果不带参数就调用它，是一个错误。

假如，想用一个值来初始化一个立方体，且该值可以被用作它的所有的三个尺寸，该怎么做？如果Box类是像上例那样编写的，那么与此类似的问题就都没有办法解决，因为它只能带三个参数而没有别的选择权。

不过，解决这些问题的方案是相当容易的：重载Box构造函数，使它能处理刚才描述的情况。下面程序是Box的一个改进版本，它就是运用对Box构造函数的重载来解决这些问题的：

```
class Box {
  double width;
  double height;
  double depth;
  //constructor used when all dimensions specified
  Box(double w,double h,double d) {
    width = w;
    height = h;
    depth = d;
  }
  // constructor used when no dimensions specified
  Box( ) {
    width = -1;
    height = -1;
    depth = -1;
  }
// constructor used when cube is created
Box(double len) {
  width = height = depth = len;
}
  // compute and return volume
  double volume( ) {
    return width * height * depth;
  }
}

class OverloadCons {
  public static void main(String args[]) {
    // create boxes using the various constructors
    Box mybox1 = new Box(10,20,15);
    Box mybox2 = new Box( );
    Box mycube = new Box(7);
    double vol;
```

```
    // get volume of first box
      vol = mybox1.volume( );
      System.out.println("Volume of mybox1 is " + vol);
      // get volume of second box
      vol = mybox2.volume( );
      System.out.println("Volume of mybox2 is " + vol);
      // get volume of cube
      vol = mycube.volume( );
      System.out.println("Volume of mycube is " + vol);
    }
}
```

该程序产生的输出如下所示：

```
Volume of mybox1 is 3000.0
Volume of mybox2 is －1.0
Volume of mycube is 343.0
```

在本例中，当new执行时，它可以根据指定的参数调用适当的构造函数。

1.4.10 访问控制

封装可以将数据和处理数据的代码连接起来，同时，封装也提供另一个重要属性：访问控制(access control)。通过封装可以控制程序的某一部分访问类的成员，而通过控制访问，可以阻止对象的滥用。

一个成员如何被访问取决于修改它的声明的访问指示符。Java提供一套丰富的访问指示符。访问控制的某些方面主要和继承或包联系在一起(包，即package，本质上是一组类)。Java的访问指示符有public(公共的、全局的)、private(私有的、局部的)和protected(受保护的)。Java也定义了一个默认访问级别——指示符protected用于继承情况中。

当一个类成员被public指示符修饰时，该成员可以被程序中的任何其他代码访问；当一个类成员被指定为private时，该成员只能被它的类中的其他成员访问。这就是为什么main( )总是被public指示符修饰的原因，它被在程序外面的代码调用，即由Java运行系统调用。如果不使用访问指示符，该类成员的默认访问设置为public，但是在它的包以外不能被访问。

到目前为止，我们开发的类的所有成员都使用了默认访问模式，它实质上是public。然而，这并不是典型的方式，通常，想要对类数据成员的访问加以限制，只允许通过方法来访问它。另外，有时需要把一个方法定义为类的一个私有的方法，即访问指示符位于成员类型的其他说明的前面。这样，成员声明语句必须以访问指示符开头。下面举一个例子：

```
public int i;
private double j;
private int myMethod(int a,char b) {// ...
```

从下面的程序，可以看出public和private对访问的作用：

```
class Test {
  int a;// default access
  public int b;// public access
  private int c;// private access
  // methods to access c
  void setc(int i) {// set c's value
    c = i;
  }
  int getc( ) {// get c's value
    return c;
  }
}
class AccessTest {
  public static void main(String args[]) {
    Test ob = new Test( );
    // These are OK,a and b may be accessed directly
    ob.a = 10;
    ob.b = 20;
    // This is not OK and will cause an error
    // ob.c = 100;// Error!
    // You must access c through its methods ob.setc(100);
    System.out.println("a,b,and c:" + ob.a + " " +
                 ob.b + " " + ob.getc( ));
  }
}
```

可以看出，在 Test 类中，a 使用默认访问指示符，在本例中与 public 相同，b 被显式地指定为 public，c 被指定为 private，因此它不能被它的类之外的代码访问。所以，在 AccessTest 类中不能直接使用 c，对它的访问只能通过它的 public 方法：setc( )和 getc( )。

1.4.11 理解 static

有时需要定义一个类成员，使它的使用完全独立于该类的任何对象。通常情况下，类成员必须通过它的类的对象访问，但是也可以创建这样一个成员，它能够被它自己使用，而不必引用特定的实例。在成员的声明前面加上关键字 static 就能创建这样的成员。如果一个成员被声明为 static，它就能够在它的类的任何对象创建之前被访问，而不必引用任何对象。可以将方法和变量都声明为 static，static 成员的最常见的例子是 main( )。因为在程序开始执行时必须调用 main( )，所以它被声明为 static。声明为 static 的变量实质上就是全局变量，当声明一个对象时，并不产生 static 变量的拷贝，而是该类所有的实例变量共用同一个 static 变量。声明为 static 的方法有以下几条限制：

- 它们仅能调用其他的 static 方法。
- 它们只能访问 static 数据。

· 它们不能以任何方式引用 this 或 super。

如果需要通过计算来初始化 static 变量，可以声明一个 static 块，static 块仅在该 类被加载时执行一次。下面的例子显示的类有一个 static 方法、一些 static 变量，以及一个 static 初始化块：

```
class UseStatic {
  static int a = 3;
  static int b;
  static void meth(int x) {
    System.out.println("x = " + x);
    System.out.println("a = " + a);
    System.out.println("b = " + b);
  }
 static {
    System.out.println("static block initialized.");
    b = a * 4;
  }
  public static void main(String args[]) {
    meth(42);
  }
}
```

一旦 UseStatic 类被装载，所有的 static 语句被运行。首先，a 被设置为 3，接着 static 块执行(打印一条消息)，最后，b 被初始化为 a * 4 或 12。然后调用 main( )，main( )再调用 meth( )，把值 42 传递给 x。3 个 println ( )语句引用两个 static 变量 a 和 b，以及局部变量 x。

下面是该程序的输出：

```
Static block initialized.
x = 42
a = 3
b = 12
```

1.4.12　介绍 final

一个变量可以声明为 final，这样做的目的是阻止它的内容被修改。这意味着在声明 final 变量的时候，必须初始化它。例如：

```
final int FILE_NEW = 1;
final int FILE_OPEN = 2;
final int FILE_SAVE = 3;
```

程序随后的部分可以使用 FILE_OPEN 等，这样它们就被视为常数，不必担心它们的值会被改变。

为 final 变量的所有的字符选择大写是一个普遍的编码约定。声明为 final 的变量在实例中不占用内存，这样，一个 final 变量实质上是一个常数。

1.4.13 运用继承

继承是面向对象编程技术的一块基石，它允许创建分等级层次的类。运用继承，能够创建一个通用类，它定义了一系列相关项目的一般特性，该类可以被更具体的类继承，每个具体的类都增加一些自己特有的东西。在 Java 术语中，被继承的类叫超类（superclass），继承超类的类叫子类(subclass)。因此，子类是超类的一个专门用途的版本，它继承了超类定义的所有实例变量和方法，并且为它自己增添了独特的元素。

继承一个类，只要用 extends 关键字把一个类的定义合并到另一个中就可以了。

下面的例子创建了一个超类 A 和一个名为 B 的子类。注意怎样用关键字 extends 来创建 A 的一个子类。

```
class A {
  int i, j;
  void showij( ) {
    System.out.println("i and j:" + i + " " + j);
  }
}
// Create a subclass by extending class A.
class B extends A {
  int k;
  void showk( ) {
    System.out.println("k:" + k);
  }
  void sum( ) {
    System.out.println("i+j+k:" + (i+j+k));
  }
}
class SimpleInheritance {
  public static void main(String args[]) {
    A superOb = new A( );
    B subOb = new B( );
    // The superclass may be used by itself.
    superOb.i = 10;
    superOb.j = 20;
    System.out.println("Contents of superOb:");     superOb.showij( );
    System.out.println( );
    // The subclass has access to all public members of its superclass.
    subOb.i = 7;
    subOb.j = 8;
    subOb.k = 9;
    System.out.println("Contents of subOb:");
```

```
        subOb.showij( );
        subOb.showk( );
        System.out.println( );
        System.out.println("Sum of i, j and k in subOb:");      subOb.sum( );
    }
}
```

该程序的输出如下：

```
Contents of superOb:
i and j: 10 20

Contents of subOb:
i and j: 7 8
k: 9
Sum of i, j and k in subOb:
i+j+k: 24
```

如上所述，子类 B 包括它的超类 A 中的所有成员，这就是为什么 subOb 可以获取 i 和 j 以及调用 showij( )方法的原因。同样，sum( )内部，i 和 j 可以被直接引用，就像它们是 B 的一部分。

尽管 A 是 B 的超类，但它也是一个完全独立的类。作为一个子类的超类并不意味着超类不能被自己使用，而且，一个子类可以是另一个类的超类。声明一个继承超类的类的通常形式如下：

```
class subclass-name extends superclass-name {
  // body of class
}
```

程序员只能给所创建的每个子类定义一个超类。Java 不支持多超类的继承（这与 C++不同，在 C++中，可以继承多个基础类）。程序员可以按照规定创建一个继承的层次，该层次中，一个子类成为另一个子类的超类。

尽管子类包括超类的所有成员，但它不能访问超类中被声明成 private 的成员。例如，下面简单的类层次结构：

```
class A {
  int i;// public by default
  private int j;// private to A
  void setij(int x, int y) {
    i = x;
    j = y;
  }
}
// A's j is not accessible here.
class B extends A {
```

```
  int total;
  void sum( ) {
    total = i + j;// ERROR, j is not accessible here
  }
}
class Access {
  public static void main(String args[]) {
    B subOb = new B( );
    subOb.setij(10, 12);
    subOb.sum( );
    System.out.println("Total is " + subOb.total);
  }
}
```

该程序不会被编译，因为B中sum( )方法内部对j的引用是不合法的。既然j被声明成private，那么它只能被它自己类中的其他成员访问，子类没权访问它。

1.4.14 使用super

任何时候一个子类需要引用它直接的超类，可以用关键字super来实现。super有两种用法：第一种是调用超类的构造函数；第二种是访问被子类的成员隐藏的超类成员。

（一）调用超类的构造函数

子类可以调用超类中定义的构造函数方法，用super的下面形式：

```
super(parameter-list);
```

这里，parameter-list定义了超类中构造函数所用到的所有参数。super( )必须是在子类构造函数中的第一个执行语句。

```
class BoxWeight extends Box {
  double weight;// weight of box
  // initialize width, height, and depth using super( )
  BoxWeight(double w, double h, double d, double m) {
    super(w, h, d);// call superclass constructor
    weight = m;
  }
}
```

这里，BoxWeight( )调用带w,h和d参数的super( )方法。这使Box( )构造函数被调用，用w,h和d来初始化width，height和depth。BoxWeight不再自己初始化这些值。它只需初始化它自己的特殊值：weight。这种方法使Box可以自由的根据需要把这些值声明成private。

总结：当一个子类调用super( )，它调用它的直接超类的构造函数，这样，super( )总是引用调用类直接的超类，这甚至在多层次结构中也是成立的，还有，super( )必须是子类构造函数中的第一个执行语句。

（二）访问被子类的成员隐藏的超类成员

这种用法有下面的通用形式：

```
super.member
```

这里，member 既可以是方法也可以是实例变量。它通常用于超类成员名被子类中同样的成员名隐藏的情况。例如：

```
class A {
  int i;
}
// Create a subclass by extending class A.
class B extends A {
  int i;// this i hides the i in A
  B(int a, int b) {
    super.i = a;// i in A
    i = b;// i in B
  }
  void show( ) {
     System.out.println("i in superclass:" + super.i);
     System.out.println("i in subclass:" + i);
  }
}
class UseSuper {
  public static void main(String args[]) {
    B subOb = new B(1, 2);
    subOb.show( );
  }
}
```

该程序输出如下：

```
i in superclass: 1
i in subclass: 2
```

尽管 B 中的实例变量 i 隐藏了 A 中的 i，但使用 super 就可以访问超类中定义的 i。super 也可以用来调用超类中被子类隐藏的方法。

1.4.15　使用抽象类

有时需要定义这样一个超类，该超类定义了一种给定结构的抽象，但是不提供任何完整的方法实现，也就是说，有时需要创建一个被它的所有子类共享的通用形式，然后在每个子类中填写细节。这样的超类决定了子类所必须实现的方法的性质。这种情形下，可能发生的情况是超类不能创建一个有意义的方法的实现。当创建类库时会看到，超类中的方法没有实际意义的情况并不罕见。有两种方式可以处理这种情况：一种是仅仅报告一个出错消息。尽管这种方式在某些场合是有用的（如调试），但是它不是很常用。还有一种是通过子类重载该方法以使它对子类有意义。Java 解决这个问题用的是抽象方法(abstract method),即通过指定 abstract 类型修饰符由子类重载某些方法。这些方法有时被作为子类责任引用,因为它们没有在超类中指定实现。这样子类必须重载它们——它们不能简单地使用超类中定义的版本。声明一个抽象方法,用下面的通用形式:

```
abstract type name(parameter-list);
```

任何含有一个或多个抽象方法的类都必须声明成抽象类。声明一个抽象类,只须于类声明开始时,在关键字 class 前使用关键字 abstract。抽象类没有对象。也就是说,一个抽象类不能通过 new 操作符直接实例化。这样的对象是无用的,因为抽象类是不完全定义的,并且也不能定义抽象构造函数或抽象静态方法。所有抽象类的子类都必须执行超类中的所有抽象方法或者是被声明成 abstract。

下面是具有一个抽象方法类的简单例子。

```
abstract class A {
  abstract void callme( );
  //concrete methods are still allowed in abstract classes
  void callmetoo( ) {
    System.out.println("This is a concrete method.");
  }
}
class B extends A {
  void callme( ) {
    System.out.println("B's implementation of callme.");
  }
}
class AbstractDemo {
  public static void main(String args[]) {
    B b = new B( );
    b.callme( );
    b.callmetoo( );
  }
}
```

有一点要注意:类 A 实现一个具体的方法 callmetoo( ),这是完全可接受的,抽象类可以包括它们适合的很多实现。

因为 Java 的运行时多态是通过使用超类引用实现的,所以尽管抽象类不能用来实例化,但它们可以用来创建对象引用。这样,创建一个抽象类的引用是可行的,它可以用来指向一个子类对象。在下面的程序中将会看到这种特性的运用。运用抽象类,可以改善前面所显示的 Figure 类。因为对于一个未定义的二维图形,面积的概念是没有意义的,所以下面的程序在 Figure 内将 area( )定义成抽象方法,这意味着从 Figure 派生的所有类都必须重载 area( )方法。

```
// Using abstract methods and classes.
```

```
abstract class Figure {
  double dim1;
  double dim2;
  Figure(double a, double b) {
    dim1 = a;
    dim2 = b;
  }
  // area is now an abstract method
  abstract double area( );
}
class Rectangle extends Figure {
  Rectangle(double a, double b) {
    super(a, b);
  }
  // override area for rectangle
  double area( ) {
    System.out.println("Inside Area for Rectangle.");
    return dim1 * dim2;
  }
}
class Triangle extends Figure {
  Triangle(double a, double b) {
    super(a, b);
  }
// override area for right triangle
  double area( ) {
    System.out.println("Inside Area for Triangle.");
    return dim1 * dim2/ 2;
  }
}
class AbstractAreas {
  public static void main(String args[]) {
  // Figure f = new Figure(10, 10);// illegal now
    Rectangle r = new Rectangle(9, 5);
    Triangle t = new Triangle(10, 8);
    Figure figref;// this is OK, no object is created
    figref = r;
    System.out.println("Area is " + figref.area( ));
    figref = t;
    System.out.println("Area is " + figref.area( ));
  }
}
```

main( )内的注释说明，定义 Figure 类型的对象是不可能的，这是因为现在它是抽象类，而且，所有 Figure 的子类都必须重载 area( )方法。为证明这点，可以试着创建不重载 area( )的子类，编译时会收到一个编译时错误的信息。尽管不可能创建一个 Figure 类型的对象，但可以创建一个 Figure 类型的引用变量。变量 figref 声明成 Figure 的一个引用，意思是它可以用来引用任何从 Figure 派生的对象。

1.4.16 继承中使用 final

Final 关键字有三个用途：

(1) 可以用来创建一个已命名常量的等价物。这个用法在前面章节中已经描述。

(2) 使用 final 阻止重载。

尽管方法重载是 Java 的一个强大特性，但有些时候需要防止它的发生。不接受方法被重载，可以在方法前定义 final 修饰符，声明成 final 的方法不能被重载。下面这段程序阐述了 final 的用法：

```
class A {
  final void meth( ) {
    System.out.println("This is a final method.");
  }
}
class B extends A {
  void meth( ) {// ERROR! Can't override.
    System.out.println("Illegal!");
  }
}
```

因为 meth( )被声明成 final，所以它不能被 B 重载，如果试图重载，将会生成一个编译时错误。

(3) 使用 final 阻止继承。

有时需要防止一个类被继承，做到这点只需在类声明前加 final。声明一个 final 类就是宣告了它的所有方法也都是 final。声明一个既是 abstract 又是 final 的类是不合法的，因为抽象类本身是不完整的，它依靠它的子类提供完整的实现。下面是一个 final 类的例子：

```
final class A {
  // ...
}
// The following class is illegal.
class B extends A {// ERROR! Can't subclass A
  // ...
}
```

如注释所示，B 继承 A 是不合法的，因为 A 声明成 final。

1.4.17 包和接口

包(package)是类的容器，用来保存类名空间。例如，一个包允许程序员创建一个名为

List 的类，程序员可以把它保存在自己的包中而不用考虑和其他地方的某个名为 List 的类相冲突。

用接口可以定义一系列的、被一个类或多个类执行的方法。接口自己不定义任何实现。尽管它们与抽象类相似，但接口有一个特殊的功能：类可以实现多个接口，与之相反，类只能继承一个超类（抽象类或其他）。

一、包

包（package）既是命名机制也是可见度控制机制。程序员可以在包内定义类，而且在包外的代码不能访问该类。

创建一个包很简单，只要将一个 package 命令作为一个 Java 源文件的第一句就可以了，该文件中定义的任何类将属于指定的包。package 语句定义了一个存储类的名字空间。如果省略 package 语句，类名会被输入一个默认的没有名称的包。尽管默认包对于短程序很好用，但对于实际的应用程序它是不适用的。多数情况下，需要为代码定义一个包。

下面是 package 声明的通用形式：

```
package pkg;
```

这里，pkg 是包名。例如，下面的声明创建了一个名为 MyPackage 的包。

```
package MyPackage;
```

Java 用文件系统目录来存储包。例如，任何声明的 MyPackage 中的类的. class 文件都被存储在一个 MyPackage 目录中。目录名必须和包名严格匹配。

多个文件可以包含相同的 package 声明。package 声明仅仅指定了文件中定义的文件属于哪一个包，它不拒绝其他文件的其他方法成为相同包的一部分，多数实际的包伸展到很多文件。

此外，还可以创建包层次。为做到这点，只要将每个包名与它的上层包名用点号“.”分隔开就可以了。一个多级包的声明的通用形式如下：

```
package pkg1[.pkg2[.pkg3]];
```

包层次一定要在 Java 开发系统的文件系统中有所反映。例如，一个由下面语句定义的包，需要在 Linux 或 Windows 文件系统的 Java/awt/image，Java\awt\image 中分别保存：

```
package Java.awt.image;
```

（一）类路径 CLASSPATH

当包从访问控制中解决很多问题时，在编译和运行程序过程中常常出现一些问题，这是因为 Java 编译器访问的特定位置作为包层次的根被类路径（CLASSPATH）控制。在同样的未命名的默认包中保存所有的类，仅能通过在命令行输入类名编译源文件和运行 Java 解释器，并得到结果。这种情况下它还能工作是因为默认的当前工作目录(.)通常在类路径环境变量中为 Java 运行时间的默认定义。然而，当有包参与时，事情就不这么简单。其原因如下：

假设在一个 test 包中创建了一个名为 PackTest 的类。因为目录结构必须与包相匹配，所以创建一个名为 test 的目录并把 PackTest. Java 装入该目录。然后使 test 成为当前目录并编译 PackTest. Java。这导致 PackTest. class 被存放在 test 目录下。当试图运行

PackTest 时，Java 解释器报告一个与“不能发现 PackTest 类”相似的错误消息，这是因为该类现在被保存在 test 包中，不能再简单用 PackTest 来引用，必须通过列举包层次来引用该类。引用包层次时用逗号将包名隔开。该类现在必须叫做 test. PackTest。然而，如果试图引用 test. PackTest，则将仍然收到一个与“不能发现 test. PackTest 类”相似的出错消息。仍然收到错误消息的原因在于类路径设置顶层类层次，而在当前工作目录下不存在 test 子目录，因为程序员是在 test 目录中工作。

解决这个问题有两个选择：改变目录到上一级然后引用 Java test. PackTest，或者在类路径环境变量中增加你的开发类层次结构的顶层。然后可以引用 Java test. PackTest，Java 将发现正确的. class 文件。

(二) 引入包

包的存在是划分不同类的机制，而 Java 内部所有的类都存在包中，在未命名的默认包中是没有核心 Java 类的，所有的标准类都存储在相同的包中。因为包中的类必须包含它们的包名才能完全有效，而每个包的路径名又很长，会出现引用起来比较麻烦的问题，所以 Java 包含了 import 语句来引入特定的类甚至是整个包。一旦被引入，类可以被直接引用。import 语句对于程序员是很方便而且在技术上并不需要编写完整的 Java 程序。如果在程序中要引用若干个类，那么用 import 语句将会节省很多打字时间。

在 Java 源程序文件中，import 语句紧接着 package 语句，它存在于任何类定义之前，下面是 import 声明的通用形式：

```
import pkg1[.pkg2].(classname|*);
```

这里，pkg1 是顶层包名，pkg2 是用点(.)隔离的下级包名。除非是文件系统的限制，否则不存在对于包层次深度的实际限制。在声明最后，要指定一个清楚的类名，或指定一个星号(*)，用该星号表明 Java 编译器应该引入整个包。下面的代码段显示了所用的两种形式：

```
import Java.util.Date;
import Java.io.*;
```

所有 Java 包含的标准 Java 类都存储在名为 Java 的包中。基本语言功能被存储在 Java 包中的 Java. lang 包中。通常，必须引入所要用到的每个包或类，因此通过编译器为所有程序引入 Java. lang 是有必要的。

```
import Java.lang.*;
```

如果在用星号形式引用的两个不同包中存在具有相同类名的类，编译器将保持沉默，直到运用其中的一个。这种情况下，会得到一个编译时错误并且必须明确地命名指定包中的类。

任何用到类名的地方，都可以使用它的全名，全名包括它所有的包层次。例如，下面的程序使用了一个引入语句：

```
import Java.util.*;
class MyDate extends Date {
}
```

没有 import 语句的例子如下：

```
class MyDate extends Java.util.Date {
}
```

二、接口

用关键字 interface，可以从类的实现中抽象一个类的接口，也就是说，用 interface 可以指定一个类必须做什么，而不是规定它如何去做。接口在语句构成上与类相似，但是它们缺少实例变量，而且它们定义的方法是不含方法体的。这意味着可以定义不用假设类怎样实现的接口。一旦接口被定义，任何类成员可以实现一个接口，而且，一个类可以实现多个接口。

要实现一个接口，接口定义的类必须创建完整的一套方法，而每个类则可以自由地决定它们实现的细节。通过提供 interface 关键字，Java 允许充分利用多态性的“一个接口，多个方法”。

（一）接口定义

接口定义很像类定义。下面是一个接口的通用形式：

```
access interface name {
  return-type method-name1(parameter-list);
  return-type method-name2(parameter-list);
  type final-varname1 = value;
  type final-varname2 = value;
  // ...
  return-type method-nameN(parameter-list);
  type final-varnameN = value;
}
```

这里，access 是声明为 public 或是没有访问修饰符。当它声明为 public 时，则接口可以被任何代码使用。当没有访问修饰符时，则为默认访问范围，而包中定义的唯一可以用于其他成员的是接口。name 是接口名，它可以是任何合法的标识符。注意其定义的方法没有方法体。它以参数列表后面的分号作为结束，本质上是抽象方法，在接口中指定的方法没有默认的实现。每个包含接口的类必需实现所有的方法。

接口声明中可以声明变量，它一般是 final 或 static 型的，意思是它的值不能通过实现类而改变，它还必须以常量值初始化。如果接口本身定义成 public，则所有方法和变量都是 public 的。

下面是一个接口定义的例子。它声明了一个简单的接口，该接口包含一个带单个整型参数的 callback( )方法。

```
interface Callback {
  void callback(int param);
}
```

（二）实现接口

一旦接口被定义，就有一个或多个类可以实现该接口。为实现一个接口，在类定义中

应包括 implements 子句,然后创建接口定义的方法。一个包括 implements 子句的类的一般形式如下:

```
access class classname [extends superclass]
            [implements interface [,interface...]] {
  // class-body
}
```

这里,access 是 public 的或是没有修饰符的。如果一个类实现多个接口,这些接口应被逗号分隔。实现接口的方法必须声明成 public,而且,实现方法的类型必须严格与接口定义中指定的类型相匹配。

下面是一个实现 Callback 接口的例子程序:

```
class Client implements Callback {
// Implement Callback's interface
  public void callback(int p) {
    System.out.println("callback called with " + p);
  }
}
```

注意: callback( )用 public 访问修饰符声明。当实现一个接口方法时,它必须声明成 public。

在类实现接口时定义它的附加内容,既是被允许的,也是常见的。

(三) 通过接口引用实现接口

通过接口引用实现接口,可以把变量定义成使用接口的对象引用而不是类的类型。任何实现了所声明接口的类的实例都可以被这样的一个变量引用。当通过这些引用调用方法时,在实际引用接口的实例的基础上,方法被正确调用,这是接口的显著特性之一。

下面的例子是通过接口引用变量调用 callback( )方法:

```
class TestIface {
  public static void main(String args[]) {
    Callback c = new Client( );
    c.callback(42);
  }
}
```

该程序的输出如下:

```
callback called with 42
```

注意变量 c 被定义成接口类型 Callback,而且被一个 Client 实例赋值。尽管 c 可以用来访问 callback( )方法,但它不能访问 Client 类中的任何其他成员。一个接口引用的仅仅是被接口定义声明的方法。

1.4.18 异常处理

异常(exception)是在运行时代码序列中产生一种异常情况,换句话说,异常是一个运

行错误。在不支持异常处理的计算机语言中，错误只能人工检查和处理，这种方法既笨拙也很麻烦。Java 的异常处理避免了这些问题，而且在处理过程中，把运行时的错误管理带到了面向对象中。

Java 异常是一个描述在代码段中发生的异常(也就是出错)情况的对象。当异常情况发生，一个代表该异常的对象被创建并且在导致该错误的方法中被抛出(throw)。解决的方法可以选择处理异常或传递该异常，两种情况下，该异常都能被捕获(caught)并处理。异常可能是由 Java 运行时系统产生，或者是由手工代码产生，被 Java 抛出的异常与违反语言规范或超出 Java 执行环境限制的基本错误有关。

Java 异常处理通过 5 个关键字控制：try，catch，throw，throws 和 finally，下面讲述它们如何工作的：

程序声明想要的异常监控包含在一个 try 块中，如果在 try 块中发生异常，它被抛出。代码可以捕捉这个异常(用 catch)并且用某种合理的方法处理该异常；系统产生的异常会被 Java 运行时系统自动抛出，手动抛出一个异常则用关键字 throw。任何被抛出的异常都必须通过 throws 子句定义。任何在方法返回前绝对被执行的代码都被放置在 finally 块中。

下面是一个异常处理块的通常形式：

```
try {
  // block of code to monitor for errors
}
catch (ExceptionType1 exOb) {
    // exception handler for ExceptionType1
    }
catch (ExceptionType2 exOb) {
    // exception handler for ExceptionType2
    }
// ...
finally {
    // block of code to be executed before try block ends
    }
```

这里，ExceptionType 是发生异常的类型。下面将介绍怎样应用这个框架。

(一) 异常类型

所有异常类型都是内置类 Throwable 的子类，Throwable 在异常类层次结构的顶层。Throwable 下面的是两个把异常分成两个不同分支的子类：

一个分支是 Exception。该类用于用户程序可能捕捉的异常情况，它也是可以用来创建用户异常类型子类的类；在 Exception 分支中有一个重要子类 RuntimeException，该类型的异常自动被所编写的程序定义并且包括被零除和非法数组索引这样的错误。

另一个分支由 Error 作为顶层，Error 定义了在通常环境下不希望被程序捕获的异常。Error 类型的异常为在 Java 运行时系统显示与运行时系统本身有关的错误。堆栈溢出是这种错误的一例。这里不讨论关于 Error 类型的异常处理，因为它们通常是灾难性的错误，不是程序可以控制的。程序如下：

```
class Exc0 {
  public static void main(String args[]) {
    int d = 0;
    int a = 42/ d;
  }
}
```

Java在运行时，当系统检查到被零除，它会构造一个新的异常对象然后抛出该异常，这导致Exc0的执行停止，因为一旦一个异常被抛出，就会被一个异常处理程序捕获并且被立即处理。该程序中，没有提供任何异常处理程序，所以异常是被Java运行时系统的默认处理程序捕获。任何不是被异常处理程序捕获的异常，最终都会被该默认处理程序处理，默认处理程序显示描述异常的字符串，打印异常发生处的堆栈轨迹并且终止程序。

下面是由标准JavaJDK运行时解释器执行该程序所产生的输出：

```
Java.lang.ArithmeticException: / by zero
at Exc0.main(Exc0.Java: 4)
```

注意抛出的异常类型是Exception的一个名为ArithmeticException的子类，该子类明确地描述了这种类型的错误。

（二）try和catch

尽管在Java运行时系统提供的默认异常处理程序对于调试是很有用的，但通常仍需要程序员处理异常，这样做有两个好处：第一，允许程序员修正错误；第二，防止程序自动终止。

如果想防止和处理运行时出错，只需要把所要监控的代码放进一个try块里就可以了，紧跟着try块的，包括一个说明希望捕获的错误类型的catch子句。下面的程序包含一个处理因为被零除而产生的ArithmeticException异常的try块和一个catch子句。

```
class Exc2 {
  public static void main(String args[]) {
    int d, a;
    try {// monitor a block of code.
      d = 0;
      a = 42/ d;
      System.out.println("This will not be printed.");
    }
    catch (ArithmeticException e){
        System.out.println("Division by zero.");
    }
    System.out.println("After catch statement.");
  }
}
```

该程序输出如下：

```
Division by zero.
```

```
After catch statement.
```

注意在 try 块中的对 println( )的调用是永远不会执行的。一旦异常被引发，程序控制由 try 块转到 catch 块，执行永远不会从 catch 块“返回”到 try 块，而执行了 catch 语句，程序控制就从整个 try/catch 机制的下面一行继续。

一个 try 和它的 catch 语句形成了一个单元，catch 子句的范围受限于 try 语句前面所定义的语句。一个 catch 语句不能捕获另一个 try 声明所引发的异常（除非是嵌套 try 语句的情况）。被 try 保护的语句声明必须在一个大括号之内，不能单独使用 try。构造 catch 子句的目的是解决异常情况并且像错误没有发生一样继续运行。

（三）显示一个异常的描述

Throwable 重载由 Object 定义的 toString( )方法来实现，它返回包含异常描述的字符串。可以通过在 println( )中传给异常作为参数来显示该异常的描述。例如，前面程序的 catch 块可以被重写成：

```
catch (ArithmeticException e) {
  System.out.println("Exception:" + e);
  a = 0;// set a to zero and continue
}
```

当这个版本代替原程序中的版本，程序在标准 JavaJDK 解释器下运行，每一个被零除错误显示下面的消息：

```
Exception: Java.lang.ArithmeticException: / by zero
```

（四）throw

到目前为止，获取的只是被 Java 运行时系统引发的异常，接下来，程序可以用 throw 语句抛出明确的异常。throw 语句的通常形式如下：

```
throw ThrowableInstance;
```

这里，ThrowableInstance 是 Throwable 类类型或 Throwable 子类类型的一个对象。简单类型如 int 或 char，以及非 Throwable 类如 String 或 Object，不能用作异常。有两种可以获得 Throwable 对象的方法：在 catch 子句中使用参数或者用 new 操作符创建。

程序执行在 throw 语句之后立即停止，后面的任何语句都不被执行。下面是一个创建并抛出异常的程序例子。

```
class ThrowDemo {
  static void demoproc( ) {
    try {
      throw new NullPointerException("demo");
    }
    catch(NullPointerException e){
      System.out.println("Caught inside demoproc.");
      throw e;// rethrow the exception
    }
  }
```

```
    public static void main(String args[]) {
      try {
        demoproc( );
      }
      catch(NullPointerException e){
        System.out.println("Recaught:" + e);
      }
    }
  }
```

该程序有两个机会处理相同的错误。首先，main( )设立了一个异常关系然后调用demoproc( )。其次，demoproc( )方法设立了另一个异常处理关系并且立即抛出一个新的NullPointerException实例，NullPointerException在下一行被捕获，异常于是被抛出。下面是输出结果：

```
Caught inside demoproc.
Recaught: Java.lang.NullPointerException: demo
```

(五) throws

如果一个方法可以导致一个异常却不处理，那么它必须指定这种行为以使方法的调用者可以保护它而不发生异常。做到这点可以在方法声明中包含一个 throws 子句。throws 子句列举了一个方法可能抛出的所有异常类型。这对于除 Error 或 RuntimeException 及它们子类以外类型的所有异常是必要的。一个方法可以抛出的所有类型的异常必须在 throws 子句中声明。如果不这样做，将会导致编译错误。

下面是包含一个 throws 子句的方法声明的通用形式：

```
type method-name(parameter-list) throws exception-list {
  // body of method
}
```

这里，exception-list 是该方法可以引发的有逗号分割的异常列表。

下面是一个不正确的例子。该例试图抛出一个它不能捕获的异常，因为程序没有指定一个 throws 子句来声明这一事实，程序将不会编译。

```
// This program contains an error and will not compile.
class ThrowsDemo {
  static void throwOne( ) {
    System.out.println("Inside throwOne.");
    throw new IllegalAccessException("demo");
  }
  public static void main(String args[]) {
    throwOne( );
  }
}
```

为编译该程序，需要改变两个地方：第一，需要声明 throwOne( )抛出 IllegalAccess Exception 异常；第二，main( )必须定义一个 try/catch 语句来捕获该异常。

正确的例子如下：

```
// This is now correct.
class ThrowsDemo {
  static void throwOne( ) throws IllegalAccessException{
    System.out.println("Inside throwOne.");
    throw new IllegalAccessException("demo");
  }
  public static void main(String args[]) {
    try {
      throwOne( );
    }
    catch (IllegalAccessException e){
      System.out.println("Caught " + e);
    }
  }
}
```

下面是例题的输出结果：

```
inside throwOne
caught Java.lang.IllegalAccessException: demo
```

（六）finally

当异常被抛出，通常方法的执行将作一个陡峭的非线性的转向，异常甚至可以导致方法过早返回，这在一些方法中是一个需要解决的问题。例如，如果一个方法打开一个文件项并关闭，然后退出，但我们不希望关闭文件的代码被异常处理机制忽略。finally 关键字就是为处理这种意外而设计的。

创建一个 finally 代码块，该代码块在一个 try/catch 块完成之后、另一个 try/catch 块出现之前执行，finally 块无论有没有异常抛出都会执行。如果异常被抛出，finally 块甚至是在没有与该异常相匹配的 catch 子句情况下也将执行。这在关闭文件句柄和释放任何在方法开始时被分配的其他资源是很有用的。finally 子句是可选项，可以有也可以无，然而每一个 try 语句至少需要一个 catch 或 finally 子句。

1.5 线程

Java 内置支持多线程编程，多线程程序包含两条或两条以上并发运行的部分。程序中每个这样的部分都叫一个线程(thread)，每个线程都有独立的执行路径。因此，多线程是多任务处理的一种特殊形式。

多线程有助于写出 CPU 最大利用率的高效程序，从而保持最低空闲时间。这对 Java

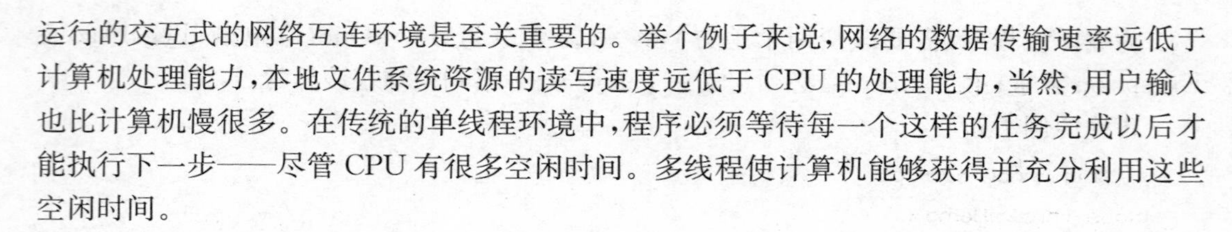

运行的交互式的网络互连环境是至关重要的。举个例子来说,网络的数据传输速率远低于计算机处理能力,本地文件系统资源的读写速度远低于 CPU 的处理能力,当然,用户输入也比计算机慢很多。在传统的单线程环境中,程序必须等待每一个这样的任务完成以后才能执行下一步——尽管 CPU 有很多空闲时间。多线程使计算机能够获得并充分利用这些空闲时间。

1.5.1 Java 线程模型

Java 运行系统在很多方面依赖于线程,所有的类库设计都使用多线程。实际上,Java 使用线程来使整个环境异步,这有利于防止 CPU 利用的浪费。

单线程系统的处理是使用一种叫做轮询的事件循环方法。在该模型中,单线程控制在无限循环中运行,轮询一个事件序列来决定下一步做什么,一旦轮询装置返回信号,表明已准备好读取网络文件,事件循环调度相应的事件处理程序,直到事件处理程序返回,系统中没有其他事件发生,这就浪费了 CPU 时间,导致了程序的一部分独占了系统,阻止了其他事件的执行。总的来说,单线程环境中,当一个线程因为等待资源时阻塞(block,挂起执行),整个程序就停止运行。

Java 多线程的优点在于取消了主循环/轮询机制。一个线程可以暂停而不影响程序的其他部分。例如,当一个线程从网络读取数据或等待用户输入时产生的空闲时间可以被利用到其他地方。在 Java 程序中出现线程阻塞,仅有一个线程暂停,其他线程继续运行。

线程存在于好几种状态:线程可以正在运行(running),只要获得 CPU 时间它就可以运行;运行的线程可以被挂起(suspend),并临时中断它的执行;一个挂起的线程可以被恢复(resume),允许它从停止的地方继续运行;一个线程可以在等待资源时被阻塞(block);在任何时候,线程可以终止(terminate),这就立即中断了它的运行,一旦终止,线程不能被恢复。

(一) 线程优先级

Java 给每个线程安排优先级以决定与其他线程比较时该如何对待该线程。线程优先级是详细说明线程间优先关系的整数。当只有一个线程时,优先级高的线程并不比优先级低的线程运行得快,相反,线程的优先级用来决定何时从一个运行的线程切换到另一个,这称为"上下文转换"(context switch)。决定上下文转换发生的规则如下:

(1) 线程可以自动放弃控制。在 I/O 未决定的情况下,线程睡眠或阻塞。在这种情况下,所有其他的线程被检测,准备运行的最高优先级线程被分配给 CPU。

(2) 线程可以被高优先级的线程抢占。在这种情况下,低优先级线程不会自动放弃,但无论处理器正在干什么,它都会被高优先级的线程占据。基本上,一旦高优先级线程要运行,CPU 就执行,这叫做有优先权的多任务处理。

(二) 线程同步

因为多线程在程序中引入了一个异步行为,所以在需要的时候必须有加强同步性的方法。举例来说,如果希望两个线程相互通信并共享一个复杂的数据结构,如链表序列,就需要某些方法来确保它们没有相互冲突。也就是说,必须防止一个线程写入数据而另一个线程正在读取链表中的数据。为此,Java 在进程间同步性的老模式基础上实行了另一种方法:管程。一旦线程进入管程,所有线程必须等待直到该线程退出了管程。用这种方法,管程可以防止共享的资源被多个线程操纵。

很多多线程系统把管程作为程序必须明确的引用和操作的对象。每个对象都拥有自己的隐式管程，当对象的同步方法被调用时管程自动载入。一旦一个线程运行在一个同步方法中，没有其他线程可以调用此对象的同步方法，这就使程序员可以编写非常清晰和简洁的多线程代码。

(三) Thread 类和 Runnable 接口

Java 的多线程系统建立于 Thread 类和接口 Runnable 基础上。Thread 类封装了线程的执行，为创建一个新的线程，程序必须扩展 Thread 类或实现 Runnable 接口。

1.5.2　主线程

当 Java 程序启动时，一个线程立刻运行，该线程通常叫做程序的主线程(main thread)，因为它是程序开始时就执行的。主线程的重要性体现在两方面：

(1) 它是产生其他子线程的线程。

(2) 它执行各种关闭动作，因此通常它必须最后完成执行。

尽管主线程在程序启动时自动创建，但它可以由一个 Thread 对象控制。为此，必须调用方法 currentThread( )获得它的一个引用，currentThread( )是 Thread 类的静态成员。它的通常形式如下：

```
static Thread currentThread( )
```

接下来该方法返回调用它的线程的引用。一旦获得主线程的引用，就可以像控制其他线程那样控制主线程，例子如下：

```
// Controlling the main Thread.
class CurrentThreadDemo {
  public static void main(String args[]) {
    Thread t = Thread.currentThread( );
    System.out.println("Current thread:" + t);
    // change the name of the thread
    t.setName("My Thread");
    System.out.println("After name change:" + t);
    try {
      for(int n = 5; n > 0; n--) {
        System.out.println(n);
        Thread.sleep(1000);
      }
    }
    catch (InterruptedException e) {
      System.out.println("Main thread interrupted");
    }
  }
}
```

在上述程序中，当前线程(自然是主线程)的引用通过调用 currentThread( )获得该引用并保存在局部变量t中，程序显示线程的信息。接着程序调用setName( )改变线程的内部名称，线程信息又被显示。然后，一个循环数从5开始递减，每数一次暂停一秒，暂停用sleep( )方法来完成。注意循环外的try/catch块，Thread类的sleep( )方法可能引发一个InterruptedException异常，这种情形会在其他线程要打搅沉睡线程时发生。该程序只是显示了它是否被打断的消息，在实际的程序中，必须灵活处理此类问题。下面是上述程序的输出：

```
Current thread: Thread[main,5,main]
After name change: Thread[My Thread,5,main]
5
4
3
2
1
```

注意：t是语句println( )中的参数。该程序输出的显示顺序：线程名称、优先级以及组的名称。默认情况下，主线程的名称是main。它的优先级是5，这是默认值，main是所属线程组的名称。一个线程组(thread group)是一种将线程作为一个整体集合控制的数据结构。这个过程由专有的运行时环境来处理。线程名改变后，t又被输出。这次，显示了新的线程名。

1.5.3 创建线程

大多数情况下，通过实例化一个Thread对象来创建一个线程。常用方式是实现Runnable接口。

创建线程最简单的方法是创建一个实现Runnable接口的类，通过实现Runnable接口的方法创建对象的线程。为实现Runnable接口，一个类仅须实现一个run( )的简单方法，该方法声明如下：

```
public void run( )
```

在run( )中可以定义代码来构建新的线程。run( )方法能够像主线程那样调用其他方法，引用其他类，声明变量，仅有的不同是run( )在程序中确立另一个并发的线程执行入口，当run( )返回时，该线程结束。

在创建了实现Runnable接口的类之后，要在类内部实例化一个Thread类的对象。Thread类定义了多种构造函数，会用到的有如下几种：

```
Thread(Runnable threadOb, String threadName)
```

该构造函数中，threadOb是一个实现Runnable接口类的实例。这定义了线程执行的起点。新线程的名称由threadName定义。

新的线程建立后，并不会运行，直到调用了在Thread类中定义的start( )方法。本质上，start( )执行的是一个对run( )的调用。start( )方法声明如下：

```
void start( )
```

创建一个新的线程并启动它运行的例子如下：

```
class NewThread implements Runnable {
  Thread t;
  NewThread( ) {
    // Create a new, second thread
    t = new Thread(this, "Demo Thread");
    System.out.println("Child thread:" + t);
    t.start( );// Start the thread
  }
  // This is the entry point for the second thread.
  public void run( ) {
    try {
      for(int i = 5; i > 0; i--) {
        System.out.println("Child Thread:" + i);
        Thread.sleep(500);
      }
    }
    catch (InterruptedException e){
        System.out.println("Child interrupted.");
    }
    System.out.println("Exiting child thread.");
  }
}
class ThreadDemo {
    public static void main(String args[]) {
      new NewThread( );// create a new thread
      try {
        for(int i = 5; i > 0; i--) {
          System.out.println("Main Thread:" + i);
          Thread.sleep(1000);
        }
      }
      catch (InterruptedException e){
        System.out.println("Main thread interrupted.");
        System.out.println("Main thread exiting.");
      }
    }
  }
```

在 NewThread 构造函数中，新的 Thread 对象由下面的语句创建：

```
t = new Thread(this, "Demo Thread");
```

this 表明在 this 对象中调用线程的 run( )方法。start( )被调用，以 run( )方法启动线程的执行，然后，子线程 for 循环开始执行。调用 start( )之后，NewThread 的构造函数返回到 main( )。主线程被恢复后，到达 for 循环。两个线程继续运行，共享 CPU，直到它们的循环结束。该程序的输出如下：

```
Child thread: Thread[Demo Thread,5,main]
Main Thread: 5
Child Thread: 5
Child Thread: 4
Main Thread: 4
Child Thread: 3
Child Thread: 2
Main Thread: 3
Child Thread: 1
Exiting child thread.
Main Thread: 2
Main Thread: 1
Main thread exiting.
```

如前所述，在多线程程序中，通常主线程是结束运行的最后一个线程。实际上，在一些 Java 虚拟机中，如果主线程先于子线程结束，Java 的运行时间系统就可能“挂起”。上述程序保证了主线程最后结束，因为主线程沉睡周期为 1 000 毫秒，而子线程的仅为 500 毫秒，这就使子线程在主线程结束之前先结束。

1.5.4 线程同步

当两个或两个以上的线程需要共享资源时，它们需要某种方法来确定资源在某一刻仅被一个线程占用，这一过程叫做同步(synchronization)。Java 为此提供了独特的、语言水平上的支持。

同步的关键是管程(也称信号量，semaphore)。管程是一个互斥并独占锁定的对象，或称互斥体(mutex)。在给定的时间内，仅有一个线程可以获得管程。当一个线程需要锁定，它必须进入管程。所有其他的试图进入已经锁定的管程的线程必须挂起，直到第一个线程退出管程，这些挂起的线程被称为等待管程。一个拥有管程的线程可以再次进入相同的管程。

有两种方法可以同步化代码，两者都涉及 synchronized 关键字的运用，下面分别说明这两种方法。

(一) 同步方法

Java 中的同步比较简单，因为所有对象都有与之对应的隐式管程。进入某一对象的管程，就是调用被 synchronized 关键字修饰的方法，当一个线程在一个同步方法内部时，所有试图调用该方法的其他线程必须等待。要想退出管程，并放弃对象的控制权给其他等待的线程，拥有管程的线程需要从同步方法中返回。

为理解同步的必要性，我们举一个简单的例子。下面的程序有三个简单类：首先，Callme 有一个简单的方法 call( )，call( )方法有一个名为 msg 的 String 参数，试图在方括

号内输出 msg 字符串，在调用 call( )输出左括号和 msg 字符串后，调用 Thread. sleep (1000)，该方法使当前线程暂停 1 秒。其次，类的构造函数 Caller，引用了 Callme 的一个实例以及一个 String，它们分别存在 target 和 msg 中。构造函数也创建了一个调用该对象的 run( )方法的新线程，该线程启动，Caller 类的 run( )方法通过参数 msg 字符串调用 Callme 实例 target 的 call( )方法。最后，Synch 类开始创建 Callme 的一个简单实例和 Caller 的三个具有不同消息字符串的实例。Callme 的同一实例传给每个 Caller 实例。

```
// This program is not synchronized.
class Callme {
  void call(String msg) {
    System.out.print("[" + msg);
    try {
      Thread.sleep(1000);
    }
    catch(InterruptedException e){
      System.out.println("Interrupted");
    }
    System.out.println("]");
  }
}
class Caller implements Runnable {
  String msg;
  Callme target;
  Thread t;
  public Caller(Callme targ, String s) {
    target = targ;
    msg = s;
    t = new Thread(this);
    t.start( );
  }
  public void run( ) {
    target.call(msg);
  }
  class Synch {
    public static void main(String args[]) {
      Callme target = new Callme( );
      Caller ob1 = new Caller(target, "Hello");
      Caller ob2 = new Caller(target, "Synchronized");
      Caller ob3 = new Caller(target, "World");
      // wait for threads to end
      try {
        ob1.t.join( );
        ob2.t.join( );
```

```
      ob3.t.join();
    }
    catch(InterruptedException e){
      System.out.println("Interrupted");
    }
  }
}
```

该程序的输出如下：

```
[Hello[Synchronized[World]
]
]
```

在该程序中，通过调用 sleep( )，call( )方法允许程序的执行转换到另一个线程。该结果是三个消息字符串的混合输出。该程序没有阻止三个线程同时调用同一对象的同一方法。这会造成三个线程争着完成方法，从而使程序运行出错。

为使程序正常运行，必须确保，在某一时刻，只有一个线程可以支配 call( )方法。为此，需要在 call( )定义前加上关键字 synchronized：

```
class Callme {
  synchronized void call(String msg) {
```

这样就能防止在一个线程使用 call( )时，其他线程进入 call( )。在 synchronized 加到 call( )前面以后，程序输出如下：

```
[Hello]
[Synchronized]
[World]
```

(二) 同步语句

如果需要获得不为多线程访问设计的类对象的同步访问，那么该类不会用到 synchronized 方法。而且，该类是由第三方创建的，程序员不能获得它的源代码。这样，就不能在相关方法前加 synchronized 修饰符。那么，怎样才能使该类的一个对象同步化呢？解决方法是：将定义这个类的方法的调用放入一个 synchronized 块内。

下面是 synchronized 语句的普通形式：

```
synchronized(object) {
  // statements to be synchronized
}
```

其中，object 是被同步对象的引用。如果想要同步的只是一个语句，那么不需要加大括号。一个同步块可以确保，对 object 成员方法的调用仅在当前线程成功进入 object 管程后发生。

下面是前面程序的修改版本，它在 run( )方法内使用同步块：

```
// This program is not synchronized.
class Callme {
  void call(String msg) {
    System.out.print("[" + msg);
    try {
      Thread.sleep(1000);
    }
    catch(InterruptedException e){
      System.out.println("Interrupted");
    }
    System.out.println("]");
  }
}
class Caller implements Runnable {
  String msg;
  Callme target;
  Thread t;
  public Caller(Callme targ, String s) {
    target = targ;
    msg = s;
    t = new Thread(this);
    t.start( );
  }
  // synchronize calls to call( )
  public void run( ) {
    synchronized (target) {// synchronized block
    target.call(msg);
  }
  class Synch {
    public static void main(String args[]) {
      Callme target = new Callme( );
      Caller ob1 = new Caller(target, "Hello");
      Caller ob2 = new Caller(target, "Synchronized");
      Caller ob3 = new Caller(target, "World");
      // wait for threads to end
      try {
        ob1.t.join( );
        ob2.t.join( );
        ob3.t.join( );
      }
      catch(InterruptedException e){
        System.out.println("Interrupted");
      }
```

```
    }
  }
```

这里，call( )方法没有被 synchronized 修饰，而 synchronized 是在 Caller 类的 run( )方法中声明的。这样可以得到同样正确的结果，毕竟每个线程运行前都会等待先前的一个线程结束。

1.5.5 线程间通信

在上述例题中的程序阻塞了其他线程异步访问某个方法。Java 对象中隐式管程的应用是很强大的，但是你可以通过进程间通信达到更微妙的境界。

举例来说，在经典的序列问题中，当一个线程正在产生数据（生产者）而另一个程序正在消费它（消费者）时，假设数据产生器必须等待消费者完成工作才能产生新的数据。在轮询系统下，消费者在等待生产者产生数据时会浪费很多 CPU 周期。一旦生产者完成工作，它将启动轮询，浪费更多的 CPU 时间等待消费者的工作结束。

Java 包含了一个通过 wait( )，notify( )和 notifyAll( )方法实现的进程间通信机制，可以避免轮询。这些方法在对象中是用 final 方法实现的，所以所有的类都含有它们。这三个方法仅在 synchronized 方法中才能被调用。

(1) wait( )告知被调用的线程放弃管程进入睡眠，直到其他线程进入相同管程并且调用 notify( )。

(2) notify( )恢复相同对象中第一个调用 wait( )的线程。

(3) notifyAll( )恢复相同对象中所有调用 wait( )的线程，然后具有最高优先级的线程优先运行。

这些方法在 Object 中被声明，如下所示：

```
final void wait( ) throws InterruptedException
final void notify( )
final void notifyAll( )
```

下面的程序错误地实行了一个简单生产者/消费者的问题。它由四个类组成：Q，设法获得同步的序列；Producer，生产序列的线程对象；Consumer，消费序列的线程对象；PC，创建单个 Q，Producer 和 Consumer 的小类。

```
// An incorrect implementation of a producer and consumer.
class Q {
  int n;
  synchronized int get( ) {
    System.out.println("Got:" + n);
    return n;
  }
  synchronized void put(int n) {
    this.n = n;
    System.out.println("Put:" + n);
  }
```

```
}

class Producer implements Runnable {
    Q q;
    Producer(Q q) {
      this.q = q;
      new Thread(this, "Producer").start( );
    }
    public void run( ) {
      int i = 0;
      while(true) {
        q.put(i++);
      }
    }
  }
  class Consumer implements Runnable {
    Q q;
      Consumer(Q q) {
        this.q = q;
        new Thread(this, "Consumer").start( );
      }
      public void run( ) {
        while(true){
          q.get( );
        }
      }
    }
class PC {
    public static void main(String args[]) {
      Q q = new Q( );
      new Producer(q);
      new Consumer(q);
      System.out.println("Press Control-C to stop.");
    }
  }
```

尽管Q类中的put( )和get( )方法是同步的,没有程序阻止生产者超越消费者,也没有程序阻止消费者消费同样的序列两次,但这样,会得到下面的错误输出。这是因为输出将随处理器速度和装载的任务而改变。

```
Put: 1
Got: 1
Got: 1
Got: 1
```

```
Got: 1
Got: 1
Put: 2
Put: 3
Put: 4
Put: 5
Put: 6
Put: 7
Got: 7
```

生产者生成1后，消费者依次获得同样的1五次。生产者再继续生成2到7，消费者没有机会获得它们。

用Java正确的编写该程序是用wait( )和notify( )来对两个方向进行标志，如下所示：

```
// An correct implementation of a producer and consumer.
class Q {
  int n;
  boolean valueSet = false;
  synchronized int get( ){
    if(! valueSet)
      try{
        wait( );
      }
      catch(InterruptedException e) {
          System.out.println("InterruptedException caught");
      }
    System.out.println("Got:" + n);
    valueSet = false;
    notify( );
    return n;
  }
  synchronized void put(int n) {
    if(valueSet)
      try{
        wait( );
      }
      catch(InterruptedException e) {
        System.out.println("InterruptedException caught");
      }
    this.n = n;
    valueSet = true;
    System.out.println("Put:" + n);
    notify( );
  }
```

```
}

class Producer implements Runnable {
    Q q;
    Producer(Q q) {
      this.q = q;
      new Thread(this, "Producer").start( );
    }
    public void run( ) {
      int i = 0;
      while(true) {
        q.put(i++);
      }
    }
  }
  class Consumer implements Runnable {
    Q q;
    Consumer(Q q) {
      this.q = q;
      new Thread(this, "Consumer").start( );
    }
    public void run( ) {
      while(true){
        q.get( );
      }
    }
  }
  class PCFixed {
    public static void main(String args[]) {
      Q q = new Q( );
      new Producer(q);
      new Consumer(q);
      System.out.println("Press Control-C to stop.");
    }
  }
```

Get( )内部,wait( )被调用。这使得执行挂起,直到 Producer 告知数据已经预备好。这时,get( )被恢复执行。获取数据后,get( )调用 notify( ),这是在告诉 Producer 可以向序列中输入更多数据。在 put( )内,wait( )挂起执行直到 Consumer 取走了序列中的项目。当执行再继续,下一个数据项目被放入序列,notify( )被调用,这是在通知 Consumer 它应该移走该数据。

下面是该程序的输出,它清楚地显示了同步行为:

```
Put: 1
Got: 1
Put: 2
Got: 2
Put: 3
Got: 3
Put: 4
Got: 4
```

线程间通信有一种特殊的情形，就是死锁（deadlock）。死锁发生在两个线程对一对同步对象有循环依赖关系时。例如，假定一个线程进入了对象 X 的管程而另一个线程进入了对象 Y 的管程，如果 X 中的线程试图调用 Y 的同步方法，它将像预料的一样被锁定；而 Y 中的线程在调用 X 的一些同步方法时，则线程会一直等待，此时为到达 X，它必须释放自己的 Y 的锁定以使第一个线程可以完成。

死锁是很难调试的错误原因如下：

（1）通常它极少发生，只有在两线程的时间段刚好符合时才能发生。

（2）它可能包含多于两个的线程和同步对象。

死锁的例子如下。

```
// An example of deadlock.
class A {
  synchronized void foo(B b) {
    String name = Thread.currentThread( ).getName( );
    System.out.println(name + " entered A.foo");
    try {
      Thread.sleep(1000);
    }
    catch(Exception e) {
      System.out.println("A Interrupted");
    }
    System.out.println(name + " trying to call B.last( )");      b.last( );
  }
  synchronized void last( ) {
  System.out.println("Inside A.last");
  }
}

class B {
  synchronized void bar(A a) {
    String name = Thread.currentThread( ).getName( );
    System.out.println(name + " entered B.bar");
    try {
      Thread.sleep(1000);
```

```
        }
        catch(Exception e) {
          System.out.println("B Interrupted");
        }
        System.out.println(name + " trying to call A.last( )");
        a.last( );
      }
      synchronized void last( ) {
        System.out.println("Inside B.last");
      }
    }
    class Deadlock implements Runnable {
      A a = new A( );
      B b = new B( );
      Deadlock( ) {
        Thread.currentThread( ).setName("MainThread");
        Thread t = new Thread(this, "RacingThread");
        t.start( );
        a.foo(b);// get lock on a in this thread.
        System.out.println("Back in main thread");
      }
      public void run( ) {
       b.bar(a);// get lock on b in other thread.
       System.out.println("Back in other thread");
    }
    public static void main(String args[]) {
      new Deadlock( );
    }
  }
```

上例中生成了两个类，A 和 B，它们分别有 foo( )和 bar( )方法，这两种方法在调用其他类的方法前有一个短暂的停顿：主类，名为 Deadlock，创建了 A 和 B 的实例，然后启动第二个线程去设置死锁环境。foo( )和 bar( )方法使用 sleep( )强迫死锁现象发生。

运行程序后，输出如下：

```
MainThread entered A.foo
RacingThread entered B.bar
MainThread trying to call B.last( )
RacingThread trying to call A.last( )
```

因为程序死锁，需要按 CTRL-C 来结束程序。接下来会看到，RacingThread 在等待管程 a 时占用管程 b，同时，MainThread 占用 a 等待 b。该程序永远都不会结束。

1.6 输入/输出(I/O)

Java.io 包支持 Java 的基本输入/输出(I/O)系统,包括文件的输入/输出。支持输入/输出的是 Java 的内核 API 库,而不是语言关键字。

1.6.1 流的概念

Java 程序通过流来完成输入/输出。流是生产或消费信息的抽象,流通过 Java 的输入/输出系统与物理设备链接。尽管与它们链接的物理设备不尽相同,但所有流的行为具有同样的方式,这样,相同的输入/输出类和方法适用于所有类型的外部设备,这意味着一个输入流能够有多种不同类型的输入:从磁盘文件、从键盘或从网络套接字。同样,一个输出流可以输出到控制台、磁盘文件或相连的网络。流是一个直接处理输入/输出的方法,它不需要代码理解键盘和网络的不同。Java 中流的实现是在 Java.io 包定义的类层次结构内部。

Java 定义了两种类型的流:字节流和字符流。字节流(byte stream)为处理字节的输入和输出提供了简便的方法,如使用字节流读取或书写二进制数据。字符流(character stream)为字符的输入和输出处理提供了方便。它们采用统一的编码标准,因而可以国际化,当然,在某些情况下,字符流比字节流更有效。

需要说明的是:在最底层,所有的输入/输出都是字节形式的,基于字符的流只为处理字符提供方便有效的方法。

(一) 字节流

字节流由两个类层次结构定义。在顶层有两个抽象类:InputStream 和 OutputStream,每个抽象类都有多个具体的子类,这些子类对不同的外设进行处理,例如磁盘文件、网络连接和内存缓冲区。字节流显示于表 1-9 中。

记住,要使用流,必须导入 Java.io 包。

表 1-9 字节流

流	含义
BufferedInputStream	缓冲输入流
BufferedOutputStream	缓冲输出流
ByteArrayInputStream	从字节数组读取的输入流
ByteArrayOutputStream	向字节数组写入的输出流
DataInputStream	包含读取 Java 标准数据类型方法的输入流
DataOutputStream	包含编写 Java 标准数据类型方法的输出流
FileInputStream	读取文件的输入流
FileOutputStream	写文件的输出流

（续表）

流	含义
FilterInputStream	实现 InputStream
FilterOutputStream	实现 OutputStream
InputStream	描述流输入的抽象类
OutputStream	描述流输出的抽象类
PipedInputStream	输入管道
PipedOutputStream	输出管道
PrintStream	包含 print( )和 println( )的输出流
PushbackInputStream	支持向输入流返回一个字节的单字节的“unget”的输入流
RandomAccessFile	支持随机文件输入/输出
SequenceInputStream	两个或两个以上顺序读取的输入流组成的输入流

抽象类 InputStream 和 OutputStream 定义了实现其他流的关键方法。最重要的两种方法是 read( )和 write( )，它们分别对数据的字节进行读写。两种方法都在 InputStream 和 OutputStream 中被定义为抽象方法，它们被派生的流重载。

（二）字符流

字符流由两个类层次结构定义。顶层有两个抽象类：Reader 和 Writer。这些抽象类处理统一编码的字符流，这些类含有多个具体的子类。字符流如表 1-10 所示。

表 1-10　字符流

流	含义
BufferedReader	缓冲输入字符流
BufferedWriter	缓冲输出字符流
CharArrayReader	从字符数组读取数据的输入流
CharArrayWriter	向字符数组写数据的输出流
FileReader	读取文件的输入流
FileWriter	写文件的输出流
FilterReader	过滤读
FilterWriter	过滤写
InputStreamReader	把字节转换成字符的输入流
LineNumberReader	计算行数的输入流
OutputStreamWriter	把字符转换成字节的输出流
PipedReader	输入管道
PipedWriter	输出管道
PrintWriter	包含 print( )和 println( )的输出流
PushbackReader	允许字符返回到输入流的输入流
Reader	描述字符流输入的抽象类
StringReader	读取字符串的输入流
StringWriter	写字符串的输出流
Writer	描述字符流输出的抽象类

抽象类 Reader 和 Writer 定义了几个实现其他流的关键方法。其中两个最重要的是 read( ) 和 write( ),它们分别进行字符数据的读和写。这些方法被派生流重载。

(三) 预定义流

所有的 Java 程序自动导入 Java. lang 包。该包定义了一个名为 System 的类,该类封装了运行时环境的多个方面。例如,使用它的某些方法,能获得当前时间和与系统有关的不同属性。System 同时包含三个预定义的流变量：in，out 和 err。这些成员在 System 中是被定义成 public 和 static 型的,这意味着它们可以不引用特定的 System 对象而被用于程序的其他部分。

System. out 是标准的输出流,默认情况下,它是一个控制台。System. in 是标准的输入流,默认情况下,它指的是键盘。System. err 是标准的错误流,它默认是控制台。然而,这些流可以重定向到任何兼容的输入/输出设备。

System. in 是 inputStream 的对象;System. out 和 System. err 是 PrintStream 的对象。它们都是字节流,尽管它们用来读写外设的字符。

1.6.2 读取控制台输入

控制台输入由从 System. in 读取数据来完成。为获得属于控制台的字符流,在 BufferedReader 对象中包装 System. in。BufferedReader 支持缓冲输入流。它最常见的构造函数如下：

```
BufferedReader(Reader inputReader)
```

这里,inputReader 是链接被创建的 BufferedReader 实例的流。Reader 是一个抽象类,它的一个具体的子类是 InputStreamReader,该子类把字节转换成字符。为获得链接 System. in 的一个 InputStreamReader 的对象,须用下面的构造函数：

```
InputStreamReader(InputStream inputStream)
```

因为 System. in 引用了 InputStream 类型的对象,它可以用于 inputStream。综上所述,下面的一行代码创建了与键盘相连的 BufferedReader 对象。

```
BufferedReader br = new BufferedReader(new
            InputStreamReader(System.in));
```

当该语句执行后,br 是通过 System. in 生成的链接控制台的字符流。

(一) 读取字符

从 BufferedReader 读取字符,用 read( )。我们所用的 read( )版本如下：

```
int read( ) throws IOException
```

该方法每次执行都从输入流读取一个字符,然后以整型返回。当遇到流的末尾时它返回－1。可以看到,它将要引发一个 IOException 异常。

下面的例子程序演示了 read( )方法从控制台读取字符,直到用户键入“q”：

```
import Java.io.*;
class BRRead {
  public static void main(String args[]) throws IOException{
    char c;
```

```
    BufferedReader br = new
        BufferedReader(new InputStreamReader(System.in));
    System.out.println("Enter characters, 'q' to quit.");
    do {
      c = (char) br.read( );
      System.out.println(c);
    } while(c ! = 'q');
  }
}
```

下面是程序运行：

```
Enter characters, 'q' to quit.
12abq
1
2
a
b
q
```

（二）读取字符串

从键盘读取字符串，使用 readLine( )，它是 BufferedReader 类的成员。它的通常形式如下：

```
String readLine( ) throws IOException
```

它返回一个 String 对象。

下面的例子阐述了 BufferedReader 类和 readLine( )方法，程序读取和显示文本的行直到键入“stop”：

```
import Java.io.*;
class BRReadLines {
  public static void main(String args[]) throws IOException{
    // create a BufferedReader using System.in
    BufferedReader br = new BufferedReader(new
               InputStreamReader(System.in));
    String str;
    System.out.println("Enter lines of text.");
    System.out.println("Enter 'stop' to quit.");
    do {
        str = br.readLine( );
        System.out.println(str);
    } while(! str.equals("stop"));
  }
}
```

1.6.3 向控制台输出

控制台输出由前面描述过的 print( )和 println( )来完成最为简单，这两种方法由 PrintStream(System. out 引用的对象类型)定义。尽管 System. out 是一个字节流，但用它作为简单程序的输出是可行的。

因为 PrintStream 是从 OutputStream 派生的输出流，所以它同样实现低级方法 write( )，write( )可用来向控制台写数据。PrintStream 定义的 write( )最简单的形式如下：

```
class WriteDemo {
  public static void main(String args[]) {
    int b;
    b = 'A';
    System.out.write(b);
    System.out.write('\n');
  }
}
```

该方法按照 byteval 指定的数向文件写字节。尽管 byteval 定义成整数，但只有低位的 8 个字节被写入。上面的程序用 write( )向屏幕输出字符“A”，然后是新的行。

一般不常用 write( )来完成向控制台的输出，因为 print( )和 println( )更容易使用。

1.6.4 PrintWriter 类

尽管 Java 允许用 System. out 向控制台写数据，但建议仅用在调试程序时。对于实际的程序，Java 推荐的向控制台写数据的方法是用 PrintWriter 流。PrintWriter 是基于字符的类。用基于字符的类向控制台写数据能使程序更为国际化。

PrintWriter 定义了多个构造函数，我们用到的如下：

```
PrintWriter(OutputStream outputStream, boolean flushOnNewline)
```

这里，outputStream 是 OutputStream 类的对象，flushOnNewline 控制 Java 在 println( )方法被调用时，是否刷新输出流。如果 flushOnNewline 为 true，刷新自动发生，若为 false，则不发生。

PrintWriter 支持所有类型(包括 Object)的 print( )和 println( )方法，如果遇到不同类型的情况，PrintWriter 方法调用对象的 toString( )方法并打印结果。

用 PrintWriter 可以向外设写数据，指定输出流为 System. out，并在每一新行后刷新流。例如，下面这行代码创建了与控制台输出相连的 PrintWriter 类：

```
PrintWriter pw = new PrintWriter(System.out, true);
```

下面的应用程序说明了用 PrintWriter 处理控制台输出的方法：

```
import Java.io.*;
public class PrintWriterDemo {
  public static void main(String args[]) {
    PrintWriter pw = new PrintWriter(System.out, true);
```

```
        pw.println("This is a test string");
        int i = -3;
        pw.println(i);
        double d = 7.6e-2;
        pw.println(d);
    }
}
```

该程序的输出如下：

```
This is a test string
-3
7.6E-2
```

1.6.5　文件的读写

在 Java 中，所有的文件都是字节形式的。Java 提供从文件读写字节的方法。而且，Java 允许在字符形式的对象中使用字节文件流。

两个最常用的流是 FileInputStream 和 FileOutputStream，它们生成与文件链接的字节流。为打开文件，只须创建这些类中某一个类的一个对象，并在构造函数中以参数形式指定文件的名称。这两个类都支持其他形式的重载构造函数。下面是我们将要用到的形式：

```
FileInputStream(String fileName) throws FileNotFoundException
FileOutputStream(String fileName) throws FileNotFoundException
```

这里，fileName 指定需要打开的文件名。当创建了一个输入流而文件不存在时，会引发 FileNotFoundException 异常。对于输出流，如果文件不能生成，则引发 FileNotFoundException 异常。如果一个输出文件被打开，所有原先存在的同名的文件都将被破坏。

对文件的操作结束后，需要调用 close( )来关闭文件。该方法在 FileInputStream 和 FileOutputStream 中都有定义。代码如下：

```
void close( ) throws IOException
```

读文件可以使用在 FileInputStream 中定义的 read( )方法。我们用到的如下：

```
int read( ) throws IOException
```

该方法每次被调用时，它都会从文件中读取一个字节并将该字节以整数形式返回。当读到文件尾时，read( )返回-1。该方法可以引发 IOException 异常。

向文件中写数据，需用 FileOutputStream 定义的 write( )方法。其简单形式如下：

```
void write(int byteval) throws IOException
```

该方法按照 byteval 指定的数向文件写入字节。尽管 byteval 作为整数声明，但仅有 8 位字节可以写入文件。如果在写的过程中出现问题，一个 IOException 将被引发。下面是一个用 write( ) 拷贝文本文件的例子：

```
import Java.io.*;
```

```
class CopyFile {
  public static void main(String args[]) throws IOException{
    int i;
    FileInputStream fin;
    FileOutputStream fout;
    try {
      try {
        fin = new FileInputStream(args[0]);
      }
      catch(FileNotFoundException e){
        System.out.println("Input File Not Found");
        return;
      }
      try {
        fout = new FileOutputStream(args[1]);
      }
        catch(FileNotFoundException e){
          System.out.println("Error Opening Output File");
          return;
      }
    }
    catch(ArrayIndexOutOfBoundsException e){
      System.out.println("Usage: CopyFile From To");
      return;
    }
    try {
      do {
        i = fin.read( );
        if(i ! = -1) fout.write(i);
      } while(i ! = -1);
    }
    catch(IOException e) {
      System.out.println("File Error");
    }
    fin.close( );
    fout.close( );
  }
}
```

1.7 常用类库

Java 的应用程序接口(API)以包的形式来组织,每个包提供了大量的相关类、接口和异

常处理类，这些包的集合就是 Java 的类库：

(1) 包名以 Java 开始的包是 Java 核心包(Java Core Package)。

(2) 以 Javax 开始的包是 Java 扩展包 (Java Extension Package)，如 javax. swing 包。

1. 常用的 Java 核心包(Java Core Package)

常用的 Java 核心包有如下几种：

(1) Java. lang：Java 编程语言的基本类库。

(2) Java. util：集合类、时间处理模式、日期时间工具等各类常用工具包。

(3) Java. io：通过数据流、对象序列以及文件系统实现的系统输入、输出。

(4) Java. applet：创建 applet 需要的所有类。

(5) Java. awt：创建用户界面以及绘制和管理图形、图像的类。

(6) Java. NET：用于实现网络通讯应用的所有类。

(7) Java. sql：访问和处理来自 Java 标准数据源数据的类。

(8) Java. test：以一种独立于自然语言的方式处理文本、日期、数字和消息的类和接口。

(9) Java. security：设计网络安全方案需要的一些类。

(10) Java. beans：开发 Java Beans 需要的所有类。

(11) Java. math：简明的整数算术以及十进制算术的基本函数。

(12) Java. rmi：与远程方法调用相关的所有类。

2. 常用的 Java 扩展包(Java Extension Package)

常用的 Java 扩展包有如下几种：

(1) javax. accessibility：定义了用户界面组件之间相互访问的一种机制。

(2) javax. naming. *：为命名服务提供了一系列类和接口。

(3) javax. swing. *：提供了一系列轻量级的用户界面组件，是目前 Java 用户界面常用的包。

上述包中，最重要最常用的包是 Java. lang 和 Java. util。

1.7.1 Java. lang 包

Java. lang 被自动导入所有的程序。它所包含的类和接口对所有实际的 Java 程序都是必要的。它是 Java 最广泛使用的包。

Java. lang 包括了下面这些类：

```
Boolean                                Long                               StrictMath (Java 2, 1.3)
Byte                                   Math                               String
Character                              Number                             StringBuffer
Class                                  Object                             System
ClassLoader                            Package (Java 2)                   Thread
Compiler                               Process                            >ThreadGroup
Double                                 Runtime                            ThreadLocal (Java 2)
Float                                  >RuntimePermission (Java 2)        Throwable
>InheritableThreadLocal (Java 2)       SecurityManager                    Void
```

>Integer
>Short
>

另外还有两个由 Character 定义的类：Character. Subset 和 Character. UnicodeBlock，它们是在 Java 2 中新增加的。

Java. lang 也定义了以下接口：Cloneable，Comparable 和 Runnable。

1.7.2 Java. util 包

Java. util 包中包含了一些在 Java 2 中新增加的增强功能：

（1）类集。一个类集(collection)是一组对象。类集的增加使得许多 Java. util 中的成员在结构和体系结构上发生根本的改变，它也扩展了包可以被应用的任务范围。类集是被所有 Java 程序员紧密关注的最新型的技术。

（2）支持范围广泛的各种各样的类和接口。这些类和接口被核心的 Java 包广泛使用，当然也可以被编写的程序所使用。对它们的应用包括：产生伪随机数、对日期和时间的操作、观测事件、对位集的操作以及标记字符串。由于 Java. util 具有许多特性，因此它是 Java 中被广泛使用的一个包。

Java. util 中包含的类如下，在 Java 2 中新增加的一些也被列出：

AbstractCollection (Java 2)
AbstractList (Java 2)
AbstractMap (Java 2)
AbstractSequentialList (Java 2)
AbstractSet (Java 2)
ArrayList (Java 2)
Arrays (Java 2)
BitSet
Calendar
Collections (Java 2)
Date
Dictionary
EventObject
GregorianCalendar
HashMap (Java 2)
HashSet (Java 2)
Hashtable
LinkedList (Java 2)
ListResourceBundle
Locale
Observable
Properties
PropertyPermission (Java 2)
PropertyResourceBundle
Random
ResourceBundle
SimpleTimeZone
Stack
StringTokenizer
Timer (Java 2, v1.3)
TimerTask (Java 2, v1.3)
TimeZone
TreeMap (Java 2)
TreeSet (Java 2)
Vector
WeakHashMap (Java 2)

Java. util 定义了如下的接口，注意其中大多数是在 Java 2 中新增加的：

Collection (Java 2)
Comparator (Java 2)
Enumeration
EventListener
Iterator (Java 2)
List (Java 2)
ListIterator (Java 2)
Map (Java 2)
Map Entry (Java 2)
Observer
Set (Java 2)
SortedMap (Java 2)
SortedSet (Java 2)

1.7.3 Java. io 包

Java. io 定义的输入/输出类列于下表：

BufferedInputStream
BufferedOutputStream
FileWriter
FilterInputStream
PipedInputStream
PipedOutputStream

BufferedReader
BufferedWriter
ByteArrayInputStream
ByteArrayOutputStream
CharArrayReader
CharArrayWriter
DataInputStream
DataOutputStream
File
FileDescriptor
FileInputStream
FileOutputStream
FilePermission
FileReader
FilterOutputStream
FilterReader
FilterWriter
InputStream
InputStreamReader
LineNumberReader
ObjectInputStream
ObjectInputStream.GetField
ObjectOutputStream
ObjectOutputStream PutField
ObjectStreamClass
ObjectStreamField
OutputStream
OutputStreamWriter
PipedReader
PipedWriter
PrintStream
PrintWriter
PushbackInputStream
PushbackReader
RandomAccessFile
Reader
SequenceInputStream
SerializablePermission
StreamTokenizer
StringReader
StringWriter
Writer

下面是由 Java.io 定义的接口：

DataInput
DataOutput
Externalizable
FileFilter
FilenameFilter
ObjectInput
ObjectInputValidation
ObjectOutput
ObjectStreamConstants
Serializable

1.8 网络编程

使 Java 成为好的网络语言的是 Java.net 包定义的类。这些类包装了由美国加州大学伯克利分校的伯克利软件套件(BSD)引入的“套接字(socket)”。

1.8.1 网络基础

(一) 套接字概述

网络套接字(network socket)有一点像电源插座。网络周围的各式插头有一个标准方法传输它们的有效负载。理解标准协议的任何东西都能够插入套接字并进行通信。对于电源插座,无论插入一个电灯还是烤箱,只要它们使用 60 HZ、115 V 电压,设备都将会工作。

socket 是对 tcp/IP 协议的封装和应用。Internet Protocol(IP)是一种低级路由协议,该协议将数据分解成小包然后通过网络传到一个地址,它并不确保传输的信息包一定到达目的地。传输控制协议(TCP)是一种较高级的协议,它把这些信息包有力地捆绑在一起,在必要的时候,需要排序和重传这些信息包以获得可靠的数据传输。第三种协议——用户数据报协议(UDP)几乎与 TCP 协议相当,并能够直接用来支持快速的、无连接的、不可靠的信息包传输。

(二) 客户/服务器模式

在与网络有关的话题中经常会听说客户/服务器(client/server)这个术语。其实它的含义很简单。服务器(server)是能够提供共享资源的任何东西。现在用到的有：计算服务器，提供计算功能；打印服务器，管理多个打印机；磁盘服务器，提供联网的磁盘空间；Web服务器，用来存储网页。客户(client)是一种简单的、有权访问特定服务器的实体。客户和服务器之间的连接就像电灯和电源插头的连接，房间的电源插座是服务器，电灯是客户。服务器是永久的资源，在访问过服务器之后，客户可以自由地像拔去插头一样。

在BSD套接字中，套接字的概念允许单个计算机同时服务于很多不同的客户，并能够提供不同类型信息的服务。该技术由引入的端口(port)处理，此端口是一个特定机器上的被编号的套接字，服务器进程是在"监听"端口直到客户连接它。尽管每个客户部分是独特的，但一个服务器允许在同样端口接受多个客户。为管理多个客户连接，服务器进程必须是多线程的。

(三) 保留套接字

一旦连接成功，一个高级的协议跟着生效，该协议与所使用的端口有关。TCP/IP为特定协议保留了低端的1 024个端口。比较常用的有：端口21是为FTP预留的，Telnet的端口是23，e-mail的端口是25，finger的端口是79，HTTP的端口是80等。下面以HTTP为例讲述协议如何决定客户与端口交互。

HTTP是网络浏览器及服务器用来传输超文本网页和图像的协议。下面是它的工作原理：当一个客户向一个HTTP服务器请求一个文件时，一个点击动作发出请求后，它以一种特定格式向预先指定的端口输出文件名并读回文件的内容，然后服务器作出回应，告诉客户请求是否被执行以及原因。比如，客户请求单个文件/index. html，服务器回应它已成功找到该文件并且把文件传输给客户。HTTP的服务器和客户如表1-11所示。

表1-11　HTTP的服务器和客户

服务器	客户
监听80端口	与端口80连接
接受连接	写"GET/index. html HTTP/1. 0\n\n"
读取数据直到遇到第二个换行符(\n)	
知道GET是一个命令，HTTP/1. 0是有效的协议	
读取名为/index. html的本地文件	
写"HTTP/1. 0 200 OK\n\n"	"200"意味着"文件来了"
向套接字复制文件内容	读取文件内容并显示
挂起	挂起

1.8.2　Java和网络

Java支持TCP和UDP协议族，TCP用于网络的可靠的流式输入/输出，UDP支持更简单的、快速的、点对点的数据报模式。

Java所有的与网络相关的类和接口都包含在Java. net包中，下面将讨论主要的网络类——InetAddress类。

无论是打电话、发送邮件还是建立与Internet的连接，地址都是基础。InetAddress类

用来封装我们前面讨论的数字式的 IP 地址和该地址的域名。它通过一个 IP 主机名与这个类发生作用，IP 主机名比它的 IP 地址用起来更简便、更容易理解，InetAddress 类内部隐藏了地址数字。

InetAddress 类没有明显的构造函数。为生成一个 InetAddress 对象，必须运用一个可用的工厂方法(factory method)。工厂方法仅是一个类中静态方法返回一个该类实例的约定。对于 InetAddress，有 getLocalHost( )、getByName( )和 getAllByName( )三个方法可以用来创建 InetAddress 的实例，三个方法显示如下：

```
static InetAddress getLocalHost( ) throws UnknownHostException
static InetAddress getByName(String hostName)
        throws UnknownHostException
static InetAddress[ ] getAllByName(String hostName)
        throws UnknownHostException
```

getLocalHost( )仅返回象征本地主机的 InetAddress 对象，getByName( )返回一个传给它的主机名的 InetAddress。如果这些方法不能解决主机名，它们会引发一个 UnknownHostException 异常。

在 Internet 上，常用一个名称来代表多个机器。Web 服务器中，也有方法提供一定程度的缩放。getAllByName( )工厂方法返回的代表由一个特殊名称分解的所有地址的 InetAddresses 类数组组成。当不能把名称分解成至少一个地址时，它将引发一个 Unknown HostException 异常。

下面的例子打印了本地机的地址和名称以及两个著名的 Internet 网址：

```
import Java.net.*;
class InetAddressTest  {
  public static void main(String args[]) throws UnknownHostException
  {
  InetAddress Address = InetAddress.getLocalHost( );
  System.out.println(Address);
  Address = InetAddress.getByName("osborne.com");
  System.out.println(Address);
  InetAddress SW[] = InetAddress.getAllByName("www.nba.com");
  for (int i=0; i<SW.length; i++)
    System.out.println(SW[i]);
  }
}
```

下面是该程序的输出：

```
default/206.148.209.138
osborne.com/198.45.24.130
www.nba.com/204.202.130.223
```

InetAddress 类也有一些非静态的方法，如下所示：

boolean equals(Object other)	如果对象具有和other相同的Internet地址则返回true。
byte[ ] getAddress( )	返回代表对象的Internert地址的以网络字节为顺序的有四个元素的字节数组。
String getHostAddress( )	返回代表与InetAddress对象相关的主机地址的字符串。
String getHostName( )	返回代表与InetAddress对象相关的主机名的字符串。
int hashCode( )	返回调用对象的散列码。
boolean isMulticastAddress( )	如果Internet地址是一个多播地址返回true;否则返回false。
String toString( )	返回主机名字符串和IP地址。

1.8.3 TCP/IP客户套接字

TCP/IP套接字用于在主机和Internet之间建立可靠的、双向的、持续的、点对点的流式连接。一个套接字可以用来建立Java的输入/输出系统到其他的驻留在本地机或Internet上的任何机器的程序的连接。

Java中有两类TCP套接字,一种是服务器端的,另一种是客户端的。ServerSocket类被设计为在等待客户建立连接之前不做任何事的"监听器"。Socket类是为建立连向服务器套接字而设计的。

一个Socket对象的创建隐式建立了一个客户和服务器的连接,没有显式说明建立连接细节的方法或构造函数。下面是用来生成客户套接字的两个构造函数:

```
Socket (String hostName, int port)
```

创建一个本地主机与给定名称的主机和端口的套接字连接,可以引发一个UnknownHostException异常或IOException异常:

```
Socket (InetAddress ipAddress, int port)
```

用一个预先存在的InetAddress对象和端口创建一个套接字,可以引发IOException异常。

使用下面的方法,可以在任何时候检查套接字的地址和与之有关的端口信息:InetAddress getInetAddress( )返回和Socket对象相关的InetAddress;Int getPort( )返回与该Socket对象连接的远程端口;Int getLocalPort( )返回与该Socket连接的本地端口。

一旦Socket对象被创建,就可以检查它获得访问与之相连的输入和输出流的权力。如果套接字因为网络的连接中断而失效,这些方法都将引发一个IOException异常:InputStream getInputStream( )返回与调用套接字有关的InputStream类;OutputStream getOutputStream( )返回与调用套接字有关的OutputStream类;void close( )关闭InputStream和OutputStream。

1.8.4 统一资源定位符(URL)

统一资源定位符(URL)提供了一个相当容易理解的形式来对Internet上的信息进行

编写或唯一确定地址。每一个浏览器都用它们来识别Web上的信息，因为Web是一种用URL和HTML为所有资源编址的Internet。在Java的网络类库中，URL类为用URL在Internet上获取信息提供了一个简洁的用户编程接口(API)。

(一) 格式化(Format)

以 http://www.osborne.com/ 和 http://www.osborne.com:80/index.htm 为例，一个URL规范以四个元素为基础：

第一个元素是所用到的协议，用冒号":"来将它与定位符的其他部分相隔离。尽管现在所有的事情都通过HTTP完成，但它不是唯一的协议，常见的协议有HTTP、FTP、gopher和文件。

第二个元素是主机名或所用主机的IP地址，这由左边的双斜线"//"、左边的单斜线"/"或冒号":"限制。

第三个元素是端口号，它是可选的参数，由主机名左边的冒号":"和右边的斜线"/"限制(它的默认端口为80，它是预定义的HTTP端口，所以":80"可以省略)。

第四个元素是实际的文件路径。多数HTTP服务器将给URL附加一个与目录资源相关的index.html或index.htm文件，所以 http://www.osborne.com/ 与 http://www.osborne.com/index.htm 是相同的。

Java的URL类有多个构造函数。

下面的两个构造函数形式允许把URL分裂成几个部分：

```
URL(String protocolName, String hostName, int port, String path)
URL(String protocolName, String hostName, String path)
```

另一个经常用到的构造函数允许用一个已经存在的URL作为引用，然后从该引用中创建一个新的URL：

```
URL(URL urlObj, String urlSpecifier)
```

在下面的例子中，我们为Osborne的下载页面创建一个URL，然后检查它的属性：

```
import Java.net.*;
class URLDemo {
  public static void main(String args[])
        throws MalformedURLException {
    URL hp = new URL("http://www.osborne.com/download");
    System.out.println("Protocol:" + hp.getProtocol( ));
    System.out.println("Port:" + hp.getPort( ));
    System.out.println("Host:" + hp.getHost( ));
    System.out.println("File:" + hp.getFile( ));
    System.out.println("Ext:" + hp.toExternalForm( ));
  }
}
```

运行该程序，将获得下面输出：

```
Protocol: http
```

```
Port: -1
Host: www.osborne.com
File: /download
Ext: http://www.osborne.com/download
```

注意端口是-1,这意味着该端口没有被明确设置。

现在已经创建了一个URL对象,我们希望找回与之相连的数据。为获得URL的实际内容信息,可以用它的openConnection( )方法创建一个URLConnection对象,本例中创建的对象如下:

```
url.openConnection( )
```

openConnection( )有下面的常用形式:

```
URLConnection openConnection( )
```

与调用URL对象一样,它需要返回一个URLConnection对象,它也可能引发IOException异常。

(二) URLConnection类

URLConnection类是用于访问远程资源属性的类。如果建立了与远程服务器之间的连接,可以在传输它到本地之前用URLConnection来检查远程对象的属性。这些属性由HTTP协议规范定义并且仅对用HTTP协议的URL对象有意义。

URL和URLConnection类对于希望通过建立与HTTP服务器的连接来获取信息的简单程序,是非常有用的。

1.8.5 TCP/IP服务器套接字

Java具有用来创建服务器应用程序的不同套接字类。其中,ServerSocket类用来创建服务器套接字时,服务器套接字监听本地或远程客户程序需要通过公共端口的连接。

ServerSocket与通常的Sockets类完全不同。当创建一个ServerSocket类时,它在系统注册自己感兴趣的客户连接。ServerSocket的构造函数反映了希望接受连接的端口号并可选希望排队等待上述端口的时间。队列长度告诉系统有多少与之连接的客户在系统拒绝连接之前可以挂起,队列的默认长度是50。构造函数在不利情况下可以引发IOException异常。下面是构造函数:

(1) ServerSocket(int port),在指定端口创建队列长度为50的服务器套接字。

(2) ServerSocket(int port, int maxQueue),在指定端口创建一个最大队列长度为maxQueue的服务器套接字。

(3) ServerSocket(int port, int maxQueue, InetAddress localAddress),在指定端口创建一个最大队列长度为maxQueue的服务器套接字。在一个多地址主机上,localAddress指定该套接字约束的IP地址。

此外,ServerSocket还有一个accept( )方法,该方法是一个等待客户开始通信的模块化调用,调用后以一个用来与客户通信的常规Socket返回。

总之,如果给出5个类:InetAddress, Socket, ServerSocket, DatagramSocket和DatagramPacket,可以编写现有的任何Internet协议程序。它们为Internet连接提供功能强大的低级控制。

第 2 章　Linux 基础

Android(安卓)本质上是一个基于 Linux 内核上面运行的"Java 虚拟机",也是一个应用程序。作为一个应用程序,其运行需要一个平台,这个平台就是 Linux 内核。

Android 系统的基础是 Linux 操作系统,在开发过程当中,我们也需要使用到一些 Linux 命令,因此掌握一些 Linux 基础知识是必要的。

2.1　Linux 入门

2.1.1　什么是 Linux

Linux 是一套免费使用和自由传播的类 Unix 操作系统,它主要用于使用 Intel x86 系列 CPU 的计算机上。这个系统是由世界各地的程序员设计和实现的,其目的是建立不受任何商品化软件的版权制约且全世界都能自由使用的 Unix 兼容产品。

Linux 的出现,最早开始于一位名叫 Linus Torvalds 的计算机业余爱好者,当时他是芬兰赫尔辛基大学的学生,他的目的是设计一个代替 Minix[①] 的操作系统,这个操作系统可用于 386、486 或奔腾处理器的个人计算机上,并且具有 Unix 操作系统的全部功能,因此开始了 Linux 的设计。

Linux 以其高效性和灵活性著称,它能够在个人计算机上实现全部的 Unix 特性,具有供多用户、多任务共同使用的能力。Linux 是在 GNU 公共许可权限下免费获得的,是一个符合 POSIX(可移植操作系统接口)标准的操作系统。

所谓 GNU,是 Stallman 在 1984 年提出的一个计划,它的思想是"源代码共享,思想共享",目的是开发一个完全自由的、与 Unix 类似但功能更强的操作系统,以便为所有的计算机使用者提供一个功能齐全、性能良好的基本系统。在其他人的协作下,他创作了通用公共许可证(General Public License,GPL),这对推动自由软件的发展起到重要的作用。与传统的商业软件许可证不同的是,GPL 保证任何人有共享和修改自由软件的自由,任何人都有权取得、修改和重新发布自由软件的源代码,并且规定在不增加费用的条件下得到源代码(基本发行费用除外)。这一规定保证了获取自由软件的总体费用很低,而在使用 Internet 的情况下获取则是免费的。GPL(通用公共授权)条款还规定,自由软件的衍生作

---

① Minix 是由一位名叫 Andrew Tannebaum 的计算机教授编写的一个操作系统示教程序。

品继续保持自由状态,并且用户在扩散GNU软件时,必须让下一个用户也有获得源代码的权利。这些工作为后来Linux操作系统的迅速发展奠定了坚实的基础。

Linux操作系统软件包不仅包括完整的Linux操作系统、文本编辑器、高级语言编译器等应用软件,还包括带有多个窗口管理器的X Window图形用户界面,如同我们使用Windows一样,允许我们使用窗口、图标和菜单对系统进行操作。

1994年,Linux的第一个产品版Linux 1.0问世,如今Linux家族已经有了近140个不同的版本,所有这些版本都基于最初的免费的源代码。不同的公司可以推出不同的Linux产品,但是它们都必须承诺对初始源代码的任何改动皆公布于众。

2.1.2 Linux的优点

Linux之所以受到广大计算机爱好者的喜爱,主要原因有如下几个:

(1) 提供了学习、探索以及修改计算机操作系统内核的机会。操作系统是计算机必不可少的系统软件,是整个计算机系统的灵魂。每个操作系统都是一个复杂的计算机程序集,它提供操作过程的协议或行为准则;没有操作系统,计算机就无法工作,就不能解释和执行用户输入的命令或运行简单的程序。

大多数操作系统都是一些主要的软件公司支持的商品化程序,用户只能有偿使用。如果用户购买了一个操作系统,就必须接受供应商所要求的一切条件。因为操作系统是系统程序,所以用户不能擅自修改或试验操作系统的内核,这对于广大计算机爱好者来说无疑是一种束缚。

此外,要想发挥计算机的作用,仅有操作系统还不够,必须要有各种应用程序的支持。应用程序是用于处理某些工作(如字处理)的软件包,通常它也只能有偿使用。每个应用程序的软件包都是为特定的操作系统和机器编写的,使用者无权修改这些应用程序。但由于Linux是一套自由软件,因此用户可以无偿地得到它及其源代码,也可以无偿地获得大量的应用程序,并且可以任意地修改和补充它们、无约束地再传播,这对用户学习和了解Unix操作系统的内核非常有益。

(2) 可以节省大量的资金。Linux是目前唯一可免费获得的、为PC机平台上的多个用户提供多任务和多进程功能的操作系统,这是人们喜欢使用它的主要原因。就个人计算机平台而言,Linux提供了比其他任何操作系统都要强大的功能,Linux还可以使用户远离各种商品化软件提供者促销广告的诱惑,再也不用承受每过一段时间就花钱去升级之苦,因此可以节省大量用于购买或升级应用程序的资金。

(3) 丰富的应用软件。Linux不仅为用户提供了强大的操作系统功能,而且还提供了丰富的应用软件。用户不但可以从Internet上下载Linux及其源代码,而且还可以从Internet上下载许多Linux的应用程序。Linux本身包含的应用程序以及可以移植到Linux上的应用程序很多,任何一位用户都能从有关Linux的网站上找到适合自己需要的应用程序及其源代码,这样用户就可以根据自己的需要下载源代码,以便修改和扩充操作系统或应用程序的功能。这是在Windows 2000、Windows 98、MS-DOS或OS/2等商品化操作系统上无法做到的。

(4) 使工作更加方便。Linux为广大用户提供了一个在家里学习和使用操作系统的机会。尽管Linux只是由计算机爱好者们开发的,但它在很多方面还是相当稳定的,从而为

用户学习和使用操作系统提供了便利的机会。现在有许多CD-ROM供应商和软件公司(如RedHat、红旗和Turbo Linux等)支持Linux操作系统。Linux成为Unix系统在个人计算机上的一个代用品,并能替代那些较为昂贵的系统。因此,如果一个用户在公司上班时用Unix系统编程,或者在工作中是一位Unix的系统管理员,他可以在家里安装一套Unix的替代系统,即Linux系统,在家中使用Linux也能够完成一些工作任务。

(5) 提供功能强大而稳定的网络服务。Linux最优秀的功能莫过于其网络功能。首先,它可以支持众多的网络协议,比如TCP/IP协议、SPX/IPX协议、NETBEUI协议、X.25协议等;其次,Linux可以提供非常广泛的网络服务,如WWW、FTP、E-mail、Telnet、NFS、DHCP、Samba、防火墙以及企业的群组服务等,这些功能为Linux提供了无与伦比的网络兼容性。

2.1.3 Linux操作系统的架构

Linux一般有四个主要部分:内核、Shell、文件结构和实用工具。

1. 内核

内核是系统的心脏,是运行程序和管理磁盘和打印机等硬件设备的核心程序。

2. Shell

Shell是系统的用户界面,它为用户提供了与内核进行交互操作的接口。在本质上Shell是一个命令解释器,它解释用户输入的命令并把它们送到内核去执行。此外,Shell含有用于对命令进行编辑的编程语言,它允许用户编写由Shell命令组成的程序。Shell编程语言具有普通编程语言的很多特点,比如,它也有循环结构和分支控制结构等,用这种编程语言编写的Shell程序与其他应用程序具有同样的效果。

Linux提供了像Microsoft Windows那样的可视的命令输入界面——X Window的图形用户界面(GUI)。它提供了很多窗口管理器,其操作就像Windows一样,有窗口、图标和菜单,所有的管理都通过鼠标控制。现在比较流行的窗口管理器是KDE和GNOME。每个Linux系统的用户都可以拥有自己的用户界面或Shell,用以满足自己专门的需要。同Linux本身一样,Shell也有多种不同的版本。

3. 文件结构

文件结构是文件存放在磁盘等存储设备上的组织方法,主要体现在对文件和目录的组织上。目录提供了管理文件的一个方便而有效的途径,我们不但能够从一个目录切换到另一个目录,而且可以设置目录、文件的权限及文件的共享程度。

Linux目录采用多级树形结构,用户可以浏览整个系统,也可以进入任何一个已授权进入的目录,并访问那里的文件。

文件结构的相互关联性使共享数据变得容易,几个用户可以访问同一个文件。Linux是一个多用户系统,操作系统本身的驻留程序存放在根目录开始的专用目录中,有的则被指定为系统目录。

内核、Shell和文件结构一起形成了基本的操作系统结构,它们使得用户可以运行程序、管理文件以及使用系统。此外,Linux操作系统还含有许多被称为实用工具的程序,辅助用户完成一些特定的任务。

4. 实用工具

标准的Linux系统都有一套叫作实用工具的程序,它们是专门的程序,如编辑器、执行标准的计算操作等。另外,用户也可以通过编写程序生成自己的工具。

一般来讲,实用工具可分为以下三类。

(1) 编辑器：用于编辑文件。Linux 的编辑器主要有 vi、emacs、pico 等。

(2) 过滤器：用于接收并过滤数据。Linux 的过滤器(filter)读取从用户文件或其他地方输入的数据,经检查和处理后输出结果。从这个意义上说,它们过滤了经过它们的数据。Linux 有不同类型的过滤器,一些过滤器用命令行编辑输出一个被编辑的文件;一些过滤器是按模式寻找文件并以这种模式输出部分数据;还有一些过滤器执行字处理操作,检测一个文件中的格式,输出一个格式化的文件。过滤器的输入可以是一个文件,也可以是用户从键盘键入的数据,还可以是另一个过滤器的输出。过滤器可以相互连接,因此,一个过滤器的输出可能是另一个过滤器的输入。在有些情况下,用户可以编写自己的过滤器程序。

(3) 交互程序：允许用户发送信息或接收来自其他用户的信息。交互程序是用户与机器的信息接口。Linux 是一个多用户系统,它必须和所有的用户保持联系。信息可以由系统上的不同用户发送或接收。信息的发送有两种方式：一种方式是与其他用户一对一地进行对话,另一种方式是一个用户对多个用户同时进行通讯,即所谓广播式通讯。

2.1.4 Linux 与其他操作系统的比较

Linux 可以与 MS-DOS、OS/2、Windows 等其他操作系统共存于同一台机器上,它们既具有一些共性,又各有特色、有所区别。

目前运行在个人计算机上的操作系统主要有 Microsoft 的 MS-DOS、Windows,IBM 的 OS/2 等。早期的个人计算机用户普遍使用 MS-DOS,因为这种操作系统对机器的硬件配置要求不高,但是随着计算机硬件技术的飞速发展,硬件设备价格越来越低,人们可以相对容易地提高计算机的硬件配置,于是开始使用 Windows 等具有图形界面的操作系统。Linux 是后来被人们所关注的操作系统,它逐渐为个人计算机的用户所接受。下面来论述 Linux 与其他操作系统的主要区别。

1. Linux 与 MS-DOS 的区别

在同一计算机上运行 Linux 和 MS-DOS 已很普遍,但它们之间还是有较多区别的。

就发挥处理器功能而言,MS-DOS 没有完全发挥 x86 处理器的功能,而 Linux 完全在处理器保护模式下运行,并且发挥了处理器的所有特性。Linux 可以直接访问计算机内的所有可用内存,提供完整的 Unix 接口,而 MS-DOS 只支持部分 Unix 的接口。

就使用费用而言,Linux 和 MS-DOS 是两种完全不同的实体。与其他商业操作系统相比,MS-DOS 价格比较便宜,而且在个人计算机用户中有很大的占有率,任何其他个人计算机操作系统都很难达到 MS-DOS 的普及程度,因为其他操作系统的费用对大多数 PC 机用户来说都是一个不小的负担,而 Linux 是免费的,用户可以从 Internet 上或者其他途径获得它的版本,而且可以任意使用,不用考虑费用问题。

就操作系统的功能而言,MS-DOS 是单任务的操作系统,一旦用户运行了一个 MS-DOS 的应用程序,它就独占了计算机的资源,用户不可能再同时运行其他操作系统,而 Linux 是多任务的操作系统,用户可以同时运行其他操作系统。

2. Linux 与 OS/2、Windows 的区别

从发展的背景看,Linux 与其他操作系统区别在于：Linux 是从一个比较成熟的操作系

统Unix发展而来的，而其他操作系统（如Windows）则是自成体系的。这一区别使得Linux的用户能大大地从Unix团体贡献中获利。Unix是当今世界上使用非常普遍、发展高度成熟的操作系统之一，它是20世纪70年代中期发展起来的微机和巨型机的多任务系统，虽然有时接口比较混乱，并缺少相对集中的标准，但还是逐步发展壮大成为广泛使用的操作系统之一。无论是Unix的作者还是Unix的用户，都认为只有Unix才是一个真正的操作系统，许多计算机系统（从个人计算机到超级计算机）都存在Unix版本，Unix的用户可以从很多方面得到支持和帮助。因此，Linux作为基于Unix的一个克隆，它的用户同样会得到相应的支持和帮助，Linux将直接拥有Unix在用户中建立的牢固地位。

从使用费用上看，Linux与其他操作系统的区别在于：Linux是一种开放、免费的操作系统，而其他操作系统都需要有偿使用。这一区别使得用户不用花钱就能得到很多Linux的版本以及为其开发的应用软件。当用户访问Internet时，会发现几乎所有可用的自由软件都能够运行在Linux系统上，不同软件商对这些软件有不同的Linux实现方法。Linux的开发、发展商以开放系统的方式推动其标准化，但却没有一个公司来控制这种设计，因此任何一个软件商都能在某种Linux中实现这些标准。而OS/2和Windows等操作系统是具有版权的产品，其接口和设计均由某一公司控制，而且只有这些公司才有权实现其设计，它们都是在封闭的环境下发展的。

2.1.5　有关Linux的网站

有关Linux的网站现在有很多，本书推荐一些的有下面几个：

(1) http://www.kernel.org。这是一个关于Linux核心最新消息的网站，从中可以得到核心(Kernel)发展情况的最新信息。

(2) http://www.linuxforum.net。这是一个非常著名的Linux讨论组。

(3) http://www.aka.org.cn。AKA是一个非常好的Linux自由软件团体，里面有许多很实用的信息。

(4) http://www.linuxaid.com.cn。LinuxAid技术支持中心是国内首家专门从事Linux技术支持服务的网站，以专业的技术支持和服务为核心，满足个人及企业用户对Linux技术的需求。

(5) http://www.linuxden.com。“Linux伊甸园”(Linux Den)，是一个不错的Linux专业网站，有关Linux的自由软件非常的丰富。

2.2　常用的Linux命令

2.2.1　文件和目录操作命令

(一) pwd和cd

1. pwd

它用于显示（或打印）用户当前所处的目录。

这是常用的命令了，如果不知道当前所处的目录，就可以使用它。这个命令和DOS下的不带任何参数的cd命令的作用是一样的。其用法如下：

```
[test@centos test]$pwd
/home/test
```

可知当前的目录是/home/test。

2. cd

改变当前所处的目录或处理绝对目录和相对目录。

如果用户当前处于/bin目录，想进入/etc目录，可以键入：

```
[test @centos/bin]$cd/etc
```

(二) ls和tree

1. ls[参数]路径或文件名

它用于列出文件或子目录的信息。

参数选项：

(1)-a：显示所有的文件，包括以"."开头的文件(即隐含文件)。

(2)-l：以长格式显示文件或子目录的信息。

(3)-i：显示每个文件的索引(节点)号。

执行命令[test @centos test]$ls-a显示当前目录下的所有文件。

Linux系统用颜色来区分文件类别。缺省时，蓝色代表目录，绿色代表可执行文件，红色代表压缩文件，浅蓝色代表链接文件，灰色代表其他文件。

2. tree目录名

它用于以树的形式显示指定目录下的内容。

[test @centos test]$tree是不带任何参数的tree命令。以树的形式显示当前目录下的文件和子目录，会递归到各子目录，例如：

```
[test @centos test]$tree/etc/rc.d
```

以树的形式显示目录/etc/rc.d下的文件和子目录。

(三) mkdir和rmdir

1. mkdir[参数]目录名

它用于建立目录。目录可以是绝对路径，也可以是相对路径。

参数选项：

-p：建立目录时，如果父目录不存在，则此时可以与子目录一起建立。

例如：

```
[test @centos test]$mkdir-p dir2/bak
```

在dir2目录下建立bak目录，如果dir2目录不存在，那么同时建立dir2目录。

2. rmdir[参数]s目录名

它用于删除目录。目录同样可以是绝对路径，也可以是相对路径。

参数选项：-p，一起删除父目录时，父目录下应无其他目录。

例如：

```
[root @centos/root]#rmdir test
```

又如：删除当前目录下的 test 目录。删除目录时，被删除的目录下应无文件或目录存在。

```
[root @centos/root]#rmdir-p longkey/test
```

删除当前目录下的 longkey/test 目录。删除目录 test 时，如果父目录 longkey 下无其他内容，则一起删除 longkey 目录。

(四) cp、rm、mv 和 ln

1. cp[参数]源文件目标文件

它用于拷贝文件或目录。

参数选项：-f，如果目标文件或目录存在，先删除它们再拷贝(即覆盖)，并且不提示用户。-i，如果目标文件或目录存在，提示是否覆盖已有的文件。-R，递归复制目录，即包含目录下的各级子目录。

2. rm[参数]文件名或目录名

它用于删除文件或目录。

参数选项：-f，删除文件或目录时不提示用户。-i，删除文件或目录时提示用户。-R，递归删除目录，即包含目录下的文件和各级子目录。

例如：

```
[test @centos test]$rm *
```

删除当前目录下的所有文件，但子目录和以“.”开头的文件(即隐含文件)不删除。

又如：

```
[test @centos test]$rm-iR bak
```

删除当前目录下的子目录 bak，包含其下的所有文件和子目录，并且提示用户确认。

3. mv[参数]源文件或目录目标文件或目录

它用于移动文件或目录。

参数选项：-i，如果目标文件或目录存在时，提示是否覆盖目标文件或目录。-f，不论目标文件或目录是否存在，均不提示是否覆盖目标文件或目录。

值得注意的是，mv 可以用来更改文件名或目录名。

例如：

```
[test @centos test]$mv 1.txt 2.txt
```

这里移动文件时并不改变文件的目录，如果 2. txt 原来不存在，则实际上是 1. txt 更名为 2. txt。

又如：

```
[test @centos test]$mv ~/txtbak  /bak
```

这样，就把个人主目录下的目录 txtbak 移动到/bak 目录下。

4. ln[参数]源文件或目录链接名

它用于建立链接。

参数选项：-s，建立符号链接(即软链接)，不加该项时建立的是硬链接。

例如：

```
[test @centos test]$ ln telno.txt telno2.txt
```

给源文件 telno. txt 建立一个硬链接 telno2. txt，这时 telno2. txt 可以看作是 telno. txt 的别名，它和 telno. txt 不分主次。telno. txt 和 telno2. txt 实际上都指向硬盘上的相同位置，使用 telno. txt 作为文件名所做的更改，会在 telno2. txt 得到反映。硬链接有局限性，不能建立目录的硬链接。

(五) chmod、chown、chgrp

1. chmod 模式文件或目录名

它用于改变文件或目录的访问权限。

Linux 系统是个多用户系统，能做到让不同的用户同时访问不同的文件，因此要有文件权限控制机制。Linux 系统的权限控制机制和 Windows 的权限控制机制有着很大的差别。Linux 的文件或目录都被一个用户拥有时，这个用户称为文件的拥有者(或所有者)，同时文件还被指定的用户组所拥有，这个用户组称为文件所属组。

要说明的是，一个用户可以是不同组的成员，这可以由管理员控制。文件的权限由权限标志来决定，权限标志决定了文件的拥有者、文件的所属组、其他用户对文件访问的能力。可以使用"ls-l"命令来显示权限标志。例如：

```
[test @redflag test]$ ls-l
-rw-rw-r-- 1 longkey root 16 20A 24 22: 23 chap1.txt
```

本例中，文件 chap1. txt 的拥有者是 longkey，所属组是 root。这里我们特别需要关注的是输出行前面的第 1～第 10 个字符。第 1 个字符代表文件类别，第 2～第 4 个字符"rw-"是文件拥有者的权限，第 5～第 7 个字符"rw-"是文件所属组的权限，第 8～第 10 个字符"r--"是其他用户(即除了 longkey 用户和 root 用户组里的用户之外的用户)文件拥有者的权限。而权限均用三个字符表示，依次为读(r)、写(w)、执行(x)，如果某一位为"-"，则表示没有相应的权限，例如，"rw-"表示有读、写的权限，没有执行的权限。在本例中，文件拥有者 longkey 用户对文件有读、写的权限，root 组的所有用户对文件也有读、写的权限，而其他用户对文件只有读的权限。

设定文件权限时，在模式中常用以下的字母代表用户或用户组：

u——文件的拥有者；

g——文件的所属组；

o——其他用户；

a——代表所有用户(即 u+g+o)。

权限用以下字符表示：

r——读权限；

w——写权限；

x——执行权限；

最后要指明是增加(+)、减少(-)权限还是绝对权限(=)。

例如：

```
[root @redflag/root]# chmod o+w chap1.txt
```

chap1. txt 的权限由原来的“rw-rw-r——”变为“rw-rw-rw-”,表示增加其他用户对文件的写权限。

又如:

```
[root @redflag/root]# chmod u=rw,g=rw,o=r chap1.txt
```

chap1. txt 的权限变为“rw-rw-r——”,不论原来的权限是什么,这表示拥有者对文件有读、写的权限,所属组的用户对文件也有读、写的权限,而其他用户只有读的权限。

我们在设置以上权限时,用字符表示权限和用户,实际上我们也经常使用八进制来表示。读、写、执行依次各自对应一个二进制位“???”,如果某位为“0”,则表示无权限;如果某位为“1”,则表示有权限。例如,文件权限为 r———w———x 时,用二进制表示为 100010001,用八进制可以表示为 421。比如:

```
[root @centos/root]# chmod 664 chap1.txt
```

等同于:

```
[root @centos/root]# chmod u=rw,g=rw,o=r chap1.txt
```

2. chown 用户名文件或目录名

它用于改变文件(或目录)的拥有者或所属组。

例如:

```
[root @centos/root]# chown longkey chap1.txt
```

把文件 chap1. txt 的拥有者改为 longkey 用户。

又如:

```
[root @centos/root]# chown longkey: root chap1.txt
```

把文件的拥有者改为 longkey 用户,同时文件的所属组改为 root 组。

3. chgrp 组文件或目录

它用于改变文件或目录的所属组。

chown 可以同时改变文件拥有者和所属者,chgrp 只具有改变所属组的功能。例如:

```
[root @centos/root]# chgrp root chap1.txt
```

文件 chap1. txt 的所属组设为 root 组。

(六) find、grep、diff

1. find 路径匹配表达式

它用于查找文件所在的目录。路径可以是多个路径,路径之间用空格隔开。查找时,会递归到子目录。

匹配表达式:-name,指明要查找的文件名,支持通配符“ * ”和“?”。-user username,查找文件的拥有者为 username 的文件。-group grpname,查找文件的所属组为 grpname 的文件。-atime n,指明查找前 n 天访问过的文件(仅第 n 天这一天)。-atime +n,指明查找前 n 天之前访问过的文件。-atime -n,指明查找前 n 天之后访问过的文件。-size n,指明查找

文件大小为 n 块(block)的文件。-print,搜索结果输出到标准设备。

例如:

```
[root @centos/root]#find/-name passwd-print
```

从根目录起查找名为 passwd 的文件,并把结果输出到标准设备。

又如:

```
[root @centos/root]#find/home/etc-user longkey-print
```

在目录/home 和目录/etc 中查找 longkey 用户所拥有的文件。

2. grep[参数]要查找的字符串文件名

它用于查找文件中包含有指定字符串的行。

参数选项:-num,输出匹配行前后各 num 行的内容。-b,显示匹配查找条件的行距离文件开头有多少字节。-c,显示文件中包含有指定字符串的行的个数,但不显示内容。

例如:

```
[root @centos/root]#grep -2 Hello! chap.txt
```

在文件 chap1. txt 中查找所有含有字符串“Hello!”的行,如果找到,显示该行及该行前后各两行的内容。文件名可以使用通配符 * 和?,如果要查找的字符串带空格,可以使用单引号或双引号括起来。

3. diff[参数]源文件目标文件

它用于比较两个文件内容的不同。

参数选项:

-q:仅报告是否相同,不报告详细的差异。

-i:忽略大小写的差异。

diff 命令的输出表示文件有哪些差别,如果要使文件相同,应该采取怎样的动作。由于其输出常常很复杂以至于 diff 命令不太实用,因此我们不详细介绍输出的含义,有兴趣的读者可以用“diff——help”命令来获得详细的说明。

(七) stat、touch

1. stat 文件名

它用于显示文件或目录的各种信息。

例如:

```
[test @centos test]$stat/etc/passwd
```

2. touch[参数]文件或目录名

它用于修改文件的存取和修改时间。

参数选项:

-d yyyymmdd:把文件的存取/修改时间改为 yyyymmdd。

-a:只把文件的存取时间改为当前时间。

-m:只把文件的修改时间改为当前时间。

例如:

```
[test @centos test]$ touch *
```

把当前目录下的所有文件的存取和修改时间改为当前系统的时间。

又如：

```
[test @centos test]$ touch-d 20160224 chap1.txt
```

把文件 chap1. txt 的存取和修改时间改为 2016 年 2 月 24 日。

再如：

```
[test @centos test]$ touch test.txt
```

把 test. txt 的存取和修改时间改为当前系统的时间，如果 test. txt 文件不存在，则生成一个空文件（即 0 字节的文件）。

2.2.2 显示命令

（一）cat、more、less

1. cat 文件名 1　文件名 2……

它用于显示文件的内容。

例如：

```
[test @centos test]$ cat chap1.txt chap2.txt
```

把文件 chap1. txt、chap2. txt 在标准的输出设备（通常是显示器）上显示出来。

2. more 文件名

它用于逐页显示文件中的内容。

如果文件太长，用 cat 命令只能看到文件的最后一页，而用 more 命令时可以一页一页地显示。执行 more 命令后，进入 more 状态，用"Enter"键可以向后移动一行；用"Space"键可以向后移动一页；用"q"键可以退出。在 more 状态下还有许多功能，可用 man more 命令获得。

3. less 文件名

它用于逐页显示文件中的内容。

less 实际上是 more 的改进版，其命令的直接含义是 more 的反义。less 的功能比 more 更灵活。例如，用"Pgup"键可以向前移动一页，用"Pgdn"键可以向后移动一页，用向上光标键可以向前移动一行，用向下光标键可以向后移动一行。"q"键、"Enter"键、"Space"键的功能和 more 类似。

（二）head、tail

1. head[参数]文件名

它用于显示文件的前几行。

参数选项：

-n num：显示文件的前 num 行。

-c num：显示文件的前 num 个字符。

缺省时，head 显示文件的前 10 行。

例如：

[test @centos test] $ head-n 20 chap1. txt

显示文件 chap1. txt 的前 20 行。

2. tail[参数]文件名

它用于显示文件的末尾几行。

参数选项:

-n num:显示文件的末尾 num 行。

-c num:显示文件的末尾 num 个字符。

tail 命令和 head 命令相反,它显示文件的末尾。缺省时,tail 命令显示文件的末尾 10 行。

例如:

```
[test @centos test] $ tail-n 20 chap1.txt
```

显示文件 chap1. txt 的末尾 20 行。

(三) sort、uniq

1. sort[参数]文件列表

它用于将文件中的内容排序输出。

参数选项:

-r:反向排序。

-o filename:把排序的结果输出到文件 filename。

如果文件 a. txt 的内容为:

```
h    i    g    e
```

则执行 sort a. txt 命令后的显示结果为:

```
e    g    h    i
```

例如:

```
[test @centos test] $ sort-o c.txt a.txt
```

把 a. txt 文件的内容排序,并输出到文件 c. txt。

又如:

```
[test @centos test] $ sort a.txt b.txt c.txt
```

把文件 a. txt、b. txt、c. txt 的内容联合排序输出。

2. uniq 文件名

它用于比较相邻的行,显示不重复的行。

(四) file、locate、which

1. file 文件名或目录

它用于显示文件或目录的类型。

例如:

```
[root @centos/root] # file/etc/passwd
```

则可能输出：

```
/etc/passwd: ASCII text
```

说明 passwd 是个 ASCII 文本文件。

2. locate 字符串

它用于查找绝对路径中包含指定字符串的文件。

例如：

```
[test @centos test] $ locate chap1
```

则可能输出：

```
/etc/longkey/chap1.txt
/usr/share/doc/qt-devel-2.3.0/html/designer/chap10_1.html
/usr/share/doc/qt-devel-2.3.0/html/designer/chap1_1.html
/home/longkey/chap1.txt
/root/home/longkey/chap1.txt
```

3. which 命令

它用于确定程序的具体位置。

例如：

```
[test @centos test] $ which find
```

则输出 find 命令所处的位置：

```
/usr/bin/find
```

2.2.3 进程管理和作业控制

Linux 是个多用户、多任务的操作系统。多用户系统是指多个用户可以同时使用同一计算机，而多任务是指系统可以同时执行多项任务。Linux 操作系统将负责管理多个用户的请求和多个任务。用户运行一个程序，就会启动一个或多个进程。用户的感觉是一个人独占系统，实际上并非如此。

大多数系统只有一个 CPU 或有限的内存资源，一个 CPU 在一个时刻实际上只能运行一个进程，造成用户一个人独占系统的感觉是由操作系统引起的。操作系统控制着每一个运行着的程序(即进程)，给每一进程分配一个合适的时间片，大约有几十毫秒，每个进程轮流被 CPU 运行一段时间，然后被挂起，系统去处理另外一个进程，经过一段时间后这个进程又被运行。

所谓的程序是指程序员编写的计算机指令集，其实就是一个保存在磁盘上的文件。运行一个程序，就会在系统中创建一个或多个进程，进程可以看成是在计算机里正在运行的程序。Linux 系统启动后，就已经创建了许多进程。

本小节介绍 Linux 这一多任务系统提供的关于进程管理的命令。

(一) 进程的启动

进程的启动有两种方式：手工启动和调度启动。手工启动又分为前台启动和后台启动。前台启动是最常用的方式，用户直接运行一个程序或执行一个命令就启动了前台进程。例如，用户执行“ls -l”命令就启动了一个新的前台进程，只不过这个进程可能很快就结束了。前台进程的一个特点是进程不结束，终端不出现“#”或“$”提示符，所以用户不能再执行别的任务。后台进程的启动是用户在输入命令行后加上“&”字符，例如：

```
[root @centos/root]#find/-name myfile-print >/root/test &
```

这就启动了一个后台进程。后台进程常用于进程耗时长、用户不着急得到结果的场合。用户启动一个后台进程后，终端会出现“#”或“$”提示符，用户就可以接着执行别的任务，而不必等待进程的结束。

至于调度进程的启动，是指用户事先设定好(如在某个时间)，让系统自行启动进程的方法。

(二) 查看系统的进程

要管理进程，首先要知道系统里有哪些进程存在及进程的状况如何。可以使用下面的命令：

ps[参数]——查看系统的进程

参数选项：

a：显示当前控制终端的进程(包括其他用户的)。

u：显示进程的用户名和启动时间等信息。

-w：宽行输出，不截取输出中的命令行。

-l：按长格式显示输出。

x：显示没有控制终端的进程。

-e：显示所有的进程。

-t n：显示第 n 个终端的进程。

ps 命令的输出，含义如下：

USER：启动进程的用户名。

PID：进程号。

PPID：父进程的进程号。

TTY：启动进程的终端号。

STAT：进程的状态，R 表示进程正在运行，S 表示进程在睡眠，T 表示进程僵死或停止，D 表示进程处于不能中断的睡眠(通常是输入输出)。

START：进程开始的时间。

TIME：进程已经运行的时间。

COMMAND/CMD：进程的命令名。

%CPU：进程占用 CPU 总时间的百分比。

%MEM：进程占用系统内存总量的百分比。

NI：nice 的优先级。

PRI：进程的优先级。

技巧是：ps 常和重定向、管道命令一起使用，用于查找出所需的进程，例如：

```
[test @centos test]$ps-e u | grep test
```

该程序可用于查找 test 用户启动的进程。

又如：

```
[test @centos test]$ ps-e | grep httpd
```

该程序可用于查找 httpd(Web 服务守护进程)进程的信息，如进程号等。

(三) 进程的控制

1. kill 命令

该命令给进程发送信号。

前台进程在运行时，可以用"Ctrl＋C"来终止它。但后台进程无法用这种方法来终止，这时候可以使用 kill 命令向进程发送强制终止信号来达到目的。

例如：

```
[root @centos/root]# kill-l
```

显示 kill 命令所能够发送的信号种类，每个信号都有一个数值对应，例如，SIGKILL 信号的值是 9，SIGTERM 信号的值是 15，SIGTERM 信号是 kill 命令默认的信号。kill 命令的格式为：

```
kill[参数]进程 1　进程 2…
```

参数选项：

-s signal：signal 是信号类别，如 SIGKILL。

例如：

```
[root @centos/root]# ps
PID     TTY     TIME       CMD
835     tty1    00:00:00   login
843     tty1    00:00:00   bash
1212    tty1    00:00:00   ps
[root @centos/root]# kill-s SIGKILL 835
```

命令发送后，则系统退到登录界面，以上命令也可以用以下命令代替：

```
[root @centos/root]# kill-9 835
```

2. killall-s signal 命令名

该命令根据进程名来发送信号。

参数选项：

-s signal：signal 是信号类别，如：SIGKILL。

用 kill 命令时要先用 ps 命令查出进程号，这样不是很方便。killall 可以根据进程名来发送信号。

例如：

```
[root @redflag/root]# killall  -9 vim
```

终止所有 vi 会话。

3. nice 命令

该命令用于给程序指定运行优先级。

nice 命令的用法如下：

nice-n：程序名。

n：NI 值，正值代表 NI 值增加，负值代表 NI 值减小。

例如：

```
[root @centos/root]#nice -15 ps-l
```

ps 命令以 NI 值为－15 的优先级运行。

需要说明的是，Linux 系统有两个与进程有关的优先级。用“ps-l”命令可以看到两个域：PRI 和 NI。PRI 是进程实际的优先级，它是由操作系统动态计算的，这个优先级的计算机和 NI 值有关。NI 值可以被用户更改，其值范围为－20～20。NI 值越高，优先级越低。一般用户只能加大 NI 值（即降低优先级），只有超级用户可以减小 NI 值（即提高优先级）。NI 值被改变后，会影响 PRI。优先级高的进程被优先运行，缺省时进程的 NI 为 0。

4. renice 命令

该命令用于改变进程的优先级。

运行中的进程的优先级可以被调整，注意只有 root 用户可以提高进程的优先级，一般用户只能降低优先级。renice 命令就是用来改变进程的优先级的，其用法如下：

renice n 进程号

n 为期望的进程 NI 值。

5. top 命令

该命令用于实时监控进程程序。

和 ps 命令不同，top 命令可以实时监控进程状况。top 屏幕自动每 5 秒刷新一次，也可以用“top-d 20”，使得 top 屏幕每 20 秒刷新一次。

6. bg、jobs、fg

在手工启动前台进程时，如果进程没有执行完毕，则可以使用“Ctrl＋Z”键暂停进程的执行。例如：

```
[root @centos/root]#du-a/ | sort-rn >/root/test.out
```

按“Ctrl＋Z”，则有：

```
[1]+ Stopped   du-a/ | sort-rn >/root/test.out
```

该代码表示 du 命令被暂停，这时候我们可以把暂停的进程放到后台继续运行，并在前台运行别的命令。bg 命令用于把进程放到后台：

```
[root @centos/root]#bg du 或 bg %1
[1]+ du-a/ | sort-rn >/root/test.out &
```

使用 jobs 命令可以看到在后台运行的进程：

```
[root @centos/root]#jobs
[1]+ Running du-a/ | sort-rn >/root/test.out
```

这说明了du程序在后台运行。在把被暂停的进程放到后台运行后，如果我们想直接在后台运行它，可以在命令行后加“&”字符，而不必用“Ctrl+Z”键先把它暂停再用bg命令把它放到后台。例如：

```
[root @centos/root]#du-a/ | sort-rn >/root/test.out &
```

用bg命令可以把进程放到后台，用fg命令则可以把在后台运行的进程放到前台：

```
[root @centos/root]#du-a/ | sort-rn >/root/test.out &
[root @centos/root]#jobs
```

用下面代码可以查出在后台运行进程的进程号，我们假设进程学是1，则：

```
[root @centos/root]#fg  %1
```

(四) 作业控制

当我们需要把费时的工作放在深夜进行时，可以事先进行调度安排，即调度启动进程，系统会自动启动我们安排好的进程。

1. at、atq

我们可以使用at命令将要执行的命令安排成队列，例如：

```
[root @centos/root]#at 8:40
at>du-a >test.out
at>tree/ >>test.out
```

通过以上命令，我们安排系统在8：40执行两个命令，注意这些命令只执行一次。

使用at命令时，可以使用不同的时间格式，如20：40、8：00am、8：40am feb 23、10am +5days、12：30 pm tomorrow、midnight、noon等。如果执行如下命令，则安排系统于两天后的上午9：45执行文件mywork里的作业：

```
[root @centos/root]#at-f mywork 9:45am+2days
```

用at命令设定好作业后，atd守护进程将负责运行它们。我们可以使用atq命令查看已经安排好的作业：

```
[root @centos/root]#atq
14  2016-02-28 07:45 a root
13  2016-02-27 08:40 a root
```

输出行中依次是作业号、作业的启动时间、用户名，在这里不能知道作业的内容。如果想知道作业的内容，要到/var/spool/at目录里去找。

2. crontab命令

at命令用于安排运行一次的作业比较方便，但如果要重复运行程序，则使用crontab命令更为简捷。crontab的用法如下：

crontab[参数]{-e |-l |-r }

参数选项：

-u username：用户username的作业，不指定时指当前用户。

-e：编辑用户cron作业。

-l：显示用户 cron 作业。

-r：删除用户 cron 作业。

例如：

```
[root @centos/root]#crontab-e
```

进入编辑 cron 作业状态，编辑器采用的是 vi 编辑器。

2.2.4 文件压缩和备份

（一）压缩和解压命令

使用压缩文件不仅可以减小文件占用的磁盘空间，也可以减小文件在网络传输时所带来的传输流量。Linux 的压缩和解压工具很多，下面我们介绍常用的几个工具。

1. compress[参数]文件名（压缩文件命令）或 uncompress[参数]文件名（文件解压命令）

参数选项：

-v：显示被压缩的文件的压缩比或解压时的信息。

例如：

```
[root @centos/root]#compress-v test
test：-- replaced with test.Z Compress：53.56%
```

文件 test 被压缩成"test.Z"，压缩比为：53.56%。

又如：

```
[root @centos/root]#uncompress-v test 或 uncompress-v test.Z
test.Z：    -- replaced with test
```

解压文件是"test.Z"。

2. gzip-v 文件名（压缩文件）或 gunzip-v 文件名（解压文件）

gzip、gunzip 和 compress、uncompress 类似，不过压缩后的文件的文件名是以".gz"结尾。

3. zip 压缩文件名（压缩文件）或 unzip 被解压文件名（解压文件）

zip 生成的文件是以".zip"为文件名的结尾，这种文件是我们在 Windows 等系统中最常见的压缩文件。zip 命令的功能非常强大，可以创建自解压的文件、设置文件的保护口令等。常用 man zip 命令来获得 zip 命令的详细帮助。zip 命令并不替换原文件。

例如：

```
[root @centos/root]#zip test.zip test
adding：test (deflated 66%)
```

把文件 test 压缩到文件"test.zip"。

又如：

```
[root @centos/root]#unzip test.zip
Archive：test.zip
inflating：test
```

如果 test 已经存在，unzip 命令会提示是否覆盖 test 文件。

(二) 文件备份

任何计算机系统都可能出现问题，从而导致数据的丢失，因此备份是系统维护中不可缺少的一个环节。备份应做到系统崩溃后能快速、简单、完整地恢复系统。按要备份的内容，备份可以分为两类：系统数据备份和用户数据备份。系统数据是指 Linux 系统要正常运行所需的文件(如/bin 和/boot 目录)、系统配置(如/etc 目录)等；用户数据是指计算机用户创建的文件(如/home 目录)等。相对于系统数据来说，用户数据的变化要频繁得多。备份系统数据时，可以不备份不必要的数据(如/proc/core)，因为它们只是当前物理内存的一个映像，此外系统备份常在系统有变化后进行，如安装了新的补丁。

备份有两种方式：完全备份和增量备份。完全备份是把要备份的数据完完全全备份出来，一旦系统发生故障，可以使用备份的数据把数据恢复到备份前的状态；增量备份则是备份上一次备份以后发生了变化的数据，因此被备份的数据量要少得多。实际工作中，完全备份和增量备份常常是结合起来使用的。例如，一周(假如在星期一)进行一次完全备份，而每天进行一次增量备份，如果系统于星期四出现故障，恢复系统时先用完全备份恢复系统，然后再顺序用星期二、星期三的增量备份恢复系统。

Linux 中的 tar 工具是最常用的备份和恢复工具，同时 tar 也是软件商发布补丁、新软件的常用工具，所以掌握 tar 的使用是非常重要的。

其格式如下：

tar[参数]文件或目录名

参数选项：

-c：创建一个新的文档。

-r：用于将文件附加到已存在的文档后面。

-u：仅仅添加比文档文件更新的文件，如原文档中不存在旧的文件，则追加它到文档中，如存在则更新它。

-x：从文档文件中恢复被备份的文件。

-t：用于列出一个文档文件中的被备份出的文件名。

-z：用 zip 命令压缩或用 unzip 解压。

-f：使用档案文件或设备，这个选项通常是必选的。

-v：列出处理过程中的详细信息。

-C directory：把当前目录切换到 directory。

我们把备份产生的文件称为文档文件或文档。

例如：

```
[root @centos/root]#tar-cvf longkey.tar/home/longkey
```

该代码可以把/home/longkey 目录下的文件和子目录(包括隐含文件和目录)备份到 longkey. tar 文档中。备份产生的文档文件的文件名最好用“. tar”结尾，以示区别。以上是一个完全备份。

```
[root @centos/root]#tar-uvf  longkey.tar/home/longkey
```

该代码可以把/home/longkey 目录中比文档文件 longkey. tar 更新的文件添加到

longkey. tar 中。

```
[root @centos/root]# tar-czvf longkey.tar.gz/home/longkey
```

该代码以 gzip 压缩文件的形式把/home/longkey 的内容备份到 longkey. tar. gz 中。备份产生的文档是压缩过的，这样可以减小文档文件的大小。注意，文件是以". tar. gz"结尾的。

```
[root @centos/root]# tar-xzf longkey.tar.gz
```

从 longkey. tar. gz 文档中恢复数据。注意，恢复出来的数据是放在当前目录下的，而不是恢复到原来的目录下。

```
[root @centos/root]# tar-xzf longkey.tar.gz-C/home
```

可以把文件恢复到指定的目录/home 下。

tar 命令的参数还有很多，而且它常常和其他的命令如 find 等一起使用，以实现完全备份和增量备份，用户还可以自己写脚本来实现备份的策略。

2.2.5 网络命令

Linux 系统也是一个网络操作系统，其网络功能相当强大。目前 Linux 系统大多是被用来提供网络服务的，它可以提供各种各样的网络服务，例如，Web 服务、FTP 服务、DNS 服务。这里介绍基本的网络命令。

（一）hostname、ping、host

1. hostname［主机名］

它显示或设置系统的主机名。

例如：

```
[root @centos/root]# hostname
centos
```

该代码表示本人的系统主机名是"centos"。

```
[root @centos/root]# hostname server.centos.com
```

该代码把主机名设置为"server. redflag. com"。

2. ping［参数］主机名（或 IP 地址）

它测试本主机和目标主机连通性。

参数选项：

-c count：共发出 count 次信息，不加此项，则发无限次信息。

-i interval：两次信息之间的时间间隔为 interval，不加此项，间隔为 1 秒。

3. host 主机名（或 IP 地址）

它是一个 IP 地址查找工具。

例如：

```
[root @centos/root]# host www.sina.com
www.sina.com. has address 66.77.9.79
```

通过上述代码，DNS查找出“www.sina.com”的IP地址为“66.77.9.79”。

（二）ifconfig

ifconfig是用于配置网卡和显示网卡信息的工具。

例如：

```
[root@centos/root]#ifconfig-a
```

（三）traceroute目标主机名（或IP地址）

该命令显示本机到达目标主机的路由路径。

例如：

```
[root@centos/root]#traceroute www.sina.com.cn
```

（四）Telnet、FTP

1. Telnet主机名（或IP地址）

Telnet主机名或IP地址是远程登录客户程序。

例如：

```
[root@centos/root]#telnet 192.168.0.200
```

通过上述代码，远程登录到服务器192.168.0.200。服务器192.168.0.200应开启Telnet服务，否则会连接失败。如果成功连接Telnet，程序会提示输入用户名和口令，登录成功后就可以远程管理或使用服务器。

2. FTP主机名（或IP地址）

FTP主机名（或IP地址）是FTP客户程序。

例如：

```
[root@centos/root]#ftp 192.168.10
```

FTP到远程FTP服务器192.168.0.10，同样服务器192.168.0.10要开启FTP服务。连接成功后，FTP程序会提示输入用户名和口令。如果连接成功，将得到“ftp>”提示符。现在可以自由使用FTP提供的命令，可以用help命令或“?”取得可供使用的命令清单，也可以在help命令后面指定具体的命令名称，获得这条命令的说明。

常用的命令有：

ls：列出远程机的当前目录。

cd：在远程机上改变工作目录。

lcd：在本地机上改变工作目录。

ascii：设置文件传输方式为ASCII模式。

binary：设置文件传输方式为二进制模式。

close：终止当前的FTP会话。

hash：每次传输完数据缓冲区中的数据后就显示一个“#”号。

get(mget)：从远程机传送指定文件到本地机。

put(mput)：从本地机传送指定文件到远程机。

open：连接远程FTP站点。

quit：断开与远程机的连接并退出FTP。

?：显示本地帮助信息。

!：转到 Shell 中。

下面简单将 FTP 常用命令作以介绍：

(1) 启动 FTP 会话。

open 命令用于打开一个与远程主机的会话。该命令的一般格式是：

open 主机名/IP

(2) 终止 FTP 会话。

close 和 quit 命令用于终止与远程机的会话。close 和 disconnect 命令用于关闭与远程机的连接，但是仍没有退出 FTP 程序。quit 和 bye 命令都用于关闭用户与远程机的连接，然后退出用户机上的 FTP 程序。

(3) 改变目录。

"cd [目录]"命令用于在 FTP 会话期间改变远程机上的目录，lcd 命令可改变本地目录，使用户能指定查找或放置本地文件的位置。

(4) 远程目录列表。

ls 命令列出远程目录的内容，就像使用一个交互 Shell 中的 ls 命令一样。ls 命令的一般格式是：

ls [目录]

如果指定了目录作为参数，那么 ls 就列出该目录的内容。

(5) 从远程系统下载文件。

get 和 mget 命令用于从远程机上获取文件，get 命令的一般格式为：

get 源文件名目标文件名

源文件名是要下载的文件名，目标文件名是文件下载后在本地机上保存时的文件名。如果不给出目标文件名，那么就使用源文件的名字。

mget 命令一次可获取多个远程文件。mget 命令的一般格式为：

mget 文件名列表

使用空格分隔的或带通配符的文件名列表来指定要获取的文件。

(6) 向远程系统上载文件。

put 和 mput 命令用于向远程机发送文件，put 命令的一般格式为：

put 文件名

mput 命令一次发送多个本地文件，mput 命令的一般格式为：

mput 文件名列表

通常用空格分隔的或带通配符的文件名列表来指定要发送的文件。

(7) 改变文件传输模式。

默认情况下，FTP 按 ASCII 模式传输文件，用户也可以指定其他模式。ascii 和 brinary 命令的功能是设置传输的模式。通常用 ASCII 模式传输纯文本文件，而二进制文件以二进制模式传输更为可靠。

(8) 切换"#"提示。

hash 命令使 FTP 在每次传输完数据缓冲区中的数据后，就在屏幕上打印一个"#"字符。本命令在发送和接收文件时都可以使用。hash 命令是一个开关。

以下是下载一个文件的过程：

```
[root@centos/root]# ftp
ftp>open 192.168.0.10
Connected to 192.168.0.10.
220 mylinux.wlj.com FTP server (Version wu-2.6.1-16) ready.
530 Please login with USER and PASS.
530 Please login with USER and PASS.
KERBEROS_V4 rejected as an authentication type
Name (192.168.0.10: test): test
331 Password required for test.
Password:
230-----------------------------------------
230-This is zengjingquan's FTP Server
230-----------------------------------------
230-
230 User test logged in.
Remote system type is UNIX.
Using binary mode to transfer files.
ftp> pwd
257 "/home/test" is current directory.
ftp> ls
227 Entering Passive Mode (192,168,0,10,249,113)
150 Opening ASCII mode data connection for directory listing.
total 9963
lrwxrwxrwx   1 root root 12 Feb 18 20: 29 Desktop -> .Desktop_gb/
-rw-rw-r--   1 503   503 0 Mar 1 10: 46 a.zip
-rw-r--r--   1 503   503   5044297 Feb 28 23: 59 aaa
drwxr-xr-x   2 root   root 80 Feb 19 23:08 public_html
drwxrwxr-x   2 503   503   288 Feb 26 13: 59 ttt
226 Transfer complete.
ftp> get a.zip/root/1.zip
local: /root/1.zip remote: a.zip
227 Entering Passive Mode (192,168,0,10,20,213)
150 Opening BINARY mode data connection for a.zip (0 bytes).
226 Transfer complete.
ftp> close
221-You have transferred 0 bytes in 1 files.
221-Total traffic for this session was 783 bytes in 1 transfers.
221 Thank you for using the FTP service on mylinux.wlj.com.
ftp> bye
[root @redflag/root]#
```

（五）wall、write、mesg、mail、finger、netstat

1. wall

它用于向任何用户终端发送字符消息。

例如：

```
[root @centos/root]#wall
```

它表示进入消息输入状态，可以输入一行或多行消息，按“Ctrl+D”键结束。在进行系统管理时，如果有紧急消息要通知所有在线用户，wall 命令十分有用。

2. write 用户名[终端]

它用于向用户发送字符消息。

例如：

```
[root @centos/root]#write user1
```

它表示进入消息输入状态，可以输入一行或多行消息，按“Ctrl+D”键结束。write 命令和下面介绍的 mesg 命令也有关。

3. mesg[参数]

它用于控制他人向自己的终端发送消息的能力。

参数选项：

y：允许他人往自己的终端发送消息。

n：不允许他人往自己的终端发送消息，但无法阻止 root 用户向自己发送信息。

例如：

```
[root @centos/root]#mesg n
```

它表示其他用户用 wall 命令发送消息时，不会对自己的终端产生影响。

```
[root @centos/root]#mesg
is n
```

该类代码用于显示当前终端是否允许他人往自己的终端发送消息，上述代码表示不允许。

4. mail 用户名或 E-mail 地址

它们都是简单邮件传输协议(Simple Mail Transfer Protocol, SMTP)客户端程序。

可以使用这个程序在系统内发送和接收邮件，也可以往 Internet 上的主机发送邮件或从 Internet 的主机接收邮件。例如：

```
[root @centos/root]#mail longkey
Subject: This is a test mail
Hello,longkey!
Cc:
```

输入时按“Ctrl+D”键可以结束输入，把邮件发出。当 longkey 用户登录时，系统会提示“You have mail”。这时 longkey 用户可以直接使用 mail 命令来接收邮件和回复邮件。键入该命令时，出现“&”提示符，用“?”命令可以得到 mail 的帮助。mail 的使用较为复杂，

这里就不详细讨论了。

5. finger [用户名@主机]

它用于显示主机系统中用户的信息。

例如：

```
[root @redflag/root]#finger
Login     Name     Tty     Idle   Login   Time     Office   Office Phone
root      root     tty1     2     Mar    1 09:44
test               tty2     4     Mar    1 11:08
test               pts/0          Mar    1 11:13
```

它显示用户当前登录的主机上的所有登录用户的信息。

6. netstat [参数选项]

netstat 命令显示网络连接、路由表、网卡统计数等信息。

参数选项：

-i：显示网卡的统计数。

-r：显示路由表。

-a：显示所有信息。

例如：

```
[root @redflag/root]#netstat-i
```

它表示显卡的统计数。

2.2.6 其他命令

(一) clear、dmesg、uname

1. clear

它用于清除屏幕。

2. dmesg

它用于显示内核引导时的状态信息。该命令对于内核引导出现故障时查找问题十分有用。

3. uname-a

它用于显示系统的信息。

例如：

```
[root @centos/root]#uname-a
Linux mylinux.test.com 2.4.7-2 #1 一 8 月 27 14:04:34 CST 2016 i686 unknown
```

该代码说明主机名是 mylinux.test.com，Linux 的内核是 2.4.7-2，CPU 是 i686 结构。

(二) date、cal

1. date [时间]

它用于显示或设置系统的时间。

格式如下：

[时间]：MMDDhhmmCCYY. SS

2. cal[月][年]

它用于显示指定年月的月历。如未指明年月，则显示当月的月历。

(三) help、man

1. help[内置命令]

它用于查看 Linux 内置命令的帮助。

2. man[命令名]

它用于命令的帮助手册。

Linux 的命令不仅多，而且每个命令的功能都十分强大，其参数也数量繁多，因此 Linux 提供了一个帮助手册来帮助我们了解这些命令和参数。

(四) init、shutdown、halt、reboot、poweroff

关闭 Linux 系统要采取正确的步骤，否则会引起文件系统损坏。由于 Linux 系统使用磁盘缓冲技术，Linux 并不把数据立即写到磁盘上，因此不能直接用关闭电源来关机。正确的步骤应是执行如下指令：

```
[root @redflag/root]＃sync;sync;sync
[root @redflag/root]＃shutdown-h now?
```

这里的三个 sync 可确保磁盘缓冲的内容全部写到磁盘中。此外，缺省时按"Ctrl＋Alt＋Del"键可以重新启动系统，用户可以禁止这一功能，方法是找到/etc/inittab 文件，把以下行屏蔽即可：

```
ca：：ctrlaltdel：/sbin/shutdown-t3-r now
```

1. init n

它用于改变系统的运行等级。n 是指定的系统运行等级。以下是 n 为具体数字时的含义：

0：停止系统。

1：单用户。

2：多用户，但不支持 NFS。

3：全多用户模式，即系统正常的模式。

5：进入 X11(即窗口模式)。

6：重启系统。

例如：

```
[root @redflag/root]＃init 6
```

它表示重新启动系统。

```
[root @redflag/root]＃init 0
```

它表示关闭系统。

2. shutdown[参数]时间 [警告消息]

它用于在指定时间关闭系统。

参数选项：

-r：系统关闭后重启。

-h：关闭后停机。

时间可以有以下几种形式：

now：表示立即。

hh：mm：指定绝对时间，hh表示小时，mm表示分钟。

+m：表示m分钟以后。

例如：

```
[root @centos/root]# shutdown-r +5 "System will reboot in 5 minutes."
```

该命令警告用户5分钟后系统重启。

3. halt——立即停止系统

该命令不自动关闭电源，需要人工关闭电源。

4. reboot——立即重启系统

该命令相当于命令：shutdown-r now。

5. poweroff——立即停止系统，并且关闭电源

该命令要求计算机支持关机功能。相当于命令：shutdown-h now。

（五）su

su [用户名]用于改变用户的ID或成为超级用户。

su可以让用户在一个登录的Shell中不退出并改变成为另一用户。如果su命令不加用户名，则su命令缺省地成为超级用户。执行su命令后系统会要求输入密码。su命令发布之后，当前所有的用户变量都会传递过去。su命令在远程管理时相当有用，一般情况下超级用户（即root用户）不被允许远程登录，这时，可以用普通用户Telnet到主机，再用su成为超级用户后进行远程管理，例如：

```
[test@mylinux test]$ su
[root@centos test]#
```

（六）RPM——安装软件包

以前的Linux软件几乎都是源程序代码的形式，要安装时必须先取得压缩文件，解压得到源程序，再编译成可执行的文件，然后将相关的文件放到正确的目录中。RPM系统（Red Hat Package Manager）就是为了解决软件的安装问题而开发的，有了RPM就可以用一条命令完成软件的安装，RPM帮我们自动地完成了复杂的安装步骤。

软件开发人员将软件源程序代码、补丁（patch）及安装指示包装成一个RPM套件（即安装软件包，也就是一个rpm文件）。安装软件包只要一个rpm文件，执行rpm命令就可以轻松安装了。系统的RPM数据库记载了所有的以RPM方法安装的数据，因此可以非常方便地删除、查询和升级软件。

rpm命令非常复杂，其格式如下：

rpm [参数选项]

用rpm命令安装软件包时，软件包要求是以“.rpm”为结尾的文件。例如：

```
[root @redflag RPMS]# rpm-ivh zsh-4.0.1-1.i386.rpm
Preparing...
```

```
##################################################[100%]
1：zsh
    ##################################################[100%]
```

以上命令安装了 zsh 软件包。可以看到安装是比较容易的。如果要安装的软件已经安装了，系统会出现提示信息：

```
Preparing...
   ##################################################[100%]
package zsh-4.0.1-1 is already installed
```

2.3 vi 编辑器的使用

2.3.1 vi 的工作模式

在使用 vi 之前，首先应该了解一下 vi 的工作模式。

vi 有两种工作模式：编辑模式和指令模式。在 vi 中用户可以在这两种模式间切换。

编辑模式：用来输入和编辑文件的模式，屏幕上会显示用户的键入，按键不是被解释为命令执行，而是作为文本写到用户的文件中。

指令模式：用来编辑、存盘和退出文件的模式。运行 vi 后，首先进入指令模式。此时输入的任何字符都被视为指令对待，键入的命令不会在屏幕上显示。

如果从指令模式切换到编辑模式，则可以按“Insert”键；如果从编辑模式切换到指令模式，则可以按“Esc”键。如果不能断定目前处于什么模式，则可以多按几次“Esc”键，这时系统会发出蜂鸣声，证明已经进入指令模式。

注意：Linux 下的命令是大小写敏感的。

2.3.2 vi 的启动和退出

（一）启动 vi

要进入 vi，可以直接在系统提示字符下键入 vi，按空格，然后再输入文件名，以 test.txt 作为文件名，如下面一行：

vi test.txt

用 vi 新建文件 test.txt。

vi 可以自动载入所要编辑的文件或是开启一个新文件。如果 test.txt 文件已存在，vi 就会在屏幕上显示文件的第一页(前 23 行)。如果 test.txt 是一个新文件，vi 就会清屏，光标会出现在屏幕的左上角，屏幕左方会出现波浪符号“～”，凡是列首有该符号就表示此列目前是空的。

（二）退出 vi

要退出 vi，可以在指令模式下键入“:q”“q!”“:wq”“:n，nw filename”“zz”“:w!”命令(注意冒号)，常用的命令有如下几种。

1. :q

如果用户只是读文件的内容而未对文件进行修改，可以使用“:q”退出 vi；如果用户对

文件的内容作了修改，用":q"退出 vi，那么 vi 在屏幕的底行会提示下面的信息，而 vi 编辑器还保留在屏幕上：

```
No write since last change (: q! overrides).
```

2. :q!

如果用户对文件的内容作了修改，然后决定要放弃对文件的修改，可以使用":q!"强行退出 vi，在这种情况下文件的内容不变。

3. :wq

在大多数情况下，用户在编辑结束时，用":wq"命令保存文件，然后退出 vi。

4. :n,mw filename

该指令将第 n～m 行的文本保存到指定的文件 filename 中。

5. ZZ

该指令表示快速保存文件的内容，然后退出 vi，功能和":wq"一样。

6. :w!

vi 编辑器通常防止覆盖一个已存在的文件。比如，用户键入":w test. txt"并按回车键，而 test. txt 文件已存在时，vi 会显示如下的信息提出警告：

```
"test.txt" File exist-use ":w! to overwrite"
```

2.3.3　vi 长指令和短指令

vi 的指令分为两种：长指令和短指令。

长指令以冒号开头，键入冒号后，在屏幕的最末尾一行会出现冒号提示符，等待用户键入指令，输入完指令后按回车键，vi 就会执行该指令。

短指令和快捷键相似，键入短指令之后，vi 不会给任何提示就直接执行。

接下来我们以分组的形式来介绍 vi 常用的指令。

1. 输入输出命令的作用(见表 2-1)

表 2-1　输入输出命令

命令	作用	命令	作用
a	在光标后输入文本	I	在当前行开始输入文本
A	在当前行末尾输入文本	o	在当前行后输入新一行
i	在光标前输入文本	O	在当前行前输入新一行

2. 光标移动命令的作用(见表 2-2)

表 2-2　光标移动命令

命令	作用	命令	作用
B	移动到当前单词的开始	j	向下移动一行
e	移动到当前单词的结尾	k	向上移动一行
w	向后移动一个单词	l	向后移动一个字符
h	向前移动一个字符		

3. 删除操作命令的作用(见表 2-3)

表 2-3 删除操作命令

命令	作用	命令	作用
x	删除光标所在的字符	D	同 d$
dw	删除光标所在的单词	dd	删除当前行
d$	删除光标至行尾的所有字符		

4. 查询命令的作用(见表 2-4)

表 2-4 查询命令

命令	作用	命令	作用
/abc	向后查询字串“abc”	n	重复前一次查询
? abc	向前查询字串“abc”	N	重复前一次查询,但方向相反

5. 拷贝与粘贴命令的作用(见表 2-5)

表 2-5 拷贝与粘贴命令

命令	作用	命令	作用
yw	将光标所在单词拷入剪贴板	yy	将当前行拷入剪贴板
y$	将光标至行尾的字符拷入剪贴板	p	将剪贴板中的内容粘贴在光标后
Y	同 y$	P	将剪贴板中的内容粘贴在光标前

6. 文件保存及退出命令的作用(见表 2-6)

表 2-6 文件保存及退出命令

命令	作用	命令	作用
:q	不保存退出	:w! filename	强制性存入文件 filename 中
:q!	不保存强制性退出	:wq	保存退出
:w	保存编辑	:x	同:wq
:w filename	存入文件 filename 中	ZZ	同:wq

2.4 用户和组的管理

2.4.1 用户的管理

(一) Linux 下的用户

Linux 下的用户可以分为三类：超级用户、系统用户和普通用户。超级用户的用户名为 root,它具有一切权限,一般只有在进行系统维护(如建立用户等)或其他必要情形下才

用超级用户登录，以避免系统出现安全问题。系统用户是Linux系统正常工作所必需的内建的用户，主要是为了满足相应的系统进程对文件属主的要求而建立的用户，系统用户不能用来登录，常用的有bin、daemon、adm、lp等用户。而普通用户是为了让使用者能够使用Linux系统资源而建立的用户，我们的大多数用户属于此类。

每个用户都有一个数值，称为UID。超级用户的UID为0，系统用户的UID一般为1～499，普通用户的UID为500～60 000之间的值。

（二）账号系统文件

不像Windows那样有专门的数据库来存放用户的信息，Linux系统采用纯文本文件来保存账号的各种信息。

其中最重要的文件有/etc/passwd、/etc/shadow、/etc/group等。因此账号的管理实际上就是对这些文件的内容进行添加、修改和删除记录行的操作。我们可以使用vi或其他编辑器来更改它们，也可以使用专门的命令来更改它们。不管以哪种形式管理账号，了解这几个文件的内容十分必要。Linux系统为了保障安全，缺省情况下只允许超级用户更改它们。

1. /etc/passwd 文件

/etc/passwd文件是账号管理中最重要的一个文件，它是一个纯文本文件。每一个注册用户在该文件都有一个对应的记录行，这一记录行记录了此用户的必要信息。

2. /etc/shadow 文件

在/etc/passwd文件中，有一个字段是用来存放经过加密的密码。我们先来看以下/etc/passwd文件的权限：

```
[root @centos/root]# ls-l/etc/passwd
-rw-r--r--    1 root   root   1092   3月 12 18:00/etc/passwd
```

可以看到任何用户对它都有读的权限。虽然密码已经经过加密，但还是不能避免其他人轻易地获取加密后的密码并进行解密。于是Linux系统对密码提供了更多一层的保护，即把加密后的密码重定向到另一个文件/etc/shadow中：

```
[root @centos/root]# ls-l/etc/shadow
-r---------    1 root    root    758   3月 12 18:00/etc/shadow
```

现在只有超级用户能够读取/etc/shadow文件的内容，密码显然安全多了。

3. /etc/group 文件

该文件是用户组的配置文件，内容包括用户和用户组。格式如下：

```
group_name:passwd:GID:user_list
```

group_name：用户组名称。

passwd：用户组密码。

GID：组标识号，是一个整数，被系统内部用来标识组。

user_list：用户列表，不同用户之间用逗号（,）分隔。

我们已经知道，Linux系统里的用户和群组密码分别存放在/etc目录下的名称为passwd和group的文件中，因系统运作所需，任何人都得以读取它们，造成安全上的破绽。

为了有效强化系统的安全性，Linux 系统提供了两个命令：pwconv 和 pwunconv，用来开启或关闭用户的投影密码。

投影密码将/etc/passwd 和/etc/group 文件内的密码改存在/etc 目录下的 shadow 和 gshadow 文件内，只允许系统管理者读取，同时把原密码置换为"x"字符。

需要注意，安装 Linux 系统时，系统缺省采用 shadow（投影）来保护密码。如果安装 Linux 时未启用 shadow，可以使用 pwconv 命令启用 shadow。注意用 root 登录来执行该命令。

```
[root @centos /root]# pwconv
```

执行的结果是/etc/passwd 文件中的密码字段被改为"x"，同时产生/etc/shadow 文件。

相反，如果要取消 shadow 功能，使用 pwunconv 命令。

（三）创建新的用户

创建新的用户要完成以下几个工作：

① 在/etc/passwd 或/etc/shadow 中添加一行新的记录。

② 创建用户的个人主目录，并赋权限。

③ 在用户的个人主目录设置默认的配置文件。

④ 设置用户的初始口令。

创建用户可以手工创建或使用专门的命令创建。手工创建就是管理员一步一步完成以上的工作；使用专门的命令，则是由 Linux 提供的命令来完成以上的工作。使用后者效率较高，如果不是创建有特殊要求的用户，建议使用后者。

创建用户的命令为 useradd 或 adduser，一般来说这两个命令是没有差别的，都是先用 root 登录后，再执行它们。useradd 命令的格式如下：

useradd[参数]用户名

参数选项：

-c comment：注释行，一般为用户的全名、地址、办公室电话等。

-d dir：设置个人主目录，默认值是/home/用户名。

-e YYYY-MM-DD：设置账号的有效日期，此日期后用户将不能使用该账号。要启用 shadow 才能使用此功能。

-f days：指定密码到期后多少天永久停止账号，要求启用 shadow 功能。

-g group：设定用户的所属基本组，group 必须是存在的组名或组的 GID。

-G group：设定用户的所属附属组，group 必须是存在的组名或组的 GID，附属组可以有多个，组之间用","分隔开。

-k Shell-dir：和"-m"一起使用，将 Shell-dir 目录中文件复制到主目录，默认是/etc/skel 目录。

-m：若用户主目录不存在，创建主目录。

-s Shell：设置用户登录后启动的 Shell，默认是 Bash Shell。

-u UID：设置账号的 UID，默认是已有用户的最大 UID 加 1。

例如：

```
[root @centos/root]# useradd user1
```

在/etc/passwd文件中会看到增加了一行：

```
user1:x:501:501::/home/user1:/bin/bash
```

系统自动指定用户user1的UID为501，同时还自动创建组名为user1的用户组(其名称和用户名相同，其GID值也和UID值相同)，在/home目录下还创建了目录user1，用户的登录Shell是Bash Shell。

(四) 修改用户的属性

1. passwd *用户名*

它用于修改用户的密码。

修改用户的密码需要输入两次密码确认。密码是保证系统安全的一个重要措施，在设置密码时，不要使用过于简单的密码。密码的长度应在8位或8位以上，由数字和英文组合而成，不要采用英文单词等有意义的词汇。

用户的密码也可以自己更改，这时使用不带用户名的passwd命令：

```
[root @centos/root]# passwd
```

这样就修改了root用户的密码。

2. passwd-d *用户名*

它用于删除用户的密码。

例如：

```
[root @centos/root]# passwd -d user2
Changing password for user user2
Removing password for user user2
passwd: Success
```

以上命令删除了用户user2的密码。

3. usermod[*参数*]*用户名*

它用于改变用户的属性。

参数选项：

-c comment：改变用户的注释，如全名、地址、办公室电话等。

-d dir：改变用户的主目录，如果同时使用"-m"选项，原来主目录的内容会移动到新的主目录。

-e YYYY-MM-DD：修改用户的有效日期。

-f days：在密码到期的days天后停止使用账户。

-g GID或组名：修改用户的所属基本组。

-G GID或组名：修改用户的所属附加组，组之间用","分隔。

-l name：更改账户的名称，必须在该用户未登录的情况下才能使用。

-m：把主目录的所有内容移动到新的目录。

-p 密码：修改用户的密码。

-s Shell：修改用户的登录Shell。

-u UID：改变用户的UID为新的值，改变用户的UID时主目录下所有该用户所拥有的文件或子目录将自动更改UID,但对于主目录之外的文件和目录只能用chown命令手工进行设置。

例如：

```
[root @centos/root]#usermod-d/home2/user2 user2
```

该命令把用户user2的主目录改为/home2/user2。

(五) 停止用户

将用户停用有几个不同的程度：

① 暂时停止用户登录系统的权利,日后再恢复。

② 从系统中删除用户,但保留用户的文件。

③ 从系统中删除用户,并删除用户所拥有的文件。

(六) 暂停用户

它用于某用户在未来较长的一段时间内不登录系统的情形(如出差)。只需要利用编辑工具将passwd文件中的密码字段加上“*”即可,如果采用了shadow文件,就编辑shadow文件。恢复时,把“*”删除即可。

也可以使用带“-l”参数的passwd命令来暂停用户：

```
[root @centos/root]#passwd-l user1
Changing password for user user1
Locking password for user user1
passwd: Success
```

被锁定的账户其在passwd文件或shadow文件中的记录行的密码字段会加上“!”。

恢复时,使用带“-u”参数的passwd命令,如下：

```
[root @centos/root]#passwd-u user2
Changing password for user user2
Unlocking password for user user2
passwd: Success
```

(七) 删除用户

删除一个账户可以直接将passwd文件中的用户记录整行删除,如采用shadow,还要删除shadow文件中的记录。也可以使用userdel命令：

userdel[参数]用户名

参数选项：

-r：删除用户时将用户主目录下的所有内容一并删除,同时删除用户的邮箱(在/var/spool/mail下)。

例如：

```
[root @centos/root]#userdel-r user1
```

表示删除user1,且将user1下的内容删除。

(八) 完全删除

Linux系统并不提供完全删除用户所有文件的命令,带“-r”参数的userdel命令只能删

除用户主目录下的文件和邮箱，对于用户在别的目录下所拥有的文件只能手工删除。

(九) 超级用户

我们已经知道 root 用户是超级用户，它具有至高无上的权利，不仅对系统任何文件都有权限(不管是否明确分配 root 对文件的权限)，还可以管理系统。root 用户的 UID 和 GID 都为 0。实际上，普通用户如果其 UID 和 GID 也都改为 0，它就成了和 root 平起平坐的超级用户了。大多情况下，这样做并没有什么好处，而且还有坏处。但有时在组织中需要多个系统管理员管理同一系统，多个超级用户有利于多个管理员的责任明确。

缺省情况下，超级用户只有从/etc/securetty 文件中列出的 tty 上登录才能获得成功。普通用户成为超级用户后仍无法从 Telnet 登录。因此如果要远程管理用户，可以用普通用户从 Telnet 登录，再用 su 命令切换到超级用户来实现远程管理。

root 用户的重要性已经十分明显。和 Windows 不同，如果 root 的密码丢失，可以在不用重新安装系统的情况下重新启动系统到正常状态。解决的办法是用 Linux 启动盘启动系统，进入到安装状态，然后把文件系统用 mount 命令挂接到一个目录下(如/mnt)，随后修改/etc 目录下的文件 passwd，把 root 用户的密码字段内容删除；或者在 LILO 出现时，输入"linux single"把系统启动到单用户状态，再更改/etc/passwd 文件后重新启动系统到正常状态。

2.4.2 组的管理

Linux 的组有私有组、系统组、标准组之分。建立账户时，若没有指定账户所属的组，系统会建立一个组名和用户名相同的组，这个组就是私有组，这个组只容纳了一个用户。而标准组可以容纳多个用户，组中的用户都具有组所拥有的权利。系统组是 Linux 系统正常运行所必需的，安装 Linux 系统或添加新的软件包会自动建立系统组。

一个用户可以属于多个组，用户所属的组又有基本组和附加组之分。在用户所属组中的第一个组称为基本组，基本组在/etc/passwd 文件中指定；其他组为附加组，附加组在/etc/group 文件中指定。属于多个组的用户所拥有的权限是它所在的组的权限之和。

Linux 系统关于组的信息存放在文件/etc/group 中。

1. 组的添加

可以手工编辑/etc/group 文件来完成组的添加，也可以用命令 groupadd 来添加用户。groupadd 命令的格式如下：

```
groupadd[参数]组名
```

参数选项：

-g GID：指定新组的 GID，默认值是已有的最大的 GID 加 1。

-r：建立一个系统专用组，与-g 不同时使用时，则分配一个 1～499 的 GID。

例如：

```
[root @centos/root]#groupadd-g 1000 group1
```

该代码表示添加一个新组，组 ID 为 1000，组名为 group1。

2. 组属性的修改

修改组的属性，使用 groupmod 命令，格式如下：

```
groupmod[参数]组名
```

参数选项：

-g GID：指定组新的 GID。

-n name：更改组的名字为 name。

改变组中的成员用户或改变组的密码使用 gpasswd 命令。

例如：

```
gpasswd[参数][用户名] 组名
```

不带参数时，即修改组密码。

参数选项：

-a：将用户加入组中。

-d：将用户从组中删除。

-r：取消组密码。

例如：

```
[root @centos/root]#gpasswd group1
Changing the password for group group1
New Password:
Re-enter new password:
[root @centos/root]#gpasswd-a user1 group1
```

该代码将用户 user1 加入组 group1 中。

```
[root @centos/root]#gpasswd-d user1 group1
```

该代码将用户 user1 从组 group1 中删除。

3. 文件的安全问题

改变默认权限掩码。

文件权限可以通过 chmod 命令来修改。当用户创建一个新文件后，如果不使用 chmod 修改权限，则这个文件的权限由系统默认权限和默认权限掩码共同确定，它等于系统默认权限减去默认权限掩码。

Linux 系统中目录的默认权限是 777，文件的默认权限是 666。因此，有以下公式：

新目录的权限＝777－默认权限掩码

新文件的权限＝666－默认权限掩码

例如：

```
[root @centos/root]#umask
022
```

以上不带任何参数的 umask 命令显示当前的默认权限掩码值。如果用户创建新的文件，文件的权限应为：

```
666-022＝644(即 rw-r--r--)
```

2.5　设备管理

2.5.1　硬件设备

1. 设备文件

Linux 操作系统本身对于如何控制硬盘、软驱、光驱和其他连接到系统的外围设备并无内建的指令。所有用于和外设通信的指令都包含在一个叫做设备驱动程序的文件中。

Linux 系统通过设备文件实现对设备和设备驱动程序的跟踪。设备文件主要包括设备权限和设备类型的有关信息，以及两个可供系统内核识别的唯一的设备号。系统在很多情况下，可能有不止一个同种类型的设备，因此 Linux 可以对所有的设备使用同种驱动程序，但是操作系统又必须能够区分每一个设备。

那么 Linux 又是通过什么样的方法来区分这些同种类型设备呢？实际上 Linux 是用设备号来区分的。每一个设备都有一个主设备号和子设备号。主设备号用来确定使用什么样的驱动程序，子设备号用来让硬件驱动程序区分不同的设备和判断如何进行处理。例如，6 个终端都使用相同的设备驱动程序，那么它们的主设备号都是一样的，但是每一个终端都有一个不同的子设备号，就可使操作系统区分它们。

Linux 下的驱动程序的命名与其他操作系统下的命名不同，常见的设备名称与驱动程序的对应关系如表 2-7 所示。

表 2-7　设备名称和驱动对应关系表

设备	命名	设备	命名
第一软驱(A：)	/dev/fd0	SCSI 的第一个硬盘	/dev/sda
第二软驱(B：)	/dev/fdl	SCSI 的第二个硬盘	/dev/sdb
IDE1 的第一个硬盘(master)	/dev/hda	光驱 CD-ROM	/dev/cdrom
IDE1 的第二个硬盘(slave)	/dev/hdb	打印机	/dev/lp0
IDE2 的第一个硬盘(master)	/dev/hdc		

2. 设备分类

计算机上凡是与 Linux 进行通信的每个硬件都被视为一个设备，它们可以分为两种类型：字符设备和块设备。

终端、打印机和异步调制解调器都属于字符设备，它们的通信方式是使用字符，一次只发送一个并回送一个字符。相反，硬盘驱动器和磁带机则使用块数据通信，这对发送大量信息来说是一种极为快捷的方法，这样的设备称为块设备。

通常，块设备用于对大批量数据的处理，而字符设备传输数据则比较缓慢。例如，大多数模拟调制解调器是字符设备，而 ISDN(综合业务数字网)则属于块设备。在相同的时间里，块设备可以比字符设备传输更多的数据。

有些设备在不同的情况下可分别为字符设备和块设备，例如，一些磁带机就属于这种情况，这样的主设备有两套设备驱动程序，用户可针对不同的读写要求来选择设备驱动程序。对于大量、快速的数据传送，最好选用块设备；对于某个文件检索或单一目录的备份，字符设备则更为适合。

设备驱动程序和设备文件很详细地标明了设备是字符设备还是块设备。要识别一个设备的类型，只需要查看一下设备文件中的权限位就可以了。如果权限位中的第一个字符是 b，则该设备就是块设备；若是 c，则说明它是字符设备。另一种区分块设备和字符设备的方法是看设备如何处理缓冲。字符设备是靠自己实现缓冲；块设备通常则以 512 字节、1 024 字节或更大字节的组块进行通信，其通过系统内核实现缓冲，对用户来说，这种缓冲则更易察觉。

2.5.2 使用设备

1. 软盘

软盘是可移动的低容量的存储介质。作为存储设备，它比硬盘要慢得多，但它具有可移动和便于传输数据的优点。相应的软盘的块设备都以字母“fd”开始，/dev/fd0 是第一个，其他软盘的编号逐步增大。软盘有许多格式，内核需要知道磁盘的格式才能够正确地读取它。目前计算机使用的软盘基本都是 1.44 MB 的。

使用软盘的步骤如下：

(1) 以超级用户身份登录。

(2) 创建一个安装点(如/mnt/floppy)来加载软盘。

(3) 放入软盘。

(4) 执行如下命令来加载软驱：

```
[root@centos/root]#mount-t vfat/dev/fd0/mnt/floppy
```

成功安装后，软盘的文件出现在/mnt/floppy 目录下，这些文件对所有的用户可读，但只有 root 才可以修改、删除这些文件。

卸载软盘的命令如下：

```
[root@centos/root]#umount/mnt/floppy
```

2. 硬盘

硬盘一般是比较大的存储设备，这使得它能够在其不同位置存放不同的文件系统。加载硬盘的步骤和软盘基本相同，通过加载，我们可以很容易地使用 Windows 下的文件，假设安装点为/mnt/windows，对于 IDE 硬盘执行的命令如下：

```
[root@centos/root]#mount-t vfat/dev/hda5/mnt/windows
```

对于 SCSI 硬盘，执行的命令如下：

```
[root@centos/root]#mount-t vfat/dev/sda4/mnt/windows
```

使用“-t vfat”选项，是因为 Windows 下文件系统是 FAT 32 格式。

3. CD-ROM 驱动器

CD-ROM 驱动器从根本上讲是只读设备，它与其他块设备的安装方式相同。CD-ROM 一般包含标准的 ISO9660 文件系统和一些可选的扩充。现在的光驱基本上都符合

ATAPI 标准。

使用 mount 命令可以把光盘中的所有目录和文件加载到 Linux 目录中，以 root 身份执行如下的命令：

```
[root@centos/root]#mount-t iso9660/dev/cdrom/mnt/cdrom
```

如果命令生效，光盘中的内容将出现在目录/mnt/cdrom 下。

上述命令执行后，若不能加载成功，可能的原因如下：

① /mnt/cdrom 不存在。

② /dev/cdrom 不存在。

③ 当前目录是安装点。

卸载光盘的命令如下：

```
[root@centos/root]#umount/dev/cdrom
```

如果系统提示"设备已经安装或目录忙"的信息，可能是由于用户的当前目录是在安装点/mnt/cdrom 或子目录而造成的，此时必须切换到其他目录下才能进行。

2.6　文件系统管理

2.6.1　文件系统基础

1. *磁盘的分区*

Linux 系统使用各种存储介质来保存永久的数据，例如，硬盘、软盘、光盘，这些存储介质统称为磁盘。其中硬盘是不可缺少的介质，硬盘有容量大、速度快、价格低的特点。我们常常对硬盘进行分区，使得每个分区在逻辑上是独立的。这样我们就可以在每个分区安装一个操作系统，而多个操作系统就可以共处在同一个硬盘上。软盘的容量小，不进行分区；光盘则作为一个大盘更易于使用，也不进行分区。

硬盘分区的信息保存在硬盘的第一个扇区(即第一面第一磁道第一扇区)，这个扇区称为 MBR(主引导记录)，主引导记录包含有一段小程序。计算机启动时 BIOS 会执行这一段小程序，小程序又会读入分区表，检查哪个分区是活动分区(也叫启动分区)，并读入活动分区的第一扇区(称为分区的启动扇区)。启动扇区也包含另一个程序，这个程序实际上是操作系统的一部分，它将负责操作系统的启动。

一个硬盘的分区最多只能有四个基本分区。有些时候需要数量更多的分区，于是人们就发明了扩展分区。扩展分区是在基本分区的基础上把分区再细分成多个子分区，每个子分区都是逻辑分区。一般情况下，只能允许存在一个扩展分区，即硬盘可以有三个基本分区和一个扩展分区。硬盘的分区信息可以使用命令"fdisk-l"获得。

例如：

```
[root @centos/root]#fdisk-l/dev/hda
Disk/dev/hda: 255 heads, 63 sectors, 2482 cylinders
Units = cylinders of 16065 * 512 bytes
```

```
Device Boot      Start     End     Blocks Id System
/dev/hda1   *        1     383     3076416  83  Linux
/dev/hda2          384     447     514080   82  Linux swap
/dev/hda3          448     454     56227+   83  Linux
/dev/hda4          455     467     104422+  82  Linux swap
```

启动设备中,带"＊"号的是启动分区。

Linux对硬盘分区的命名和DOS对硬盘分区的命名有很大的不同。例如,在DOS下软盘为"A:""B:",而硬盘为"C:""D:"等,Linux则使用/dev/hda0等来命名它们。以/dev/hd开头的名称表示IDE接口的硬盘,以/dev/sd开头的名称表示SCSI接口的硬盘,随后的a、b、c、d等代表第几个硬盘,而数字1、2、3、4代表硬盘的第几个分区。例如,/dev/hda1表示第一个IDE接口硬盘的第一个分区。

2. 什么是文件系统

文件系统是操作系统用于明确磁盘或分区上文件的方法和数据结构,即在磁盘上组织文件的方法。分区或磁盘在作为文件系统使用前需要初始化,并将记录数据结构写到磁盘上,这个过程叫建立文件系统。我们在DOS下常常进行的格式化磁盘进程也是一个建立文件系统的过程。不同的操作系统所支持的文件系统是不同的,一个文件系统在一个操作系统下可以正常地被使用,而转移到另一操作系统时往往会出问题。

Linux支持多种类型的文件系统。下面是几个重要的文件系统:

(1) minix:最早的Minix系统的文件系统。

(2) ext2:Linux系统的文件系统,目前是使用最广泛的文件系统。

(3) swap:用于交换分区和交换文件的文件系统。

(4) sysv:Unix里广泛使用的SystemV。

(5) iso9660:标准的CD-ROM的文件系统。

(6) vfat:扩展的DOS文件系统,支持长文件名,被Windows 98采用。

(7) msdos:与MS-DOS/FAT 16兼容的文件系统。

(8) hpfs:OS/2文件系统。

(9) nfs:网络文件系统,允许多台计算机间共享的文件系统。

(10) ntfs:用于Windows NT和Windows 2000的文件系统。

(11) ext3:ext2的后续文件系统。

(12) reiserfs:适合处理大量小文件。

一般情况下没有理由用不同类型的文件系统来组成Linux系统,除非原有的文件系统已经存在。目前ext2的使用最为广泛,ext3是当前最新的文件系统类型。ext2比起以往的文件系统在文件性能方面有很大的提高,但也存在不少的问题,例如,文件系统在异常关机等情况下容易遭到破坏,使用"fsck"命令检查文件系统要检查整个文件系统,对于较大的文件系统,常常要花费几个小时的时间检查。为解决这个问题,出现了日志型文件系统,如reiserfs和ext3。

reiserfs除了具有日志型文件系统的特性,还具有适合处理大量小文件(如5 000个50字节的文件)和特大文件(如2GB以上)的特点。ext3则是ext2的后续文件系统,它也是日志型文件系统,更为难得的是,它的磁盘格式和ext2的相同,ext2和ext3的转换相当容易,对于ext2的升级十分有利。不过没有一种文件系统适合所有的应用,因此我们要选择适合

自己的文件系统。对于新安装的系统，我们建议采用 reiserfs 或 ext3。

文件系统是所有数据的基础，所有文件和目录都驻留在文件系统上。在 Linux 系统中，所有的文件系统都被连接到一个总的目录上，这个目录就叫根目录，是由系统自动建立的。根目录下有许多分支，分支又有子分支，从而整个目录呈树状结构，如图 2-1 所示。

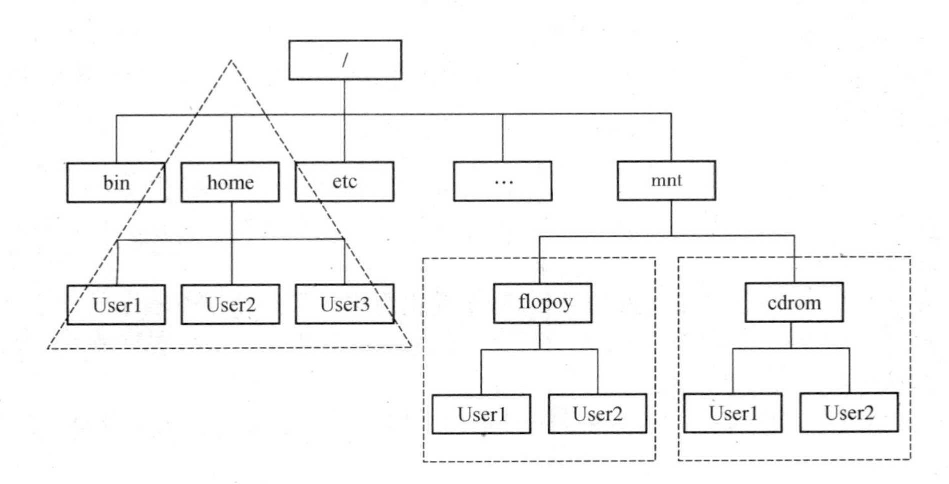

图 2-1 文件系统树状结构

文件系统连接目录树上的一点，这个点叫安装点。图中的每个虚框就是一个文件系统，所有不在虚框的部分也是一个文件系统，一共有四个文件系统。就这样，不同的文件系统形成了一个无缝的整体。

3. 文件

文件是有名字的一组相关信息的集合，它有多种的分类方法，根据文件的用途我们把文件分为以下四种：

(1) 普通文件。普通文件可以是普通的 Word 文件、图像文件、声音文件、网页 HTML 文件，也可以是脚本文件、程序员编写的可执行文件。我们可进一步把文件分类为文本文件和二进制文件。

文本文件即 ASCII 码文件，可以使用 cat、more 等命令查看，Linux 系统的多种配置文件、源程序、HTML 文件都属于此类。二进制文件，一般不能被直接查看，必须使用相应的软件才能查看，如图像文件、声音文件、可执行文件都属于此类。

(2) 目录文件。Linux 中把目录也看成文件，这是和 DOS/Windows 不太相同的地方。目录可以包含下一级目录和普通文件。

(3) 链接文件。链接文件的一个好处是不占用过多的磁盘空间。

(4) 设备文件。Linux 中把系统中的设备也当成文件，用户可以像访问普通文件一样来访问系统中的设备，并且所有设备文件都放在/dev 目录下。设备文件可以分为块设备和字符设备两类。把设备当成文件的好处是使得 Linux 系统能够保证设备的独立性。计算机外设不断更新，但是操作系统不可能为了刚出现的设备文件而经常修改。当需要增加新的设备时，只要在内核添加必要的设备驱动程序就可以了。这样一来，使用不同外设时内核就可以用完全一样的方式来进行处理。

设备文件中有一个特殊的文件是/dev/null，被称为空设备。它是一个类似“黑洞”的设备，所有放入该设备的东西将不复存在，例如：

```
[root @centos/root]# mv test.zip/dev/null
```

该命令执行的结果是 test. zip 文件永远被删除了。

还有一种很特殊的文件是管道文件，主要用于在进程间传递信息，也是一个先进先出(FIFO)的缓冲区，管道文件类似我们日常生活中的管道，一端进入的是某个进程的输出，另一端输出的是另一个进程的输入，例如：

```
[root @centos/root]# cat/etc/passwd | more
```

该命令使用了管道“|”，命令 cat/etc/passwd 的输出是管道的输入，经过管道后，成了命令 more 的输入。

使用命令“ls-l”可以显示文件的类别，每个输出行中的第一个字符表示的就是文件的类别，例如，“b”代表块设备，“p”代表管道文件，“c”代表字符设备，“d”代表目录文件。

4. Linux 系统的目录结构

Linux 系统中，目录是一个层次(或树状结构)，根是所有目录的起始点，根目录下主要有以下子目录：

(1) /bin：包含二进制文件，即可执行程序，这些程序是系统必需的文件。

(2) /sbin：也用于存储二进制文件，但不同的是它们不给普通用户使用，只有超级用户 root 可以使用。

(3) /etc：用于存放 Linux 系统的配置文件，该目录的文件相当重要，例如，passwd、host、fstab、inittab 等。

(4) /boot：Linux 系统引导时加载器使用的文件，系统中非常重要的内核 vmlinux 就是放在该目录下。

(5) /dev：存放设备文件，用户可以通过这些文件访问外部设备。

(6) /lib：存放根文件系统中的程序运行所需要的库文件。

(7) /temp：存放各种临时文件。

(8) /mnt：管理员临时安装文件系统的安装点。

(9) /root：超级用户的个人主目录。

(10) /usr：该目录占用的空间一般比较大，用于安装各种应用程序。

(11) /proc：是一个虚拟的目录，存放当前内存的映像，该文件系统由内核自动产生。

(12) /var：存放一些会随时改变的文件。例如，spool 目录、其他的暂存文件。

(13) /opt：是放置额外安装的应用程序包的地方。

2.6.2 创建文件系统

要在硬盘创建文件系统，首先要进行硬盘分区。硬盘分区有很多的工具，如 Fdisk、Cfdisk 等，使用最多的还是 Fdisk。

(一) Fdisk 的使用

(1) fdisk-l，用于显示所有分区的信息。

(2) fdisk 驱动器名，用于创建磁盘分区。

（二）文件系统的建立

硬盘进行分区后，下一步的工作就是文件系统的建立，这和格式化磁盘类似。在一个分区上建立文件系统会冲掉分区上的所有数据，并且不能恢复，因此建立文件系统前要确认分区上的数据不再使用。建立文件系统的命令是 mkfs。mkfs 的命令格式如下：

mkfs[参数]文件系统

参数选项：

-t：指定要创建的文件系统类型，缺省是 ext2。

-c：建立文件系统之前首先要检查坏块。

-l file：从文件 file 中读磁盘坏块列表，该文件一般是由磁盘坏块检查程序产生的。

-V：输出建立文件系统详细信息。

例如：

```
[root @centos/root]#mkfs-V-t ext3-c/dev/hda3
```

通过以上命令在磁盘分区/dev/hda3 建立 ext3 类型的文件系统，建立文件系统时检查磁盘坏块，并且显示详细信息。

（三）交换分区

如果在 Linux 运行时物理内存不够，Linux 会把内存的数据先写到磁盘上，当需要数据时再读回到物理内存中，这个过程就叫交换，而用于交换的磁盘空间就叫交换空间。这些技术和 Windows 的虚拟内存技术类似，但 Linux 支持两种形式的交换空间：独立的磁盘交换分区和交换文件。

独立的磁盘交换分区是专门分出一个磁盘分区用于交换，而交换文件则是创建一个文件用于交换。使用交换分区比使用交换文件效率要高，因为独立的交换分区保证了磁盘块的连续，Linux 系统读写数据的速度较快。交换空间的大小一般是物理内存的 1.5～2 倍。如果内存是 1 024 MB，则交换空间大小为 2 000 MB 左右较为合适。

1. 交换分区的建立和激活

交换分区的建立和其他分区的建立没有太大的差别，唯一不同是用 fdisk 命令建立分区时要使用“t”命令把分区类型改成 82(Linux Swap)。

Linux 系统下可以有多个交换分区。创建好交换分区后，要使用 mkswap 命令“格式化”分区：

```
[root @centos/root]#mkswap-c/dev/hda4
```

最后还要激活交换分区：

```
[root @centos/root]#swapon/dev/hda4
```

以上命令是手工激活的方法，但交换分区通常是在系统启动时就自动激活，自动激活可以在/etc/fstab 文件中配置。

关闭交换分区的命令为：

```
[root @centos/root]#swapoff/dev/hda4
```

2. 交换文件的建立和激活

交换文件一般用在临时增加交换空间的情形。对交换文件的要求是不能有留空，即文件要占据一片连续的物理空间。建立交换文件和激活的过程如下：

```
[root @redflag/root]# dd if=/dev/zero of=/swap bs=1024  count=50000
50000+0 records in
50000+0 records out
```

以上命令在根目录下创建了一个 25 MB(等于 50 000 块)的交换文件 swap。/dev/zero 是一个特殊的设备文件,对它的读操作总是返回零值字节。

激活交换文件如下：

```
[root @centos/root]# swapon/swap
```

关闭交换文件的使用,可以使用命令：

```
[root @centos/root]# swapoff/swap
```

交换文件关闭后,如果不再继续使用,可以删除。

2.6.3 文件系统的安装、卸载和维护

Linux 文件系统的组织方式和 DOS、Windows 文件系统的组织方式有很大的差别。Windows 把磁盘分区后用不同驱动器名字来命名,如“C:”“D:”“E:”等,我们把它们当成逻辑独立的硬盘来使用,每个逻辑盘有自己的根目录。而 Linux 系统只有一个总的根目录,或者说只有一个目录树,不同磁盘的不同分区都只是这个目录树的一部分。

在 Linux 中创建文件系统后,用户还不能直接使用它,要把文件系统安装(mount)后才能使用。

安装文件系统首先要选择一个安装点(mount point)。所谓的安装点就是要安装的文件系统的根目录所在的目录,如图 2-2 和图 2-3 所示。

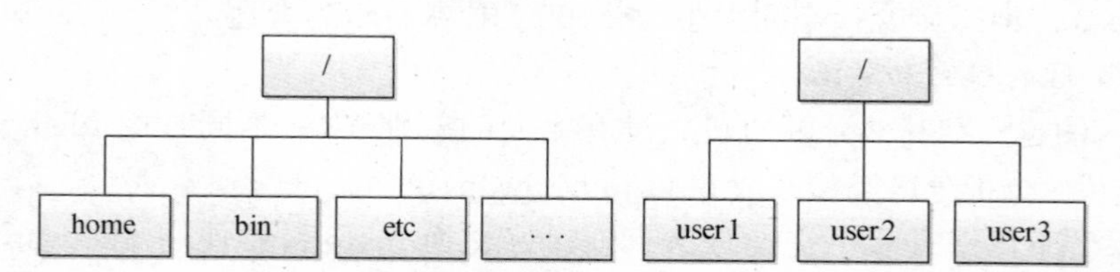

图 2-2 未安装的两个独立的文件系统

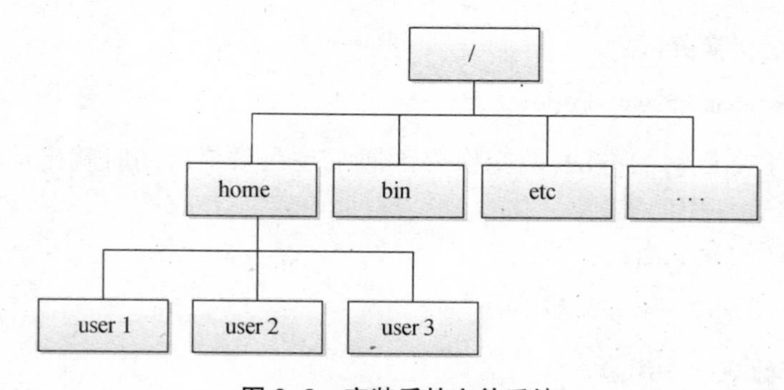

图 2-3 安装后的文件系统

安装后/home 就是第二个文件系统的安装点，因为第二个文件系统的根目录在这一目录下。这样整个文件是由多个文件系统构成的。文件系统的安装点不同，目录树的结构也会发生变化，如图 2-4 所示。

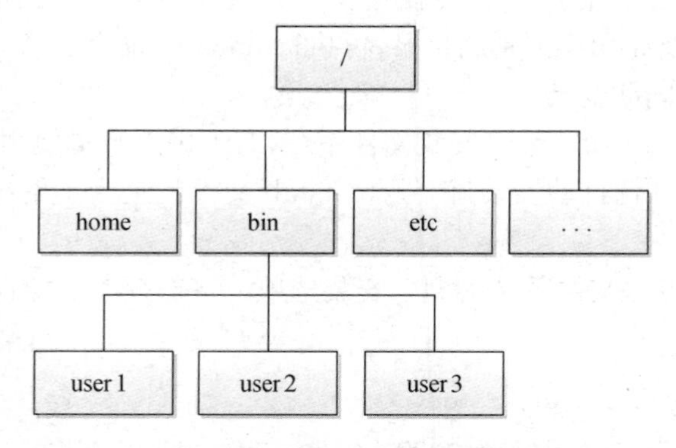

图 2-4　文件系统安装点不同引起目录树结构不同

（一）手工安装和卸载文件系统

手工安装文件系统常常用于临时使用文件系统的场合，尤其是软盘和光盘的使用。手工安装文件系统使用 mount 命令，其格式如下：

mount[参数]设备名　安装点

参数选项：

-a：安装/etc/fstab 中的所有设备。

-f：不执行真正的安装，只是显示安装过程中的信息。

-n：不在/etc/mtab 登记此安装。

-r：用户对被安装的文件系统只有读权限。

-w：用户对被安装的文件系统有写权限。

-t type：指定被安装的文件系统的类型，常用的有：minix、ext、ext2、ext3、msdos、hpfs、nfs、iso9660、vfat、reiserfs、umdos、smbfs。

-o：指定安装文件系统的安装选项。

例如：

```
[root @centos/root]#mount-t ext3/dev/hda3/mnt/disk1
```

该命令将/dev/hda3 分区的文件系统安装在/mnt/disk1 目录下，文件系统的类型是 ext3，安装点是/mnt/disk1。

安装文件系统时，用户不能处在安装点（即当前目录），否则安装文件系统后，用户看到的内容仍是没有安装文件系统前安装点目录原来的内容。安装文件系统后，安装点原有的内容会不可见。卸载文件系统后，安装点原有的内容又会可见。

使用 mount 命令时，mount 会试着测试文件系统的类型，因此常常可以不指明文件系统的类型，但 mount 并非总能成功检测出文件系统的类型。

要卸载文件系统相当简单，使用以下命令：

umount 安装点或 umount 设备名

例如：

```
[root @centos/root]# umount/mnt/disk1
```

卸载文件系统时，不能有用户正在使用文件系统，例如，用户当前目录是/mnt/disk1，则以上命令会失败。要先切换到别的目录，再执行 umount 命令。

(二) 文件系统的自动安装

我们可以使用 mount 命令手工安装文件系统，对于用户经常使用的文件系统则最好能让 Linux 系统在启动时就自动安装好。/etc/fstab 文件就是为了解决这个问题的，其格式如下：

文件系统　安装点　文件系统类型　安装选项　备份频率　检查顺序

例如：

```
[root @centos/root]# cat/etc/fstab
/dev/hda1       /             reiserfs   defaults,notail      1 1
/dev/cdrom      /mnt/cdrom    iso9660    noauto,owner,ro      0 0
/dev/hda2       swap          swap       defaults             0 0
/dev/fd0        /mnt/floppy   vfat       noauto,owner         0 0
none            /proc         proc       defaults             0 0
none            /dev/pts      devpts     gid=5,mode=620       0 0
```

第二行文件系统/dev/cdrom 安装在/mnt/cdrom 目录下，文件系统类型是 iso9660，安装选项是"noauto,owner,ro"，不使用 dump 命令进行备份，系统安装文件系统时不进行检查。文件系统安装选项可以有多个，选项之间用逗号隔开，常用选项有：

(1) defaults：缺省值，等于 rw,suid,dev,exec,auto,nouser,async。

(2) noauto：系统启动时不自动加载该文件系统。

(3) ro：该文件系统只能读。

(4) rw：该文件系统可以读写。

(5) user：允许普通用户安装该文件系统。

(6) noexec：不允许在该文件系统运行程序。

(三) 文件系统的维护

1. 检查文件系统

Linux 是一个稳定的操作系统，一般情况下文件系统并不会出现什么问题。但如果系统异常断电或不遵守正确的关机步骤，导致磁盘缓冲的数据没有写入磁盘，文件系统就会不正常，这时需要进行文件系统的检查。Linux 系统启动时，会自动检查/etc/fstab 文件中设定要自动检查的文件系统，就像 Windows 系统开机时用 scandisk 检查磁盘一样。此外，我们也可以使用 fsck 命令手工对文件系统进行检查，fsck 命令的格式如下：

fsck[参数]设备名

参数选项：

-t fstype：指定文件系统类型。

-A：检查/etc/fstab 中的所有文件系统。

-V：显示 fsck 执行时的信息。

-N：只是显示 fsck 每一步的工作，而不进行实际操作。

-R：和-A 同时使用时，跳过根文件系统。

-P：和-A 同时使用时，不跳过根文件系统(要注意使用)。

-n：检查文件系统时，对要求回答的所有问题，全部回答“no”。

-y：检查文件系统时，对要求回答的所有问题，全部回答“yes”。

-p：检查文件系统时，不需要确认就执行所有的修复。

fsck 检查结束后，会给出如下错误代码(fsck 实际的返回值可能是以上代码值的和，表示出现多个错误)：0——没有发现错误；1——文件系统错误已经更正；2——系统需要重新启动；4——文件系统错误没有更正；8——操作错误；16——语法错误；128——共享库错误。

手工检查文件系统时应在没有安装的文件系统上进行，如果文件系统已经安装，应先把它卸载。fsck 命令检查完文件系统后，如果修复了文件系统，应该重新启动 Linux 系统。通常 fsck 检查完文件系统，会将没有引用的项直接连接到文件系统中如/lost+found 这样的特定目录下，用户可以从这里找回丢失的数据。

2. 其他常用的文件系统管理命令

1) du[参数]目录名

它用于统计目录使用磁盘空间的情况。

参数选项：

-a：显示所有文件的统计数，而不仅仅是目录的统计数。

-s：只显示磁盘的总体使用情况。

-b：以字节为单位显示信息，缺省时是块(1024 字节)。

2) df

它用于统计未使用磁盘空间，统计的是当前系统已经安装的文件系统。

3) dd

它用于转换和拷贝文件。

dd 命令可以用来产生交换文件，也常常用来制作软盘的映像文件。

2.7 Shell 编程

2.7.1 Shell 的基本概念

(一) shell 的概念

Shell 是一个命令语言解释器，它拥有自己内建的 Shell 命令集，Shell 也能被系统中其他应用程序调用。用户在提示符下输入的命令都由 Shell 解释后传给 Linux 核心。Shell、用户及 Linux 操作系统内核之间关系如图 2-5 所示。

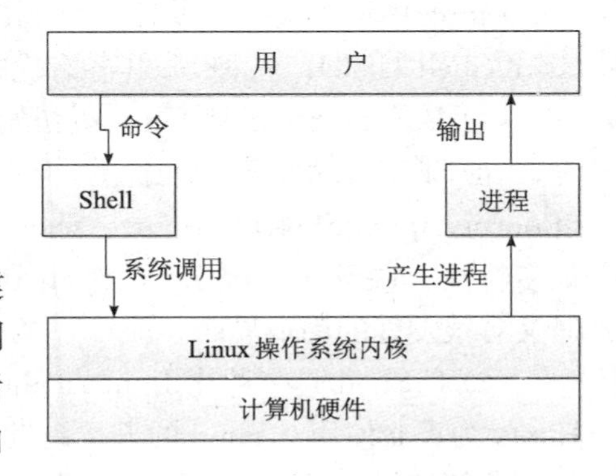

图 2-5　Shell、用户及 Linux 操作系统内核之间关系

有一些命令如改变工作目录命令 cd，是包含在

Shell内部的。还有一些命令如拷贝命令cp和移动命令rm，是存在于文件系统中某个目录下的单独的程序。

Shell接到用户输入的命令后首先检查命令是否是内部命令，若不是再检查是否是一个应用程序，这里的应用程序可以是Linux本身的实用程序，如ls和rm，也可以是购买的商业程序，如xv，或者是自由软件，如emacs。然后，Shell在搜索路径里寻找这些应用程序，这里的搜索路径是一个能找到可执行程序的目录列表。如果键入的命令不是一个内部命令并且在路径里没有找到可执行文件，将会显示一条错误信息；如果能够成功找到命令，该内部命令或应用程序将被分解为系统调用并传给Linux内核。

Shell的另一个重要特性是它自身就是一个解释型的程序设计语言。Shell程序设计语言支持绝大多数在高级语言中能见到的程序元素，如函数、变量、数组和程序控制结构。Shell编程语言简单易学，任何在提示符中能键入的命令都能放到一个执行的Shell程序中。

当普通用户成功登录后，系统将执行一个称为Shell的程序。正是Shell进程提供了命令行提示符。提示符是默认值，普通用户用“$”作提示符，超级用户(root)用“#”作提示符。

一旦出现了Shell提示符，就可以键入命令名称及命令所需要的参数，Shell将执行这些命令。如果一条命令花费了很长的时间来运行，或者在屏幕上产生了大量的输出，可以在键盘上按“Ctrl+D”发出中断信号来中断它。

当用户准备结束登录对话进程时，可以键入logout命令、exit命令或文件结束符(EOF)(按“Ctrl+D”实现)，结束登录。

另外，用户键入有关命令后，如果Shell找不到以其中的命令名为名字的程序，就会给出错误信息。例如：

```
[root@centos/root]#mytest
bash: mytest: command not found
```

此时可以看到，用户得到了一个没有找到该命令的错误信息，这样的错误信息一般出现在用户输入错误命令时。

(二) Shell的种类

Linux中的Shell有多种类型，其中最常见的是Bourne Shell (sh)、C Shell(csh)和Korn Shell (ksh)。三种Shell各有优缺点。

(1) Bourne Shell是Unix最初始的Shell，并且在每种Unix上都可以使用。Bourne Shell在Shell编程方面相当优秀，但在处理与用户的交互方面不如其他几种Shell。Bash(Bourne Again Shell)是Bourne Shell的扩展，与Bourne Shell完全向下兼容，并且增加了许多特性。它还包含了很多C Shell和Korn Shell中的优点，有灵活和强大的编程接口，同时又有很友好的用户界面。

(2) C Shell是一种比Bourne Shell更适于编程的Shell，它的语法与C语言很相似。Linux为喜欢使用C Shell的人员提供了Tcsh。Tcsh是C Shell的一个扩展版本。Tcsh包括命令行编辑、可编程单词补全、拼写矫正、历史命令替换、作业控制和类似C语言的语法，它提供比Bourne Shell更多的提示符参数。

(3) Korn Shell 集合了 C Shell 和 Bourne Shell 的优点并且和 Bourne Shell 完全兼容。Linux 系统提供了 pdksh(ksh 的扩展)，它支持任务控制，可以在命令行上挂起、后台执行、唤醒或终止程序。

Bash 是大多数 Linux 系统的默认 Shell。Bash 有以下的优点：

(1) 补全命令。当程序员在 Bash 命令提示符下输入命令或程序名时，不必输全命令或程序名，按"Tab"键，Bash 将自动补全命令或程序名。

(2) 通配符。在 Bash 下可以使用通配符"＊"和"?"。"＊"可以替代多个字符，而"?"则替代一个字符。

(3) 历史命令。Bash 能自动跟踪用户每次输入的命令，并把输入的命令保存在历史列表缓冲区。Bash 缓冲区的大小由 HISTSIZE 变量控制。当用户每次登录后，home 目录下的". bash_history"文件将初始化历史列表缓冲区。Bash 也能通过 history 和 fc 命令执行、编辑历史命令。

(4) 别名。在 Bash 下，可用 alias 和 unalias 命令给命令或可执行程序起别名和清除别名，这样就可以用自己习惯的方式输入命令。

(5) 输入/输出重定向。输入重定向用于改变命令的输入，输出重定向用于改变命令的输出。输出重定向更为常用，它经常用于将命令的结果输入到文件中，而不是屏幕上。输入重定向的命令是"＜"，输出重定向的命令是"＞"。

(6) 管道。管道用于将一系列的命令连接起来，也就是把前面命令的输出作为后面命令的输入。管道的命令是"|"。

(7) 提示符。Bash 有两级提示符。第一级提示符是登录 Shell 时见到的，默认为"＄"，可以通过重新给 PS1 变量赋值来改变第一级提示符。当 Bash 需要进一步提示以便补全命令时，它会显示第二级提示符。第二级提示符默认为"＞"，可以通过重新给 PS2 变量赋值来改变第二级提示符。一些特殊意义的字符也可以加入提示符赋值中。

(8) 作业控制。作业控制是指在一个作业执行过程中，控制执行的状态。可以挂起一个正在执行的进程，并在以后恢复执行该进程。按下"Ctrl＋Z"组合键，挂起正在执行的进程，用 bg 命令使进程恢复在后台执行，用 fg 命令使进程恢复在前台执行。

(三) 创建及执行 Shell 脚本

1. 创建 Shell 脚本文件

Shell 脚本是指使用用户环境 Shell 提供的语法所编写的脚本。如果经常用到相同执行顺序的操作命令，便可以将这些命令写成脚本文件，这样以后要做同样的事情时，只要在命令行输入其文件名即可。本节以一个简单的实例，来介绍如何创建与执行 Shell 脚本。

该实例会显示当前的日期时间、执行路径、用户账号及所在的目录位置。

在文本编辑器中输入下列内容，并存为 showinfo：

```
#! /bin/bash
#This script is a test!
echo-n  "Date and time is:"
date
echo-n  "The Executable path is :"$PATH
echo   "Your name is :`whoami`  "
```

```
echo-n  "Your Current directory is :"
pwd
#end
```

2. 执行 Shell 脚本

编辑脚本之后，其运行一般有四种方法，下面来分别介绍：

(1) 将脚本的权限设置为可执行，这样就可以在 Shell 的提示符下直接执行。

使用 chmod 命令更改 Shell 脚本的权限：

```
chmod u+x showinfo
chmod u+x,g+x showinfo
chmod a+x showinfo
```

其中第一行是将用户自己的权限设置为可执行，第二行是将用户自己和同组的权限设置为可执行，第三行将所有人的权限设置为可执行，包括用户、同组用户和其他用户。

系统指定使用哪一个 Shell 来解释执行脚本的方式如下：

① 如果 Shell 脚本的第一个非空白字符不是"#"，则它会使用 Bourne Shell。

② 如果 Shell 脚本的第一个非空白字符是"#"，但不是以"#!"开头时，则它会使用 C Shell。

③ 如果 Shell 脚本以"#!"开头，则"#!"后面所跟的字符串就是所使用 Shell 的绝对路径名。Bourne Shell 的路径名称为/bin/sh，而 C Shell 则为/bin/csh。

(2) 执行 Shell 脚本想要执行的 Shell，其后跟随 Shell 脚本的文件名作为命令行参数。例如，使用 tcsh 执行上面的 Shell 脚本：

tcsh showinfo

此命令启动一个新的 Shell，并令其执行 showinfo 文件。

(3) 在 pdksh 和 Bash 下使用"."命令，或在 tcsh 下使用 source 命令。例如，在 pdksh 和 Bash 下执行上面的 Shell 脚本：

. showinfo

或在 tcsh 下执行上面的 Shell 脚本：

```
source showinfo
```

(4) 使用命令替换。如果想要使某个命令的输出成为另一个命令的参数时，就可以使用这个方法。将命令列于两个"`"号之间，而 Shell 会以这个命令执行后的输出结果代替这个命令以及两个"`"符号。例如：

```
str= "Current directory is`pwd`"
echo $str
```

结果如下：

```
Current directory is/root
```

在上面的程序中，pwd 这个命令输出/root，而后整个字符串代替原来的`pwd`，所以 str 变量的内容会包括 pwd 命令的输出。

需要注意的是命令替换方式，灵活运用这种方式，我们可以将一系列小工具装配成一个强大的工具，用来解决复杂的问题。

2.7.2 Shell编程综合实例

（一）实例一

该实例的功能是按照/etc/hosts文件中的条目，逐一按ping命令检查所有的机器是否连通网络。该程序的源代码如下：

```
#! /bin/bash
#pingall
#grab/etc/hosts and ping each address
cat/etc/hosts | grep-v '^#' | while read LINE
do
    ADDR=`awk '{print $1}'`
    for MACHINE in $ADDR
    do
        ping-s-c 1 $MACHINE
    done
done
#end
```

该实例列出/etc/hosts文件并查找其中的非注释行，即不以"#"开头的行。然后使用一个while语句循环读入所有的行，接下来使用awk分析出每一行的第一个域，并把它赋给变量ADDR。最后使用for循环逐一检查相应的地址。

（二）实例二

该实例的功能是显示当前使用系统的硬件信息。该程序的源代码如下：

```
#! /bin/sh
#HINV for linux v1.1
# written by Dino dino@brownnut.com
#to include in another version
# GNU GENERAL PUBLIC LICENSE
# tested on RedFlag and Debian sofar.
#fixed AMD processor detect in this v1.1
#
clear
verbose=0
help=0
if [ "$1" = "-v" ];then
verbose=1
fi
if [ "$1" = "-h" ];then
echo "hinv {-v|-h}"
echo "-v = verbose"
echo "-h =help"
exit
```

```
fi
mach=`uname-m`
mem=`cat/proc/meminfo | awk '/^MemTotal/ {print $2}'`
proc=`cat/proc/cpuinfo | awk '/^processor/' |grep-c processor`
echo "Total Processors: $proc"
echo "$mach   : Processor"
egrep-i "vendor_id|name|MHz|cache"/proc/cpuinfo
echo ""
#echo "Main Memory Size: $mem Mbytes"
echo "Main Memory Size: $mem Kbytes"
if [-r/proc/ide/ide0/hda/model ];then
echo ""
echo "Host: ide0 Channel: hda"
cat/proc/ide/ide0/hda/model
fi
if [-r/proc/ide/ide0/hdb/model ];then
echo ""
echo "Host: ide0 Channel: hdb"
cat/proc/ide/ide0/hdb/model
fi
if [-r/proc/ide/ide1/hdc/model ]; then
echo ""
echo "Host: ide Channel: hdc"
cat/proc/ide/ide1/hdc/model
fi
if [-r/proc/ide/ide1/hdd/model ]; then
echo ""
echo "Host: ide Channel: hdd"
cat/proc/ide/ide1/hdd/model
fi
if [-r/proc/scsi/scsi ];then
echo ""
egrep "Host|Vendor"/proc/scsi/scsi
fi
echo ""
echo "Serial Ports:"`egrep-c serial/proc/ioports`
echo "Keyboard Detected:"`egrep-c keyboard/proc/ioports`
echo "Ethernet Controllers:"`/sbin/ifconfig | awk '/^eth/ {print $1}'`
echo ""
egrep controller/proc/pci
if [ $verbose-ne 0 ]; then
egrep "bridge"/proc/pci
fi
```

第 3 章　SQLite 数据库

每个应用程序都要使用数据，Android 应用程序也不例外，Android 使用开源的、与操作系统无关的 SQL 数据库——SQLite。因此，学习 Android 开发，掌握 SQLite 数据库技术很有必要。

3.1　SQLite 介绍

SQLite 是一个开源的、内嵌式的关系型数据库。它最初发布于 2000 年，在便携性、易用性、紧凑性、有效性和可靠性方面有突出的表现。

（一）内嵌式数据库

SQLite 是一个内嵌式的数据库。

数据库服务器就在程序中，其好处是不需要网络配置和管理。数据库的服务器和客户端运行在同一个进程中。这样可以减少网络访问的消耗，简化数据库管理，使程序部署起来更容易。所有需要做的都已经和程序一起编译好了。

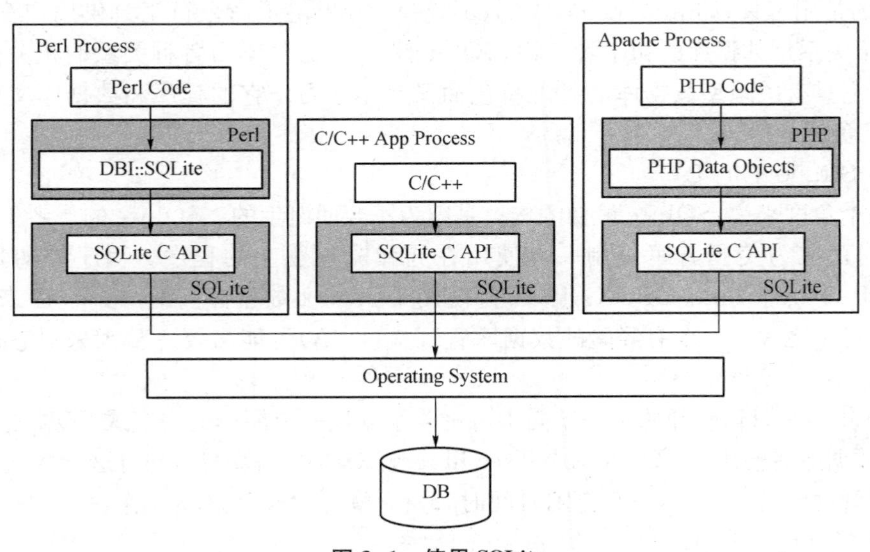

图 3-1　使用 SQLite

如图 3-1 所示，一个 Perl 脚本、一个标准 C/C++程序和一个使用 PHP 编写的

Apache 进程都使用 SQLite。Perl 脚本导入 DBI：：SQLite 模板，并通过它来访问 C API。PHP 采用与 C/C++相似的方式访问 C API。它们都可以访问 C API。尽管它们每个进程中都有独立的数据库服务器，但它们可以操作相同的数据库文件。SQLite 利用操作系统功能来完成数据的同步和加锁。

目前市场上有多种为内嵌应用所设计的关系型数据库产品，如 Sybase SQL Anywhere、InterSystems Caché、Pervasive PSQL 和微软的 Jet Engine。有些厂家从他们的大型数据库产品翻新出内嵌式的变种，如 IBM 的 DB2 Everyplace、Oracle 的 10g 和微软的 SQL Server Desktop Engine。开源的数据库 MySQL 和 Firebird 也提供内嵌式的版本。在所有这些产品中，仅有两个是完全开放源代码且不收许可证费用的——Firebird 和 SQLite，其中，又仅有一个是专门为内嵌式应用设计的——SQLite。

（二）开发者的数据库

SQLite 具有多方面的特性。它是一个数据库、一个程序库、一个命令行工具，也是一个学习关系型数据库的很好的工具。有很多地方需要使用它：内嵌环境、网站、操作系统服务、脚本语言和应用程序。对于程序员来说，SQLite 就像一个数据传送带，提供了一种方便的、将应用程序绑定的、处理数据的方法。除了仅仅作为一个存储容器，SQLite 还可以作为一个单纯的数据处理的工具。如果大小和复杂性合适，使用 SQLite 可以很容易地将应用程序所使用的数据结构转化为表，并保存在一个内在数据库中。

SQLite 还是一个很好的学习程序设计的工具，通过它可以研究很多计算机科学的课题。分析器、分词器、虚拟机、Btree 算法、高整缓存、程序体系结构，通过这些内容可以搞清楚很多计算机科学的经典概念。SQLite 的模块化、小型化和简易性，使人们可以很容易地专门研究其中的一个问题。

（三）管理员的数据库

SQLite 不仅是程序员的数据库，对系统管理员也很有用。它很小、紧凑而精致，就像一些 Unix 的常用工具，如 find、rsync 或 grep。SQLite 提供了命令行工具供用户交互操作。另外，对于关系型数据库的初学者来说，SQLite 是一个方便学习各种关系的相关概念的学习工具。它具有关系型数据库的各种特色而又易于学习。它的程序和数据库文件传递便捷仅用 U 盘就能传递。

（四）SQLite 的历史

从某个角度来说，SQLite 最初的构思是因为军舰而诞生的。SQLite 的作者 D. Richard Hipp 当时正在为美国海军编制一种使用在导弹驱逐舰上的程序。程序最初是运行在 Hewlett-Packard Unix（HPUX）上，后台使用 Informix 数据库。对一个程序来说，使用 Informix 过于庞大。一个有经验的数据库管理员（DBA）可能需要一整天来对它进行安装和升级。

2000 年 1 月，Hipp 开始和一个同事讨论关于创建一个简单的内嵌式 SQL 数据库的想法，这个数据库将使用 GNU DBM B-Tree library（GDBM）做后台，同时这个数据库将不需要安装和管理支持。后来，当有空闲时间时，Hipp 就开始实施这项工作，并在 2000 年的 8 月份发布了 SQLite 的 1.0 版。

按照原定计划，SQLite 1.0 用 GDBM 来做存储管理。但后来，Hipp 很快就换成了自己的 B-tree，以支持事务和记录按主关键字来存储。随着最初的升级，SQLite 在功能和用户

数上都得到了稳步的发展。在2001年中期,很多项目——开源的或商业的——都开始使用SQLite。在以后的几年中,开源社区的其他成员开始为他们喜欢的程序设计语言编写SQLite扩展。SQLite的ODBC接口可以为Perl、Python、Ruby、Java和其他主流的程序设计语言提供支持,这证明了SQLite有广阔的应用前景。

2004年,SQLite从版本2.0升级到版本3.0,这是一次大升级,主要功能是增加内置的对UTF-8、UTF-16及用户定义字符集的支持。

除国际化功能外,版本3.0的其他新特性包括:经过修补的C API、更紧凑的数据库文件格式(比原来节省25%的空间)、弱类型、大二进制对象(BLOB)的支持、64-bit的ROWID、autovacuum和改进了的并发控制。尽管增加了这一系列新特性,版本3.0的运行库仍然小于240 K字节。

SQLite持续增长并始终坚持其最初的设计目标:简单、弹性、紧凑、速度和彻底的易用。

(五) 体系结构

SQLite拥有一个精致的、模块化的体系结构,并引进了一些独特的方法进行关系型数据库的管理。它由被组织在3个子系统中的8个独立的模块组成,如图3-2所示。这个模型将查询过程划分为几个不连续的任务,就像在流水线上工作一样。在体系结构的栈的顶部编译查询语句,在中部执行它,在底部处理操作系统的存储和接口。

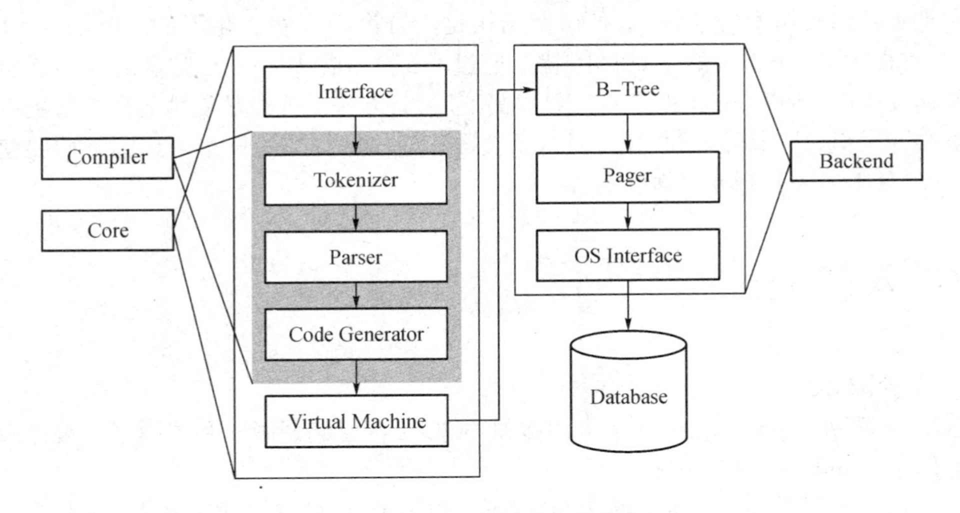

图3-2 SQLite体系结构

1. 接口(Interface)

接口由SQLite C API组成,也就是说不管是程序、脚本语言还是库文件,最终都是通过它与SQLite交互的,我们经常使用的ODBC/JDBC最后也会转化为相应C API的调用。

2. 编译器(Compiler)

编译过程从分词器(Tokenizer)和分析器(Parser)开始。它们协作处理文本形式的结构化查询(Structured Query Language, SQL)语句,分析其语法有效性,转化为底层能更方便处理的层次数据结构——语法树,然后把语法树传给代码生成器(Code Generator)进行处理。而代码生成器根据它生成一种SQLite专用的汇编代码,最后由虚拟机(Virtual

Machine)执行。

3. 虚拟数据库引擎(Virtual DataBase Engine, VDBE)

架构中最核心的部分是虚拟机,也叫做虚拟机(Virtual Machine)。它和Java虚拟机相似,解释执行字节代码。VDBE的字节代码(即虚拟机语言)由128个操作码(opcodes)构成,主要是进行数据库操作。它的每一条指令或者用来完成特定的数据库操作(如打开一个表的游标、开始一个事务等),或者为完成这些操作做准备。总之,所有的这些指令都是为了满足SQL命令的要求。VDBE的指令集能满足任何复杂SQL命令的要求。所有的SQLite SQL语句——从选择和修改记录到创建表、视图和索引——都要先编译成此种虚拟机语言,组成一个独立程序,再定义如何完成给定的命令。VDBE是SQLite的核心。

4. 后端(Backend)

后端由B-tree、页缓冲(Page Cache, Pager)和操作系统接口(即系统调用)构成。B-tree和Page Cache共同对数据进行管理。它们操作的是数据库页,这些页具有相同的大小,就像"集装箱"。页里面的"货物"是表示信息的大量bit,这些信息包括记录、字段和索引入口等。B-tree和Pager都不知道信息的具体内容,它们只负责"运输"这些页,并不关心这些"集装箱"里面是什么。

B-tree的主要功能就是索引,它维护着各个页之间的复杂的关系,便于快速找到所需数据。它把页组织成树型的结构,这种树型结构是为查询而高度优化了的。Pager为B-tree服务,为它提供页。Pager的主要作用就是通过OS接口在B-tree和磁盘之间传递页。磁盘操作速度很慢,所以pager的运行需要提高速度,其方法是把经常使用的页存放到内存当中的页缓冲区里,从而尽量减少操作磁盘的次数。它使用特殊的算法来预测下面要使用哪些页,从而使B-tree能够更快地工作。

3.2 入门介绍

(一) 获取SQLite

SQLite网站(www.sqlite.org)同时提供SQLite的已编译版本和源程序。编译版本可同时适用于Windows和Linux。

有几种形式的二进制包供选择,它们可以适应SQLite的不同使用方式,包括:

(1) 静态链接的命令行程序(CLP)。

(2) SQLite动态链接库(DLL)。

(3) Tcl扩展。

SQLite源代码有两种形式,以适应不同的平台。一种为了在Windows下编译,另一种为了在POSIX平台(如Linux、BSD、Solaris)下编译,这两种形式的源代码本身是没有差别的。

(二) 使用SQLite

无论是作为终端用户还是作为程序员来使用SQLite,都可以很容易地将SQLite安装在Windows环境下。

SQLite的CLP是使用和管理SQLite数据库最常用的方法。它可运行于多种平台，学会使用CLP，就可以有一个通用和熟悉的途径来管理数据库。CLP其实是两个程序，它可以运行在命令行模式下完成各种数据库管理任务，也可以运行在Shell模式下，以交互的方式执行查询操作。

（三）Shell模式下使用CLP

运行DOS shell，进入工作目录，在命令行上键入sqlite3命令，命令后跟随一个可选的数据库文件名。如果在命令行上不指定数据库名，SQLite将会使用一个内存数据库，其内容在退出CLP时将会丢失。

CLP以交互形式运行，可以在其上执行查询、获得schema信息、导入/导出数据和执行其他各种各样的数据库任务。CLP认为输入的任何语句都是一个查询命令(query)，除非命令是以点(.)开始，这些命令用于特殊操作：键入.help或.h可以得到这些操作的完整列表；键入.exit或.e退出CLP。

在Shell模式下使用CLP，首先我们要创建一个称为test.db的数据库。在DOS shell下键入：

```
sqlite3 test.db
```

尽管我们提供了数据库名，但如果这个数据库并不存在，SQLite并不会创建它。SQLite会等到向其中增加了数据库对象之后才创建它，比如，在其中创建表或视图。这样做的原因是为了让用户在将数据库写到外部文件之前对数据库做一些永久性的设置，如页的大小等。有些设置，如页大小、字符集(UTF-8或UTF-16)等，在数据库创建之后就不能再修改了。这是能修改它们的唯一机会。我们采用默认设置，因此，要将数据库写到磁盘，我们只须在其中创建一个表。输入如下语句：

```
sqlite>createtabletest(idintegerprimarykey,valuetext)
```

现在有了一个称为test.db的数据库文件，其中包含一个表test，该表包含两个字段：

(1) 一个是被称为id的主键字段，它带有自动增长属性。无论何时定义一个整型主键字段，SQLite都会对该字段应用自动增长属性。

(2) 另一个是简单的，被称为value的文本字段。

向表中插入几行数据：

```
sqlite> insert into test (value) values('eenie');
sqlite> insert into test (value) values('meenie');
sqlite> insert into test (value) values('miny');
sqlite> insert into test (value) values('mo');
sqlite> .mode col
sqlite> .headers on
sqlite> SELECT * FROM test;
```

系统显示：

```
id value
1 eenie
2 meenie
```

```
3 miny
4 mo
```

SELECT语句前的两个命令(.headers和.mode)用于改进输出的格式。可以看到SQLite为id字段赋予了连接的整数值,而这些值我们在INSERT语句中并没有提供。对于自动增长的字段,最后插入的一条记录该字段的取值,可以用SQL函数last_insert_rowid()得到:

```
sqlite>selectlast_insert_rowid( );
last_insert_rowid( )
4
```

用如下代码,我们可以为数据库创建一个索引和一个视图:

```
sqlite>createindextest_idxontest(value);
sqlite>create view schema as select * from sqlite_master;
```

使用.exit命令可以退出CLP:

```
sqlite> .exit
C:\Temp>
```

(四)获得数据库的Schema信息

有些shell命令可用于获得有关数据库内容的信息。

键入命令.table [pattern]可以得到表和视图的列表,其中[pattern]可以是任何类SQL的操作符。执行上述命令会返回符合条件的所有表和视图,如果没有pattern项,将返回所有表和视图:

```
sqlite>.tables
schematest
```

可以看到我们创建的表test和视图schema。

同样地,要显示一个表的索引,可以键入命令.indices [table name]:

```
sqlite>.indicestesttest_idx
```

可以看到我们为表test所创建的名为test_idx的索引。

使用.schema [table name]可以得到一个表或视图的定义(DDL)语句。如果没提供表名,则返回所有数据库对象(包括table、indexe、view和index)的定义语句:

```
sqlite> .schema test
CREATE TABLE test(id integer primary key, value text);
CREATE INDEX test_idx on test (value);
sqlite> .schema
CREATE TABLE test(id integer primary key, value text);
CREATE VIEW schema as select * from sqlite_master;
CREATE INDEX test_idx on test (value);
```

更详细的schema信息可以通过SQLite唯一的一个系统视图sqlite_master得到。这

个视图是一个系统目录，它的结构如表 3-1 所示。

表 3-1　sqlite_master 目录结构

编号	字段	说明
1	type	值为“table”“index”“trigger”或“view”之一。
2	name	对象名称，值为字符串。
3	tbl_name	如果是表或视图对象，此字段值与字段 2 相同。如果是索引或触发器对象，此字段值为与其相关的表名。
4	rootpage	对触发器或视图对象，此字段值为 0。对表或索引对象，此字段值为其根页的编号。
5	SQL	字符串，创建此对象时所使用的 SQL 语句。

查询当前数据库的 sqlite_master 表，返回：

```
sqlite>.mode col
sqlite>.headers on
sqlite>select type, name, tbl_name, sql from sqlite_master order by type;
type    name       tb1_name    sql
----------
index   test_idx   test        CREATE INDEX test_idx on test (value)
table   test       test        CREATE TABLE test (id integer primary)
view    schema     schema      CREATE VIEW schema as select * from s
```

(五) 数据导出

可以使用. dump 命令将数据库导出为 SQL 格式的文件。不使用任何参数，此命令将导出整个数据库。如果提供参数，CLP 会把参数理解为表名或视图名：

```
sqlite> .output file.sql
sqlite> .dump
sqlite> .output stdout
```

(六) 数据导入

有两种方法可以导入数据，用哪种方法决定于要导入的文件的格式。如果文件由 SQL 语句构成，可以使用. read 命令导入文件。如果文件是由逗号或其他定界符分隔的值(comma-separated values, CSV)组成，可使用 import[file][table]命令。此命令将解析指定的文件并尝试将数据插入到指定的表中。

3.3　SQL

3.3.1　关系模型

SQL 是关系模型的产物。关系模型要求关系型数据库能够提供一种查询语言，它是由

E. F. Codd 在 1969 年提出的，几年后，SQL 应运而生。

关系模型由三部分构成：表单(form)、功能(function)和一致性(consistency)。表单表示信息的结构。在关系模型中只使用一种单独的数据结构来表达所有信息，这种结构称为关系(relation，在 SQL 中被称为表、table)。关系由多个元组(tuples，在 SQL 中被称为行、记录、rows)构成，每个元组又由多个属性(attributes，在 SQL 中被称为列、字段、columns)构成。

查询语言将外部世界和数据的逻辑表现联系在一起，并使它们能够交互。它提供了取数据和修改数据的途径，是关系模型的动态部分。

1. 语法

SQL 的语法很像自然语言，每个语句都是一个祈使句，以动词开头，表示所要做的动作，后面跟的是主题和谓词，如图 3-3 所示。

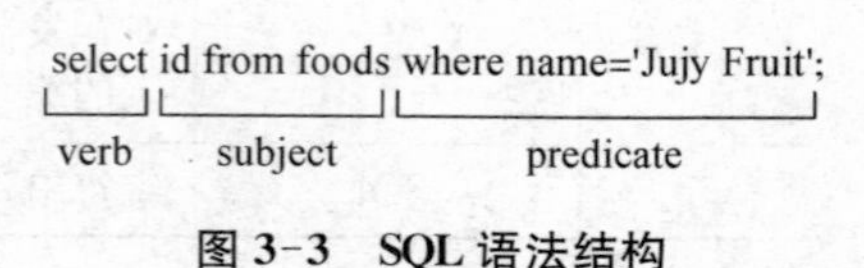

图 3-3　SQL 语法结构

2. 命令

SQL 由命令组成，每个命令以分号(;)结束。如下面是 3 个独立的命令：

```
SELECTid,nameFROMfoods;
INSERTINTOfoodsVALUES(NULL,'Whataburger');
DELETEFROMfoodsWHEREid=413;
```

3. 常量

常量表示确切的值，有 3 种类型：字符串常量、数字常量和二进制常量。字符串常量如："Jerry""Newman""JujyFruit"等。这里的双引号强调的是字符串常量。

字符串值用单引号(')括起来，如果字符串中本身包含单引号，需要双写。如'Kenny's chicken'需要写成：'Kenny''s chicken'。这里的单引号指的是字符串值。

数字常量有整数、十进制数和科学记数法表示的数，如：-1、3.142。

二进制常量用如 x'0000'的表示法，其中每个数据是一个 16 进制数。如：x'01'、x'0fff'、x'0F0EFF'。

4. 保留字和标识符

保留字由 SQL 保留用作特殊的用途，如 SELECT、UPDATE、INSERT、CREATE、DROP 和 BEGIN 等。标识符指明数据库里的具体对象，如表或索引。保留字预定义，不能用作标识符。SQL 不区分大小写，下面是相同的语句：

```
SELECT * from foo;
SeLeCt * FrOm FOO;
```

注意：SQLite 对字符串的值是大小写敏感的。

5. 注释

SQL 中单行注释用双减号开始，多行注释采用 C 风格的/* */形式。

3.3.2　创建数据库

数据库中所有的工作都围绕表进行。表由行和列组成，看起来简单，但其实并非如此。

1. 创建表

在 SQL 中，创建和删除数据库对象的语句一般被称为数据定义语言（data definition language，DDL），操作这些对象中数据的语句称为数据操作语言（data manipulation language，DML）。创建表的语句属于 DDL，用 CREATE TABLE 命令，如下定义：

```
CREATE[TEMP]TABLEtable_name(column_definitions[,constraints]);
```

用 TEMP 或 TEMPORARY 保留字声明的表为临时表，只存活于当前会话，一旦连接断开，就会被自动删除。中括号表示可选项。另外，竖线表示在多个中选一，如：

```
CREATE[TEMP|TEMPORARY]TABLE …
```

如果没有指明创建临时表，则创建的是基本表，并会在数据库中持久存在。

CREATE TABLE 命令至少需要一个表名和一个字段名。命令中 table_name 表示表名，必须与其他所有的标识符不同。column_definitions 表示一个用逗号分隔的字段列表。每个字段定义包括一个名称、一个域和一个逗号分隔的字段约束表。“域”一般情况下是一个类型，与编程语言中的数据类型同名，指存储在该列的数据的类型。在 SQLite 中有 5 种本地类型：INTEGER、REAL、TEXT、BLOB 和 NULL。“约束”用来控制什么样的值可以存储在表中或特定的字段中。例如，可以用 UNIQUE 约束来规定所有记录中某个字段的值要各不相同：

```
CREATETABLEcontacts(idINTEGERPRIMARYKEY, nameTEXTNOTNULLCOLLATENOCASE,
phoneTEXTNOTNULLDEFAULT'UNKNOWN', UNIQUE(name,phone));
```

2. 改变表

用 ALTER TABLE 命令可以改变表的结构。SQLite 版的 ALTER TABLE 命令既可以改变表名，也可以增加字段。一般格式为：

```
ALTERTABLEtable{RENAMETOname|ADDCOLUMNcolumn_def}
```

注意这里又出现了新的符号{}。花括号括起来一个选项列表，必须从各选项中选择一个。此处，我们用 ALTER TABLE table RENAME...，或者 ALTER TABLE table ADD COLUMN...。

例如：

```
sqlite>ALTER TABLE contacts ADD COLUMN
    email TEXT NOT NULL DEFAULT '' COLLATE NOCASE;
```

3.3.3 在数据库中查询

（一）SELECT 命令

SELECT 是 SQL 命令中内容最丰富、最复杂的命令。SELECT 的很多操作都来源于关系代数。

SELECT 中使用 3 大类 13 种关系操作：

① 基本的操作：

Restriction（限制）

Projection(投影)

Cartesian Product(笛卡尔积)

Union(联合)

Difference(差)

Rename(重命名)

② 附加的操作:

Intersection(交叉)

Natural Join(自然连接)

Assign(指派 OR 赋值)

③ 扩展的操作:

GeneralizedProjection

LeftOuterJoin

RightOuterJoin

FullOuterJoin

基本的关系操作,除重命名外,在集合论中都有相应的理论基础。附加操作是基本操作的便捷形式,它们可以用基本操作来完成,一般情况下,附加操作可以作为常用基本操作序列的快捷方式。扩展操作为基本操作和附加操作增加特性。

ANSI SQL 的 SELECT 可以完成上述所有的关系操作。这些操作覆盖了 Codd 最初定义的所有关系运算符,SQLite 支持 ANSI SQL 中除 right 和 full outer join 之外的所有操作。

从语法上来说,SELECT 命令用一系列子句将很多关系操作组合在一起。每个子句代表一种特定的关系操作。几乎所有这些子句都是可选的,因此可以只选所需要的操作。

下面是 SELECT 的一个简单形式:

```
SELECT DISTINCT heading FROM tables WHERE predicate GROUP BY columns HAVING
predicate ORDER BY columns LIMIT count,offset;
```

每个保留字——DISTINCT、FROM、WHERE 和 HAVING——都是一个单独的子句。每个子句由保留字和跟随的参数构成。

SELECT 的子句如表 3-2 所示。

表 3-2　select 子句

编号	子句	操作	输入
1	FROM	Join	Listoftables
2	WHERE	Restriction	Logicalpredicate
3	ORDER BY		Listofcolumns
4	GROUP BY	Restriction	Listofcolumns
5	HAVING	Restriction	Logicalpredicate
6	SELECT	Restriction	Listofcolumnsorexpressions
7	DISTINCT	Restriction	Listofcolumns
8	LIMIT	Restriction	Integervalue
9	OFFSET	Restriction	Integervalue

（二）二目操作符

二目操作符是最常用的SQL操作符。表3-3列出了SQLite所支持的二目操作符。表中按优先级从高到低的次序排列，同色的一组中具有相同的优先级，圆括号可以覆盖原有的优先级。

表3-3 二目操作符

操作符	类型	作用
II	String	Concatenation
*	Arithmetic	Multiply
/	Arithmetic	Divide
%	Arithmetic	Modulus
+	Arithmetic	Add
−	Arithmetic	Subtract
<<	Bitwise	Right shift
>>	Bitwise	Left shift
&	Logical	And
l	Logical	Or
<	Relational	Less than
<=	Relational	Less than or equal to
>	Relational	Greater than
>=	Relational	Greater than or equal to
=	Relational	Equal to
==	Relational	Equal to
<>	Relational	Not equal to
! =	Relational	Not equal to
IN	Logical	In
AND	Logical	And
OR	Logical	Or
LIKE	Relational	String matching

（三）LIKE操作符

LIKE是一个很有用的关系操作符。LIKE的作用与相等(=)很像，但它是通过一个模板来进行字符串匹配。例如，要查询所有名称以字符“J”开始的食品，可使用如下语句：

```
sqlite>SELECT id, name FROM foods WHERE name LIKE 'J%';
id name
156 Juice box
236 Juicy Fruit Gum
```

```
243 Jello with Bananas
244 JujyFruit
```

模板中的百分号(%)可与任意0到多个字符匹配。下划线(_)可与任意单个字符匹配。

(四) 限定和排序

LIMIT和OFFSET保留字可以用来限定结果集的大小和范围。LIMIT指定返回记录的最大数量。OFFSET指定偏移的记录数。例如,行使下面的命令将返回food_types表中id排第2的记录:

```
SELECT * FROM food_types LIMIT 1 OFFSET 1 ORDER BY id;
```

保留字OFFSET在结果集中跳过一行,保留字LIMIT限制最多返回一行。上面语句中还有一个ORDER BY子句,它使记录集在返回之前按一个或多个字段的值排序。

(五) 函数(Function)和聚合(Aggregate)

SQLite提供了多种内置的函数和聚合,可以用在不同的子句中。函数的种类包括:数学函数,如ABS( )计算绝对值;字符串格式函数,如UPPER( )和LOWER( )。它们将字符串的值转化为大写或小写,例如:

```
sqlite>SELECTUPPER('hello'), LENGTH('hello'), ABS(-12);
UPPER('hello') LENGTH('hello') ABS(-12)
HELLO 5 12
```

函数名是不分大小写的,即upper( )和UPPER( )是同一个函数。函数可以接受字段值作为参数:

```
sqlite>SELECTid,UPPER(name),LENGTH(name)FROMfoodsWHEREtype_id=1LIMIT10;
```

聚合是一类特殊的函数,它从一组记录中计算聚合值。标准的聚合函数包括SUM( )、AVG( )、COUNT( )、MIN( )和MAX( )。例如,要得到烘烤食品(type_id=1)的数量,可使用如下语句:

```
sqlite>SELECT COUNT(*) FROM foods WHERE type_id=1;
```

(六) 去掉重复

DISTINCT处理SELECT的结果并过滤掉其中重复的行。例如,要从foods表中取得所有不同的type_id值,可使用如下语句:

```
sqlite>SELECTDISTINCTtype_idFROMfoods;
```

(七) 多表连接

连接(join)是SELECT命令的第一个操作,它产生初始的信息,供语句的其他部分进行过滤和处理。连接的结果是一个合成的关系或表,它是SELECT后继操作的输入,例如:

```
sqlite>SELECTfoods.name,food_types.nameFROMfoods,food_typesWHEREfoods.type_id
=food_types.idLIMIT10;
```

3.3.4 修改数据

与SELECT命令相比,用于修改数据的语句要简单很多。共有3个DML语句用于修

改数据——INSERT、UPDATE和DELETE。

(一) INSERT——插入记录

使用INSERT命令可以向表中插入记录。使用INSERT命令可以1次插入1条记录，也可以使用SELECT命令1次插入多条记录。INSERT语句的一般格式为：

```
INSERT INTO table (column_list) VALUES (value_list);
```

table指明数据插入到哪个表中。column_list是用逗号分隔的字段名表，这些字段必须是表中存在的。value_list是用逗号分隔的值表，这些值与column_list中的字段一一对应。例如，下面语句向foods表插入数据：

```
sqlite>INSERTINTOfoods(name,type_id)VALUES('CinamonBobka',1);
```

(二) UPDATE——修改记录

UPDATE命令用于修改一个表中的记录。UPDATE命令可以修改一个表中一行或多行中的一个或多个字段。UPDATE语句的一般格式为：

```
UPDATEtableSETupdate_listWHERE predicate;
```

update_list是一个或多个"字段赋值"的列表，字段赋值的格式为column_name=value。WHERE子句的用法与SELECT语句相同，确定需要进行修改的记录。例如：

```
UPDATEfoodsSETname='CHOCOLATEBOBKA'WHERE name='CBobka';
```

(三) 删除记录

DELETE用于删除一个表中的记录。DELETE语句的一般格式为：

```
DELETE FROM table WHERE predicate;
```

同样，WHERE子句的用法与SELECT语句相同，确定需要被删除的记录。例如：

```
DELETE FROM foods WHERE name='CHOCOLATE BOBKA';
```

3.3.5 数据完整性

数据完整性用于定义和保护表内部或表之间数据的关系，有4种完整性：实体完整性、域完整性、参照完整性和用户定义完整性。这里重点介绍实体完整性和域完整性。

(一) 实体完整性

1. 唯一约束

一个唯一约束要求一个字段或一组字段的所有值互不相同，即唯一。如果试图插入一个重复值，或将一个值改成一个已存在的值，数据库将引发一个约束非法，并取消操作。唯一约束可以在字段级或表级定义。

问题：如果一个字段已经声明为UNIQUE，可以向这个字段插入多少个NULL值？

回答：这与数据库的种类有关。PostgreSQL和Oracle可以插入多个，Informix和Microsoft SQL Server只能插入一个，DB2、SQL Anywhere和Borland Inter-Base不能插入NULL。SQLite采用了与PostgreSQL和Oracle相同的解决方案，即可以插入多个NULL。

另一个关于NULL的经典问题是：两个NULL值是否相等？没有足够的信息来证明它们相等，但也没有足够的信息证明它们不等。SQLite的解决方案是假设所有的NULL都是不同的，所以可以向唯一字段中插入任意多个NULL值。

2. 主键约束

在SQLite中，当定义一个表时总要确定一个主键。这个字段是一个64-bit整型字段，称为ROWID。它还有两个别名——_ROWID_和OID，用这两个别名同样可以取到它的值。它的默认取值按照增序自动生成。SQLite为主键字段提供自动增长特性。

（二）域完整性

1. 默认值

保留字DEFAULT为字段提供一个默认值。如果用INSERT语句插入记录时没有为该字段指定值，则系统为它赋予默认值。如果一个字段没有被指定默认值，在插入时也没有为该字段指定值，SQLite将向该字段插入一个NULL。

2. 排序法(Collation)

排序法定义如何唯一地确定文本的值。排序法主要用于规定文本值如何进行比较。不同的排序法有不同的比较方法。例如，有的排序法是大小写不敏感的，于是'JujyFruit'和'JUJYFRUIT'会被认为是相等的。有的排序法是大小写敏感的，这时上面两个字符串就不相等了。SQLite有3种内置的排序法，默认的为BINARY，它使用一个C函数memcmp( )来对文本进行逐字节的比较。

3.3.6 事务

事务定义了一组SQL命令的边界，这组命令或者作为一个整体被全部执行，或者都不执行。

事务由3个命令控制：BEGIN、COMMIT和ROLLBACK。BEGIN开始一个事务，之后的所有操作都可以取消；COMMIT使BEGIN后的所有命令得到确认；而ROLLBACK还原BEGIN之后的所有操作。例如：

```
sqlite>BEGIN;
sqlite>DELETE FROM foods;
sqlite>ROLLBACK;
```

上述程序开始了一个事务，先删除了foods表的所有行，但是又用ROLLBACK进行了回卷，表中没发生任何改变。

SQLite默认情况下，每条SQL语句自成事务，即自动提交模式。

对于违反约束导致事务的非法结束，大多数数据库(管理系统)都是简单地将前面所做的修改全部取消。SQLite有其独特的方法来处理约束违反，它被称为冲突解决。

SQLite提供5种冲突解决方案：REPLACE、IGNORE、FAIL、ABORT和ROLLBACK。

3.3.7 事务的类型

SQLite有三种不同的事务，分别使用不同的锁状态。事务类型有：DEFERRED、MMEDIATE和EXCLUSIVE。事务类型在BEGIN命令中指定：

```
BEGIN [ DEFERRED|IMMEDIATE|EXCLUSIVE ] TRANSACTION;
```

一个 DEFERRED 事务不获取任何锁，BEGIN 语句本身也不会做什么事情——它开始于 UNLOCK 状态。默认情况下是这样的，如果仅仅用 BEGIN 开始一个事务，那么事务就是 DEFERRED 的，同时它不会获取任何锁；当对数据库进行第一次读操作时，它会获取 SHARED 锁；同样，当进行第一次写操作时，它会获取 RESERVED 锁。

由 BEGIN 开始的 IMMEDIATE 事务会尝试获取 RESERVED 锁。如果成功，BEGIN IMMEDIATE 将使其他连接不能写数据库。不过，其他连接可以对数据库进行读操作。但是，RESERVED 锁会阻止其他连接的 BEGIN IMMEDIATE 或者 BEGIN EXCLUSIVE 命令，当其他连接执行上述命令时，会返回 SQLITE_BUSY 错误。这时就可以对数据库进行修改操作了，但还不能提交，因为在保存修改时，会返回 SQLITE_BUSY 错误，这意味着还有其他的事务在读，要等它们执行完后才能提交事务。

EXCLUSIVE 事务会试着获取数据库的 EXCLUSIVE 锁。这与 IMMEDIATE 类似，但是一旦成功，EXCLUSIVE 事务将保证没有其他的连接读写数据库，所以就可对数据库进行读写操作了。下文表 3-4 中的问题在于两个连接都想写数据库，但是它们都没有放弃各自原来的锁，最终，SHARED 锁导致了死锁的出现。如果两个连接都以 BEGIN IMMEDIATE 开始事务，那么死锁就不会发生。这种情况下，在同一时刻只能有一个连接进入 BEGIN IMMEDIATE，其他的连接就要等待。BEGIN IMMEDIATE 和 BEGIN EXCLUSIVE 通常被进行写操作的事务使用。就像同步机制一样，EXCLUSIVE 事务防止了死锁的产生。

选择事务类型的基本准则是：如果正在使用的数据库没有其他的连接，用 BEGIN 就足够了。但是，如果使用的数据库有其他的连接也会对数据库进行写操作，就要使用 BEGIN IMMEDIATE 或 BEGIN EXCLUSIVE 开始事务。

3.3.8　数据库锁

在 SQLite 中，锁和事务是紧密联系的。为了有效地使用事务，需要了解一些关于如何加锁的知识。

SQLite 采用粗放型的锁。当一个连接要写数据库，所有其他的连接会被锁住，直到进行写操作的连接结束了它的事务。SQLite 有一个加锁表，来帮助不同的写数据库操作都能够在最后一刻加锁，以保证最大的并发性。SQLite 使用锁逐步上升机制，为了写数据库，连接需要逐级地获得排他锁。SQLite 有 5 个不同的锁状态：未加锁（UNLOCKED）、共享（SHARED）、保留（RESERVED）、未决（PENDING）和排他（EXCLUSIVE）。每个数据库连接在同一时刻只能处于其中一个状态。每种状态（未加锁状态除外）都有一种锁与之对应。

连接最初的状态是未加锁状态，在此状态下，连接还没有存取数据库。当连到一个数据库，甚至已经用 BEGIN 开始了一个事务时，连接都还处于未加锁状态。

未加锁状态的下一个状态是共享状态。为了能够从数据库中读数据，连接必须首先进入共享状态，也就是说首先要获得一个共享锁。多个连接可以同时获得并保有共享锁，也就是说多个连接可以同时从同一个数据库中读数据。但哪怕有一个共享锁还没有释放，就不允许任何连接写数据库。

如果一个连接想要写数据库，它必须首先获得一个保留锁。一个数据库上同时只能有一个保留锁。保留锁可以与共享锁共存，保留锁是写数据库的第一阶段。保留锁既不阻止其他拥有共享锁的连接继续读数据库，也不阻止其他连接获得新的共享锁。一旦一个连接获得了保留锁，它就可以开始处理数据库、修改操作了。尽管这些修改只能在缓冲区中进行，还不能被写到磁盘。对读出内容所做的修改保存在内存缓冲区中。

当连接想要提交修改或事务时，需要将保留锁提升为排他锁。为了得到排他锁，还必须先将保留锁提升为未决锁。获得未决锁之后，其他连接就不能再获得新的共享锁了，但已经拥有共享锁的连接仍然可以继续正常读数据库。此时，拥有未决锁的连接等待其他拥有共享锁的连接完成工作并释放其共享锁。

一旦所有其他共享锁都被释放，拥有未决锁的连接就可以将其未决锁提升至排他锁，此时就可以自由地对数据库进行修改了。所有以前对缓冲区所做的修改都会被写到数据库文件。

3.3.9 死锁

为了避免死锁，需要了解锁的机制。

考虑下面表 3-4 所假设的情况，两个连接——A 和 B——在同一个数据库中同时且完全独立地工作。A 执行一条命令，B 执行其他命令。

表 3-4 死锁情形

A 连接	B 连接
sqlite>BEGIN;	
	sqlite>BEGIN;
	sqlite>INSERT INTO foo VALUES ('x');
sqlite>SELECT * FROM foo;	
	sqlite>COMMIT;
	SQL error: database is locked
sqlite>INSERT INTO foo VALUES ('x');	
SQL error: database is locked	

两个连接都在死锁中结束。B 首先尝试写数据库，也就拥有了一个未决锁。A 再试图写，但当其 INSERT 语句试图将共享锁提升为保留锁时失败。

为了讨论的方便，假设连接 A 和 B 都一直等待数据库可写。那么此时，其他的连接就不能够再读数据库了，因为 B 拥有未决锁。那么此时，不仅 A 和 B 不能工作，其他所有进程都不能再操作此数据库了。

如何避免此情况呢？答案是采用正确的事务类型来完成工作。

3.4　SQLite 编程

（一）连接和断开数据库

在执行 SQL 命令之前，首先要连接数据库。因为 SQLite 数据库存储在一个单独的操作系统文件当中，所以连接数据库可以理解为打开数据库。同样，断开连接也就是关闭数据库。打开数据库用 sqlite3_open( )或 sqlite3_open16( )函数，它们的声明如下：

```
int sqlite3_open(
   const char * filename,/* Database filename(UTF-8) */
   sqlite3 * * ppDb   /* OUT: SQLite db handle */
);
int sqlite3_open16(
  const void   * filename,/* Database filename(UTF-16) */
   sqlite3 * * ppDb   /* OUT: SQLite db handle */
);
```

其中，filename 参数可以是一个操作系统文件名，或字符串'：memory：'，或一个空指针（NULL）。

用后两者将创建内存数据库。如果 filename 不为空，先尝试打开，如果文件不存在，则用这个名字创建一个新的数据库。

关闭连接使用 sqlite3_close( )函数，它的声明如下：

```
int sqlite3_close(sqlite3 * );
```

为了 sqlite3_close( )能够成功执行，所有与连接所关联的已编译的查询必须被定案。如果仍然有查询没有定案，sqlite3_close( )将返回 SQLITE_BUSY 和错误信息：Unable to close due to unfinalized statements。

（二）执行

函数 sqlite3_exec( )提供了一种执行 SQL 命令的快速、简单的方法，它不需要返回数据，特别适合处理对数据库的修改操作。sqlite3_exec( )的声明如下：

```
int sqlite3_exec(
     sqlite3 * ,/* An open database */
     const char * sql,/* SQL to be executed */
     sqlite_callback,/* Callback function */
     void * data/* 1st argument to callback function */
     char * * errmsg/* Error msg written here */
);
```

SQL 命令由 sql 参数提供，它可以由多个 SQL 命令构成，sqlite3_exec( )会对其中每个命令进行分析并执行，直到命令串结束或遇到一个错误。

下面的 C 程序说明了 sqlite3_exec( )的用法：

```
#include <stdio.h>
#include <stdlib.h>
#include "util.h"
#pragma comment(lib,"sqlite3.lib")
int main(int argc, char * *argv)
{
  sqlite3 *db;
  char *zErr;
  int rc;
  char *sql;
  rc = sqlite3_open("test.db", &db);
  if (rc){
   fprintf(stderr,"Can't open database: %s\n",
          sqlite3_errmsg(db));
      sqlite3_close(db);
   exit(1);
  }
  sql="create table mytest(id integer primary key,"
      "name text, cid int)";
  rc = sqlite3_exec(db, sql, NULL, NULL, &zErr);
  if(rc != SQLITE_OK){
    if(zErr != NULL){
      fprintf(stderr, "SQL error: %s\n", zErr);
     sqlite3_free(zErr);
    }
  }
  sql = "insert into mytest(name,id) values ('Test',1)";
   rc = sqlite3_exec(db, sql, NULL, NULL, &zErr);
  if (rc != SQLITE_OK){
          if (zErr != NULL){
        fprintf(stderr, "SQL error: %s\n", zErr);
        sqlite3_free(zErr);
          }
      }
    sqlite3_close(db);
    return 0;
}
```

（三）处理记录

sqlite3_exec( )包含一个回叫(callback)机制，提供了一种从SELECT语句得到结果的方法。这个机制由sqlite3_exec( )函数的第3和第4个参数实现。第3个参数是一个指向回调函数的指针，如果提供了回调函数，SQLite则会在执行SELECT语句期间，在遇到每一条记录时调用回调函数。回调函数的声明如下：

```
typedefint( * sqlite3_callback)(
    void * ,/ *  用于 sqlite3_exec( )第四个参数  * /
    int,/ *  行中字段数目 * /
    char* * ,/ *  行中字段字符串数组  * /
  char* * / *  字段名数组  * /
);
```

函数 sqlite3_exec( )的第 4 个参数是一个指向任何应用程序指定的数据的指针，这个数据是程序员准备提供给回调函数使用的。SQLite 将把这个数据作为回调函数的第 1 个参数传递。总之，sqlite3_exec( )允许处理一批命令，而程序员可以使用回调函数来收集所有返回的数据。例如，先向 mytest 表插入一条记录，再从中查询所有记录，所有这些都在一个 sqlite3_exec( )调用中完成。

完整代码如下：

```
#include <stdio.h>
#include <stdlib.h>
#include "util.h"
#pragma comment(lib,"sqlite3.lib")
int callback(void* data, int ncols, char* * values,
      char* * headers);
int main(int argc, char * * argv)
{
  sqlite3 * db;
    int rc;
    char * sql;
    char * zErr;
    char* data;
  rc = sqlite3_open("test.db", &db);
    if(rc){
     fprintf(stderr, "Can't open database: %s\n",
              sqlite3_errmsg(db));
          sqlite3_close(db);
          exit(1);
        }
     data = "Callback function called";
    sql = "insert into mytest(name, cid) values ('Mack',1);"
          "select * from mytest;";
      rc = sqlite3_exec(db, sql, callback, data, &zErr);
  if(rc! = SQLITE_OK){
        if (zErr ! = NULL){
      fprintf(stderr,"SQL error: %s\n", zErr);
      sqlite3_free(zErr);
    }
```

```
    }
    sqlite3_close(db);
    return 0;
}
int callback(void * data, int ncols, char * * values,
        char * * headers){
   int i;
    fprintf(stderr,"%s:",(const char * )data);
    for(i=0; I < ncols; i++){
    fprintf(stderr,"%s=%s", headers[i], values[i]);
   }
   fprintf(stderr,"\n");
   return 0;
}
```

（四）获取表查询

获取表查询的代码如下：

```
int sqlite3_get_table(
sqlite3 *,              /* 打开的数据库 */
const char * sql,   /* 要执行的 SQL 语句 */
    char * * * resultp,/* 查询结果,
                                      结果写入该指针指向的 char *[] */
    int * nrow,         /* 结果集中的行数 */
    int * ncolumn,    /* 结果集中字段的数目 */
    char * * errmsg    /* 错误信息 */
);
void main(int argc, char * * argv){
   sqlite3 * db;
    char * zErr;
    int rc,i;
    char * sql;
    char * * result;
    int nrows, ncols;
   rc = sqlite3_open("test.db", &db);
   sql = "select * from mytest;";
   rc = sqlite3_get_table(db, sql, &result, &nrows,
                       &ncols, &zErr);
   printf("rows=%d,cols=%d\n",nrows,ncols);
    for(i=0;i<=nrows;i++)
      printf("%-5s%-20s%-5s\n",result[3*i],result[3*i+1],
            result[3*i+2]);
   sqlite3_free_table(result);
}
```

(五) 取字段信息

使用 sqlite3_column_name( )来取得各字段的名称：

```
const char * sqlite3_column_name( sqlite3_stmt*,/* 句柄描述 */
                                  int iCol/* 字段序号 */
                                  );
```

类似地，可以使用 sqlite3_column_type( )取得各字段的存储类型：

```
int sqlite3_column_type(sqlite3_stmt*, int iCol);
```

这个函数返回一个整数值，代表5个存储类型的代码，定义如下：

```
#define SQLITE_INTEGER 1
#define SQLITE_FLOAT 2
#define SQLITE_TEXT 3
#define SQLITE_BLOB 4
#define SQLITE_NULL 5
```

这些是SQLite本身的类型，或称存储类型。

使用 sqlite3_table_column_metadata( )函数可以获得字段的详细信息。声明如下：

```
SQLITE_API int sqlite3_table_column_metadata(
  sqlite3 *db,                /* 连接句柄 */
  const char *zDbName,        /* 数据库名或 NULL */
    const char *zTableName,   /* 表名 */
    const char *zColumnName,/* 字段名 */
  char const **pzDataType,/* 输出：数据类型 */
  char const **pzCollSeq,   /* 输出：Collation sequence name */
  int *pNotNull,              /* 输出：是否存在 NOT NULL 约束 */
  int *pPrimaryKey,         /* 输出：是否存在主键 */
  int *pAutoinc             /* 输出：字段是否自动增长 */
);
```

这个函数包含输入和输出参数。它不在描述句柄下工作，但需要提供连接句柄、数据库名、表名和列名。可选的数据库名指明附加的逻辑数据库名，一个连接上可能附加多个数据库。表名和字段名是必须的。

(六) 取字段值

使用 sqlite3_column_xxx( )函数取当前记录中每个字段的值时，其一般形式为：

```
xxx sqlite3_column_xxx( sqlite3_stmt*,/* 描述句柄 */
                  int iCol      /* 字段序号 */
                        );
```

xxx表示希望得到的数据类型。

sqlite3_column_xxx( )包括以下函数：

```
int sqlite3_column_int(sqlite3_stmt*, int iCol);
```

```
double sqlite3_column_double(sqlite3_stmt *, int iCol);
long int sqlite3_column_int64(sqlite3_stmt *, int iCol);
const void *sqlite3_column_blob(sqlite3_stmt *, int iCol);
const unsigned char *sqlite3_column_text(sqlite3_stmt *,
                                         int iCol);
const void *sqlite3_column_text16(sqlite3_stmt *, int iCol);
```

对每个函数,SQLite都会将字段值从存储类型转化为函数指定的结果类型。

(七)错误和意外

调用API函数可能会出错,有很多API函数返回整数结果码时,这表示它们可以返回错误码,SQLite API中定义了大约23种错误。在使用一个函数之前,应该仔细阅读关于该函数的说明,看它可能引发什么错误。SQLite API的返回码如表3-5所示:

表3-5 SQLite API的返回码

返回码	说明
SQLITE_OK	操作成功
SQLITE_ERROR	通常是SQL错误或缺少数据库。也可以根据错误情况获取更多有关信息
SQLITE_INTERNAL	内部逻辑错误
SQLITE_PERM	没有访问权限
SQLITE_ABORT	回调函数请求中止
SQLITE_BUSY	数据库文件被锁
SQLITE_LOCKED	数据库中的表被锁
SQLITE_NOMEM	数据库操作中对malloc()调用失败
SQLITE_READONLY	试图对只读数据库进行写操作
SQLITE_INTERRUPT	操作被sqlite3_interrupt()中止
SQLITE_IOERR	某种磁盘I/O错误发生
SQLITE_CORRUPT	数据库磁盘文件损坏。试图将非SQLite数据库文件打开也会出现同样的错误
SQLITE_CANTOPEN	SQLite无法打开数据库文件
SQLITE_PROTOCOL	数据库已锁或者协议错误
SQLITE_EMPTY	数据库表是空的
SQLITE_SCHEMA	数据库模式改变
SQLITE_CONSTRAINT	因为违法约束操作中止
SQLITE_MISMATCH	数据类型不匹配
SQLITE_MISUSE	程序库使用不正确。当SQLite API程序使用不正确时可能产生该错误
SQLITE_NOLFS	使用了本机器不支持的OS功能
SQLITE_AUTH	授权被否决。使用sqlite3_set_authorizer()安装回调函数时返回了SQLITE_DENY
SQLITE_ROW	sqlite3_step()另一行数据已经就绪
SQLITE_DONE	sqlite3_step()完成执行

所有能够返回这些码的函数包括：

```
sqlite3_bind_xxx( )
sqlite3_close( )
sqlite3_create_collation( )
sqlite3_collation_needed( )
sqlite3_create_function( )
sqlite3_prepare( )
sqlite3_exec( )
sqlite3_finalize( )
sqlite3_get_table( )
sqlite3_open( )
sqlite3_reset( )
sqlite3_step( )
sqlite3_transfer_bindings( )
```

第4章　可扩展标记语言(XML)

XML在各种系统开发中都被广泛应用,Android也不例外。作为承载数据的一个重要角色,如何读写XML成为Android开发中一项重要的技能。在学习Android如何解析XML之前,先掌握XML的基础知识是很有必要的。

4.1　什么是XML

XML是一种可扩展标记语言(Extensible Markup Language)。它是一种标记语言,类似于HTML,但XML被设计用于传输和存储数据,其焦点是数据的内容,而HTML被设计用来显示数据,其焦点是数据的外观。XML标签没有被预定义,需要自行定义标签,它被设计为具有自我描述性。对XML最恰当的描述是:XML是独立于软件和硬件的信息传输工具。

目前,XML在Web中起到的作用不会亚于一直作为Web基石的HTML。XML无所不在,它是各种应用程序之间进行数据传输的最常用的工具,并且在信息存储和描述领域变得越来越流行。

XML于1998年成为W3C的推荐标准。

XML应用于Web开发的许多方面,常用于简化数据的存储和共享。

1. XML把数据从HTML分离

如果需要在HTML文档中显示动态数据,那么每当数据改变时将花费大量的时间来编辑HTML。如果采用XML,数据能够存储在独立的XML文件中,这样就可以专注于使用HTML进行布局和显示,并确保修改底层数据不再需要对HTML进行任何的改变。只通过使用几行JavaScript,就可以读取一个外部XML文件,然后更新HTML中的数据内容。

2. XML简化数据共享

XML数据以纯文本格式进行存储,因此提供了一种独立于软件和硬件的数据存储方法,这让在创建不同应用程序时进行共享数据变得更加容易。

3. XML简化数据传输

通过XML,可以在不兼容的系统之间轻松地交换数据。对开发人员来说,其中一项最费时的挑战,是在因特网上的不兼容系统之间交换数据。由于可以通过各种不兼容的应用程序来读取数据,用XML来交换数据降低了这种复杂性。

4. XML 简化平台的变更

升级到新的系统，总是非常费时的。必须转换大量的数据，不兼容的数据经常会丢失。而 XML 数据以文本格式存储。这使得 XML 在不损失数据的情况下，更容易扩展或升级到新的操作系统、新应用程序或新的浏览器。

5. XML 使数据更便于使用

由于 XML 独立于硬件、软件以及应用程序，XML 使数据更可用，也更便于使用。不同的应用程序都能够访问数据，不仅仅在 HTML 页中，也可以从 XML 数据源中进行访问。通过 XML，数据可供各种阅读设备使用，如手持的计算机、语音设备、新闻阅读器等。

6. XML 用于创建新的 Internet 语言

很多新的 Internet 语言是通过 XML 创建的，其中的例子包括：XHTML(最新的 HTML 版本)、WSDL(用于描述可用的 web service)、WAP 和 WML(用于手持设备的标记语言)、RSS(用于 RSS feed 的语言)、RDF 与 OWL(用于描述资源和本体)、SMIL(用于描述针对 Web 的多媒体)等。

4.2　XML 树结构

XML 文档形成了一种树结构，它从“根部”开始，然后扩展到“枝叶”。

(一) XML 文档实例

一个 XML 文档实例如下：

```
< xml version="1.0" encoding="ISO-8859-1"? >
<note>
<to>George</to>
<from>John</from>
<heading>Reminder</heading>
<body>Don't forget the meeting! </body>
</note>
```

第一行是 XML 声明。它定义 XML 的版本 (1.0) 和所使用的编码(ISO-8859-1 = Latin-1/西欧字符集)。

下一行描述文档的根元素，说明“该文档是一个便签”：

```
<note>
```

接下来 4 行描述根的 4 个子元素，to、from、heading 及 body：

```
<to>George</to>
    <from>John</from>
<heading>Reminder</heading>
<body>Don't forget the meeting! </body>
```

最后一行定义根元素的结尾：

```
</note>
```

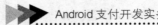

本例可以设想为，该 XML 文档包含了某人给另一人的一张便签。

(二) XML 文档形成一种树结构

XML 文档必须包含根元素，该元素是所有其他元素的父元素。

XML 文档中的元素形成了一棵文档树，这棵树从根部开始，并扩展到树的最底端。

所有元素均可拥有子元素：

```
<root>
<child>
<subchild>...</subchild>
</child>
</root>
```

父、子以及同胞等术语用于描述元素之间的关系。父元素拥有子元素，相同层级上的子元素成为同胞(即并列关系)。所有元素均可拥有文本内容和属性(类似 HTML)。

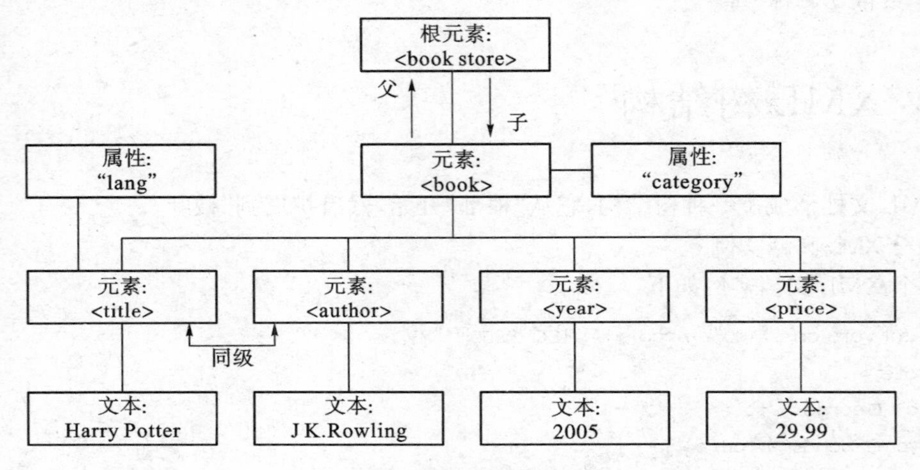

图 4-1　XML 树状结构示例

图 4-1 展示的是下面 XML 代码描述的一本书的结构：

```
<bookstore>
<book category="COOKING">
<title lang="en">Everyday Italian</title>
<author>Giada De Laurentiis</author>
<year>2005</year>
<price>30.00</price>
</book>
<book category="CHILDREN">
<title lang="en">Harry Potter</title>
<author>J K. Rowling</author>
<year>2005</year>
<price>29.99</price>
</book>
```

```
<book category="WEB">
<title lang="en">Learning XML</title>
<author>Erik T. Ray</author>
<year>2003</year>
<price>39.95</price>
</book>
</bookstore>
```

例子中的根元素是<bookstore>。

文档中的所有<book>元素都被包含在<bookstore>中。<book>元素有 4 个子元素：<title><author><year><price>。

4.3　XML 语法规则

(一) 所有 XML 元素都须有关闭标签

在 HTML，经常会看到没有关闭标签的元素：

```
<p>This is a paragraph
<p>This is another paragraph
```

在 XML 中，省略关闭标签是非法的，所有元素都必须有关闭标签：

```
<p>This is a paragraph</p>
<p>This is another paragraph</p>
```

说明： XML 声明没有关闭标签，这不是错误，声明不属于 XML 本身的组成部分。它不是 XML 元素，也不需要关闭标签。

(二) XML 标签对大小写敏感

XML 元素使用 XML 标签进行定义。

XML 标签对大小写敏感。在 XML 中，标签<Letter>与标签<letter>是不同的。

必须使用相同的大小写来编写打开标签和关闭标签：

```
<Message>这是错误的。</message>
<message>这是正确的。</message>
```

说明： 打开标签和关闭标签通常被称为开始标签和结束标签，它们的概念都是相同的。

(三) XML 必须正确地嵌套

在 HTML 中，常会看到没有正确嵌套的元素：

```
<b><i>This text is bold and italic</b></i>
```

在 XML 中，所有元素都必须彼此正确地嵌套：

```
<b><i>This text is bold and italic</i></b>
```

在上述代码中，正确嵌套的意思是：由于<i>元素是在<b>元素内打开的，所以它必须在<b>元素内关闭。

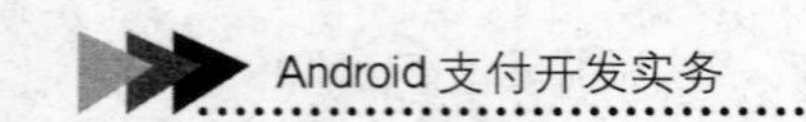

(四) XML文档必须有根元素

XML文档必须有一个元素是所有其他元素的父元素。该元素被称为根元素。XML文档示例如下：

```
<root>
<child>
<subchild>...</subchild>
</child>
</root>
```

(五) XML的属性值须加引号

与HTML类似，XML也可拥有属性。

在XML中，XML的属性值须加引号。下面的两个XML文档：

```
<note date=08/08/2015>
<to>George</to>
<from>John</from>
</note>
```

第一个是错误的。

```
<note date="08/08/2015">
<to>George</to>
<from>John</from>
</note>
```

第二个是正确的。

在第一个文档中的错误是，note元素中的date属性没有加引号。

(六) 实体引用

在XML中，一些字符拥有特殊的意义。

如果把字符“<”放在XML元素中，会发生错误，这是因为解析器会把它当作新元素的开始。例如，这样会产生XML错误：

```
<message>if salary < 1000 then</message>
```

为了避免这个错误，要用实体引用来代替“<”字符：

```
<message>if salary &lt; 1000 then</message>
```

在XML中，有5个预定义的实体引用(见表4-1)：

表4-1　预定义的实体引用

<	<	小于
>	>	大于
&	&	和号
'	'	单引号
"	"	引号

说明： 在 XML 中，只有字符“<”和“&”确实是非法的。大于号是合法的，但是用实体引用来代替它是更适合的做法。

(七) XML 中的注释

在 XML 中编写注释的语法与 HTML 的语法很相似：

```
<!-- This is a comment -->
```

(八) 在 XML 中，空格会被保留

HTML 会把多个连续的空格字符裁减、合并为一个：

```
HTML: Hello           my name is David.
输出: Hello my name is David.
```

在 XML 中，文档中的空格不会被删节。

(九) XML 以 LF 存储换行

在 Windows 应用程序中，换行时通常以一对字符来存储新行：回车符(CR)和换行符(LF)。这对字符与打字机设置新行的动作有相似之处。在 Unix 应用程序中，新行以 LF 字符存储。而 Macintosh 应用程序使用 CR 来存储新行。

4.4　XML 元素

(一) 什么是 XML 元素

XML 元素是指从开始标签直到结束标签的部分。元素可包含其他元素、文本或者两者的混合物。元素也可以拥有属性：

```
<bookstore>
<book category="CHILDREN">
<title>Harry Potter</title>
<author>J K. Rowling</author>
<year>2005</year>
<price>29.99</price>
</book>
<book category="WEB">
<title>Learning XML</title>
<author>Erik T. Ray</author>
<year>2003</year>
<price>39.95</price>
</book>
</bookstore>
```

在上述代码中，<bookstore>和<book>都拥有元素内容，因为它们包含了其他元素。<author>只有文本内容，因为它仅包含文本。只有<book>元素拥有属性(category="CHILDREN")。

（二）XML 命名规则

XML 元素必须遵循以下命名规则：

(1) 名称可以含字母、数字以及其他的字符。

(2) 名称不能以数字或者标点符号开始。

(3) 名称不能以字符“xml”(或者 XML、Xml)开始。

(4) 名称不能包含空格。

(5) 可使用任何名称，没有保留的字词。

命名习惯：

(1) 使名称具有描述性。使用下划线的名称也很不错。

(2) 名称应当比较简短，如<book_title>，而不是<the_title_of_the_book>。

(3) 避免“-”字符。如果按照这样的方式进行命名“first-name”，一些软件会认为需要提取第一个单词。

(4) 避免“.”字符。如果按照这样的方式进行命名“first. name”，一些软件会认为“name”是对象“first”的属性。

(5) 避免“:”字符。冒号会被转换为命名空间来使用。

(6) XML 文档经常有一个对应的数据库，其中的字段会对应 XML 文档中的元素。有一个实用的经验，即使用数据库的名称规则来命名 XML 文档中的元素。

(7) 非英语的字母比如 é、ò、á 也是合法的 XML 元素名，不过需要留意当软件开发商不支持这些字符时可能出现的问题。

（三）XML 元素是可扩展的

XML 元素是可扩展的，能携带更多的信息。

看下面这个 XML 示例：

```
<note>
<to>George</to>
<from>John</from>
<body>Don't forget the meeting! </body>
</note>
```

设想一下，我们创建了一个应用程序，可将<to><from>以及<body>元素提取出来，并产生以下的输出：

```
MESSAGE
To: George
From: John
Don't forget the meeting!
```

之后这个 XML 文档作者又向这个文档添加了一些额外的信息：

```
<note>
<date>2008-08-08</date>
<to>George</to>
<from>John</from>
```

```
<heading>Reminder</heading>
<body>Don't forget the meeting! </body>
</note>
```

那么这个应用程序会中断或崩溃吗？答案是不会。这个应用程序仍然可以找到 XML 文档中的<to><from>以及<body>元素，并产生同样的输出。

XML 的优势之一，就是可以经常在不中断应用程序的情况下进行扩展。

4.5　XML 属性

XML 元素可以在开始标签中包含属性，类似 HTML。属性(Attribute)提供关于元素的额外(附加)信息。

(一) XML 属性

在 HTML 代码<img src="computer.gif">中，"src"属性提供有关<img>元素的额外信息。

在 HTML 及 XML 中，属性提供有关元素的额外信息：

```
<img src="computer.gif">
<a href="demo.asp">
```

属性通常提供不属于数据组成部分的信息。在下面的代码中，文件类型与数据无关，但是对需要处理这个元素的软件来说却很重要：

```
<file type="gif">computer.gif</file>
```

(二) XML 属性必须加引号

属性值必须被引号包围，不过单引号和双引号均可使用。比如，一个人的性别，person 标签可以这样写：

```
<person sex="female">
```

或者也可以这样：

```
<person sex='female'>
```

说明：如果属性值本身包含双引号，那么有必要使用单引号包围它，就像这个代码：

```
<gangster name='George "Shotgun" Ziegler'>
```

或者可以使用实体引用：

```
<gangster name="George &quot;Shotgun&quot; Ziegler">
```

(三) XML 元素 vs. 属性

请看两面两个代码：

(1)
```
<person sex="female">
<firstname>Anna</firstname>
<lastname>Smith</lastname>
```

```
</person>
```

(2)

```
<person>
<sex>female</sex>
<firstname>Anna</firstname>
<lastname>Smith</lastname>
</person>
```

在第一个代码中,sex是一个属性。在第二个代码中,sex则是一个子元素。两个均可提供相同的信息。

没有什么规则可以告诉我们什么时候该使用属性,而什么时候该使用子元素。通常的经验是,在HTML中,使用属性比较便利,但是在XML中,应该尽量避免使用属性。如果信息与数据类似,那么应该使用子元素。

下面的三个XML文档包含完全相同的信息:

第一个文档中使用了date属性:

```
<note date="08/08/2015">
<to>George</to>
<from>John</from>
<heading>Reminder</heading>
<body>Don't forget the meeting! </body>
</note>
```

第二个文档中使用了date元素:

```
<note>
<date>08/08/2015</date>
<to>George</to>
<from>John</from>
<heading>Reminder</heading>
<body>Don't forget the meeting! </body>
</note>
```

第三个文档中使用了扩展的date元素:

```
<note>
<date>
<day>08</day>
<month>08</month>
<year>2015</year>
</date>
<to>George</to>
<from>John</from>
<heading>Reminder</heading>
<body>Don't forget the meeting! </body>
</note>
```

(四) 避免 XML 属性

下面是使用属性而引起的一些问题：

(1) 属性无法包含多重的值。

(2) 属性无法描述树结构。

(3) 属性不易扩展。

(4) 属性难以阅读和维护。

应尽量使用元素来描述数据，而只在提供与数据无关的信息时使用属性。

下面不是 XML 应该被使用的方式：

```
<note day="08" month="08" year="2008"
to="George" from="John" heading="Reminder"
body="Don't forget the meeting!">
</note>
```

(五) 针对元数据的 XML 属性

有的元素分配有 ID 引用。这些 ID 索引可用于标识 XML 元素，它的作用与 HTML 中 ID 属性是一样的。下面的代码向我们演示了这种情况：

```
<messages>
<note id="501">
<to>George</to>
<from>John</from>
<heading>Reminder</heading>
<body>Don't forget the meeting! </body>
</note>
<note id="502">
<to>John</to>
<from>George</from>
<heading>Re: Reminder</heading>
<body>I will not</body>
</note>
</messages>
```

上面的 ID 仅仅是一个标识符，用于标识不同的便签。它并不是便签数据的组成部分。

XML 属性存储的理念是：元数据即有关数据的数据，应当存储为属性，而数据本身应当存储为元素。

4.6　XML 验证

拥有正确语法的 XML 被称为“形式良好”的 XML，通过 DTD 验证的 XML 是“合法”的 XML。

(一) 形式良好的 XML 文档

“形式良好”或“结构良好”的 XML 文档拥有正确的语法。

"形式良好"的XML文档会遵守XML语法规则，例如：

```
< xml version="1.0" encoding="ISO-8859-1" >
<note>
<to>George</to>
<from>John</from>
<heading>Reminder</heading>
<body>Don't forget the meeting! </body>
</note>
```

（二）验证XML文档

合法的XML文档是"形式良好"的XML文档，同样遵守文档类型定义（DTD）的语法规则：

```
< xml version="1.0" encoding="ISO-8859-1" >
<! DOCTYPE note SYSTEM "Note.dtd">
<note>
<to>George</to>
<from>John</from>
<heading>Reminder</heading>
<body>Don't forget the meeting! </body>
</note>
```

在上述代码中，DOCTYPE声明是对外部DTD文件的引用。

（三）XML DTD

DTD的作用是定义XML文档的结构。它使用一系列合法的元素来定义文档结构：

```
<! DOCTYPE note [
<! ELEMENT note (to,from,heading,body)>
<! ELEMENT to      (#PCDATA)>
<! ELEMENT from      (#PCDATA)>
<! ELEMENT heading      (#PCDATA)>
<! ELEMENT body      (#PCDATA)>
]>
```

（四）XML Schema

W3C支持一种基于XML的DTD代替者，它的名字为XML Schema：

```
<xs:element name="note">

<xs:complexType>
<xs:sequence>
<xs:element name="to"    type="xs:string"/>
<xs:element name="from"    type="xs:string"/>
<xs:element name="heading"    type="xs:string"/>
<xs:element name="body"    type="xs:string"/>
```

```
</xs: sequence>
</xs: complexType>

</xs: element>
```

4.7　XML 命名空间(Namespaces)

XML 命名空间提供避免元素命名冲突的方法。

(一) 命名冲突

在 XML 中,元素名称是由开发者定义的,当两个不同的文档使用相同的元素名时,就会发生命名冲突。

下面这个 XML 文档携带着某个表格中的信息:

```
<table>
<tr>
<td>Apples</td>
<td>Bananas</td>
</tr>
</table>
```

而下面这个 XML 文档携带有关桌子的信息(一件家具):

```
<table>
<name>African Coffee Table</name>
<width>80</width>
<length>120</length>
</table>
```

由于两个文档都包含不同内容和定义的<table>元素,所以假如这两个 XML 文档被一起使用,就会发生命名冲突。XML 解析器无法确定如何处理这类冲突。可以使用以下方法避免这类冲突。

1. 使用前缀来避免命名冲突

下面文档带有某个表格中的信息:

```
<h: table>
<h: tr>
<h: td>Apples</h: td>
<h: td>Bananas</h: td>
</h: tr>
</h: table>
```

下面 XML 文档携带着有关一件家具的信息:

```
<f: table>
```

```
<f:name>African Coffee Table</f:name>
<f:width>80</f:width>
<f:length>120</f:length>
</f:table>
```

现在,命名冲突不存在了,这是由于两个文档都使用了不同的名称来命名它们的<table>元素(<h:table>和<f:table>)。通过使用前缀,我们创建了两种不同类型的<table>元素。

2. 使用命名空间(Namespaces)来避免命名冲突

下面这个 XML 文档携带着某个表格中的信息:

```
<h:table xmlns:h="http://www.w3.org/TR/html4/">
<h:tr>
<h:td>Apples</h:td>
<h:td>Bananas</h:td>
</h:tr>
</h:table>
```

下面 XML 文档携带着有关一件家具的信息:

```
<f:table xmlns:f="http://www.w3school.com.cn/furniture">
<f:name>African Coffee Table</f:name>
<f:width>80</f:width>
<f:length>120</f:length>
</f:table>
```

与仅仅使用前缀不同,我们为<table>标签添加了一个 xmlns 属性,这样就为前缀赋予了一个与某个命名空间相关联的限定名称。

(二) XML Namespace (xmlns)属性

XML 命名空间属性被放置于元素的开始标签之中,并使用以下的语法:

```
xmlns:namespace-prefix="namespaceURI"
```

当命名空间被定义在元素的开始标签中时,所有带有相同前缀的子元素都会与同一个命名空间相关联。

说明:用于标示命名空间的地址不会被解析器用于查找信息,其唯一的作用是赋予命名空间一个唯一的名称。不过,很多开发公司常常会将命名空间作为指针来使用,指向实际存在的网页,这个网页包含关于命名空间的信息。

(三) 默认的命名空间(Default Namespaces)

使用下面的语法,为元素定义默认的命名空间可以让我们省去在所有的子元素中使用前缀的工作:

```
xmlns="namespaceURI"
```

这个 XML 文档携带着某个表格中的信息:

```
<table xmlns="http://www.w3.org/TR/html4/">
```

```
<tr>
<td>Apples</td>
<td>Bananas</td>
</tr>
</table>
```

此XML文档携带着有关一件家具的信息：

```
<table xmlns="http://www.w3school.com.cn/furniture">
<name>African Coffee Table</name>
<width>80</width>
<length>120</length>
</table>
```

4.8　XML CDATA

所有XML文档中的文本均会被解析器解析，只有CDATA区段(CDATA section)中的文本会被解析器忽略。

(一) PCDATA

PCDATA是指被解析的字符数据(Parsed Character Data)。XML解析器通常会解析XML文档中所有的文本。当某个XML元素被解析时，其标签之间的文本也会被解析：

```
<message>此文本也会被解析</message>
```

解析器之所以这样，是因为XML元素可包含其他元素，就像这个代码中，其中的<name>元素包含着另外的两个元素first和last：

```
<name><first>Bill</first><last>Gates</last></name>
```

而解析器会把它分解为如下子元素：

```
<name>
<first>Bill</first>
<last>Gates</last>
</name>
```

(二) CDATA

CDATA是指不应由XML解析器进行解析的文本数据(Unparsed Character Data)。

在XML元素中，“<”和“&”是非法的。“<”会产生错误，因为解析器会把该字符解释为新元素的开始。“&”也会产生错误，因为解析器会把该字符解释为字符实体的开始。某些文本，如JavaScript代码，包含大量“<”或“&”字符。为了避免错误，可以将脚本代码定义为CDATA。CDATA部分中的所有内容都会被解析器忽略。

CDATA部分由“<![CDATA[”开始，由“]]>”结束：

```
<script>
<![CDATA[
function matchwo(a,b)
{
if (a < b && a < 0) then
  {
  return 1;
  }
else
  {
  return 0;
  }
}
]]>
</script>
```

在上面的代码中，解析器会忽略CDATA部分中的所有内容。

说明： CDATA部分不能包含字符串“]]>”，也不允许嵌套CDATA部分。标记CDATA部分结尾的“]]>”不能包含空格或折行。

4.9 把数据存储到XML文件

通常，我们在数据库中存储数据，不过，如果希望数据的可移植性更强，可以把数据存储在XML文件中。

（一）创建并保存XML文件

如果数据要被传送到非Windows平台上的应用程序，那么把数据保存在XML文件中是较便利的。XML有很强的跨平台可移植性，并且数据无需转换。首先，我们来学习如何创建并保存一个XML文件。

如果要将下面的这个XML文件命名为“test.xml”，并保存在服务器上的C目录中，我们需要使用ASP和微软的XMLDOM对象来创建并保存这个XML文件：

```
<%
Dim xmlDoc, rootEl, child1, child2, p
'创建XML文档
Set xmlDoc = Server.CreateObject("Microsoft.XMLDOM")
'创建根元素并将之加入文档
Set rootEl = xmlDoc.createElement("root")
xmlDoc.appendChild rootEl
'创建并加入子元素
Set child1 = xmlDoc.createElement("child1")
Set child2 = xmlDoc.createElement("child2")
rootEl.appendChild child1
```

```
rootEl.appendChild child2
'创建 XML processing instruction
'并把它加到根元素之前
Set p=xmlDoc.createProcessingInstruction("xml","version='1.0'")
xmlDoc.insertBefore p,xmlDoc.childNodes(0)
'把文件保存到 C 目录
xmlDoc.Save "c:\test.xml"
%>
```

如果打开这个被保存的文件,它会出现如下代码("test. xml"):

```
< xml version="1.0" >
<root>
<child1/>
<child2/>
</root>
```

(二) 表单实例

现在,我们来看一个表单实例。

首先看一下这个被用在例子中的 HTML 表单,下面的 HTML 表单要求用户输入他们的名字、国籍以及电子邮件地址。随后这些信息会被写到一个 XML 文件中,以便存储。代码如下:

```
<html>

<body>
<form action="saveForm.asp" method="post">
<h1>请输入您的联系信息:</h1>
<label>名字:</label>
<p><input type="text" id="firstName" name="firstName"></p>

<label>姓氏:</label>
<p><input type="text" id="lastName" name="lastName"></p>

<label>国家:</label>
<p><input type="text" id="country" name="country"></p>

<label>邮件:</label>
<p><input type="text" id="email" name="email"></p>

<p>
<input type="submit" id="btn_sub" name="btn_sub" value="Submit">
<input type="reset" id="btn_res" name="btn_res" value="Reset">
</p>
</form>
```

```
</body>

</html>
```

用于以上 HTML 表单的 action 被设置为"saveForm. asp"。"saveForm. asp"文件是一个 ASP 页面,可循环遍表单域,并把它们的值存储在一个 XML 文件中:

```
<%
dim xmlDoc
dim rootEl,fieldName,fieldValue,attID
dim p,i

'如果有错误发生,不允许程序终止
On Error Resume Next


Set xmlDoc = server.CreateObject("Microsoft.XMLDOM")
xmlDoc.preserveWhiteSpace = true

'创建并向文档添加根元素
Set rootEl = xmlDoc.createElement("customer")
xmlDoc.appendChild rootEl

'循环遍历 Form 集
for i = 1 To Request.Form.Count
  '除去表单中的 button 元素
  if instr(1,Request.Form.Key(i),"btn_") = 0 then
    '创建 field 和 value 元素,以及 id 属性
    Set fieldName = xmlDoc.createElement("field")
    Set fieldValue = xmlDoc.createElement("value")
    Set attID = xmlDoc.createAttribute("id")
    '把当前表单域的名称设置为 id 属性的值
    attID.Text = Request.Form.Key(i)
    '把 id 属性添加到 field 元素
    fieldName.setAttributeNode attID
    '把当前表单域的值设置为 value 元素的值
    fieldValue.Text = Request.Form(i)
    '将 field 元素作为根元素的子元素进行添加
    rootEl.appendChild fieldName
    '将 value 元素作为 field 元素的子元素进行添加
    fieldName.appendChild fieldValue
  end if
next

'添加 XML processing instruction
```

```
'并把它加到根元素之前
Set p = xmlDoc.createProcessingInstruction("xml","version='1.0'")
xmlDoc.insertBefore p,xmlDoc.childNodes(0)

'保存 XML 文件
xmlDoc.save "c:\Customer.xml"

'释放所有的对象引用
set xmlDoc=nothing
set rootEl=nothing
set fieldName=nothing
set fieldValue=nothing
set attID=nothing
set p=nothing

'测试是否有错误发生
if err.number<>0 then
  response.write("Error: No information saved.")
else
  response.write("Your information has been saved.")
end if
%>
```

说明：如果指定的 XML 文件名已经存在，那个文件会被覆盖。

XML 文件会由上面的代码生成，生成代码大致如下：

```
"Customer.xml"
< xml version="1.0">
<customer>
<field id="firstName">
<value>David</value>
</field>
<field id="lastName">
<value>Smith</value>
</field>
<field id="country">
<value>China</value>
</field>
<field id="email">
<value>mymail@myaddress.com</value>
</field>
</customer>
```

第5章　Android开发

5.1　Android系统简介

（一）Android系统

Android是一个专门针对移动设备的软件集，它包括一个操作系统、中间件和一些重要的应用程序。为了能够更好地理解Android系统是怎样工作的，我们首先了解一下它的系统架构。

Android大致可以分为四层架构：

（1）Linux内核层。

Android系统基于Linux 2.6内核，这一层为Android设备的各种硬件提供了底层的驱动，如显示驱动、音频驱动、照相机驱动、蓝牙驱动、Wi-Fi驱动、电源管理等。

（2）系统运行库层。

这一层通过一些C/C++库为Android系统提供了主要的特性支持。例如，SQLite库提供了数据库的支持，OpenGL|ES库提供了3D绘图的支持，Webkit库提供了浏览器内核的支持等。在这一层还有Android运行时库，它主要提供了一些核心库，能够允许开发者使用Java语言来编写Android应用。另外，Android运行时库中还包含了Dalvik虚拟机，它使得每一个Android应用都能运行在独立的进程当中，并且拥有一个自己的Dalvik虚拟机实例。相较于Java虚拟机，Dalvik是专门为移动设备定制的，它针对手机内存、CPU性能有限等情况做了优化处理。

（3）应用框架层。

这一层主要提供了构建应用程序时可能用到的各种API，Android自带的一些核心应用就是使用这些API完成的，开发者也可以通过使用这些API来构建自己的应用程序。

（4）应用层。

所有安装在手机上的应用程序都是属于这一层的，如系统自带的联系人、短信等程序，或者是从Google Play上下载的小游戏，当然还包括程序员自己开发的程序。

（二）Android应用开发特色

Android系统提供了以下内容，可以供我们开发应用程序：

（1）四大组件。

Android系统四大组件分别是活动（Activity）、服务（Service）、广播接收器（Broadcast

Receiver)和内容提供器(Content Provider)。其中活动是所有Android应用程序的门面,凡是在应用中看得到的东西,都是放在活动中的。而服务就比较隐蔽,我们无法看到它,但它会一直在后台默默地运行,即使用户退出了应用,服务仍然是可以继续运行的。广播接收器可以允许应用接收来自各处的广播消息,如电话、短信等,当然应用同样也可以向外发出广播消息。内容提供器则为应用程序之间共享数据提供了可能,比如,想要读取系统电话簿中的联系人,就需要通过内容提供器来实现。

(2) 丰富的系统控件。

Android系统为开发者提供了丰富的系统控件,使得我们可以轻松地编写出漂亮的界面。当然如果不满足于系统自带的控件效果,也完全可以定制属于自己的控件。

(3) SQLite数据库。

Android系统还自带了轻量级、运算速度极快的嵌入式关系型数据库。它不仅支持标准的SQL语法,还可以通过Android封装好的API进行操作,让存储和读取数据变得非常方便。

(4) 地理位置定位。

移动设备和PC相比起来,地理位置定位功能是很大的一个亮点。现在的Android手机都内置有GPS,走到哪里都可以定位到自己的位置。

(5) 强大的多媒体。

Android系统还提供了丰富的多媒体服务,如音乐、视频、录音、拍照、闹铃等,这一切都可以在程序中通过代码进行控制,让应用变得更加丰富多彩。

(6) 传感器。

Android手机中都会内置多种传感器,如加速度传感器、方向传感器等,这也是移动设备的一大特点。通过灵活地使用这些传感器,可以作出很多在PC上无法实现的应用。

5.2　Android Studio介绍

Android Studio是基于IntelliJ IDEA的官方Android应用开发的集成开发环境(IDE)。除了IntelliJ强大的代码编辑器和开发者工具,Android Studio提供了更多可提高Android应用构建效率的功能。

Google已宣布,为了简化Android的开发力度,重点建设Android Studio工具,将停止支持Eclipse等其他集成开发环境。而随着Android Studio正式版的推出和完善,Android开发者们转向Android Studio开发平台也将是大势所趋。

5.2.1　安装Android Studio

在安装Android Studio之前,首先需要为电脑安装Java JDK,有几点要注意:

(1) Android Studio要求JDK版本为JDK7或更高版本。

(2) 确认电脑操作系统是32位还是64位,下载对应的JDK版本:"Windows x86"——对应Windows 32位机器,"Windows x64"——对应Windows 64位机器。否则安装好Android Studio后,由于与JDK不匹配,打开时会报错。

(3) JDK的环境变量要配置好，否则打开Android Studio时会因为找不到JDK的路径同样报错。下面以Windows操作系统为例介绍安装方法：

① Google官网下载安装文件：android-studio-bundle-xxx-windows.exe。

② 双击安装文件，进入安装界面(见图5-1)。

③ 选择安装的插件(见图5-2)：

图5-1 Android Studio安装界面

图5-2 选择安装Android Studio插件

第一个是Android Studio主程序，必选。

第二个是Android SDK，也要选择。

第三个和第四个是虚拟机和虚拟机的加速程序，如果要在电脑上使用虚拟机调试程序，就要选择。完成后点击next。进入许可证协议界面[见图5-3(a)、5-3(b)]。

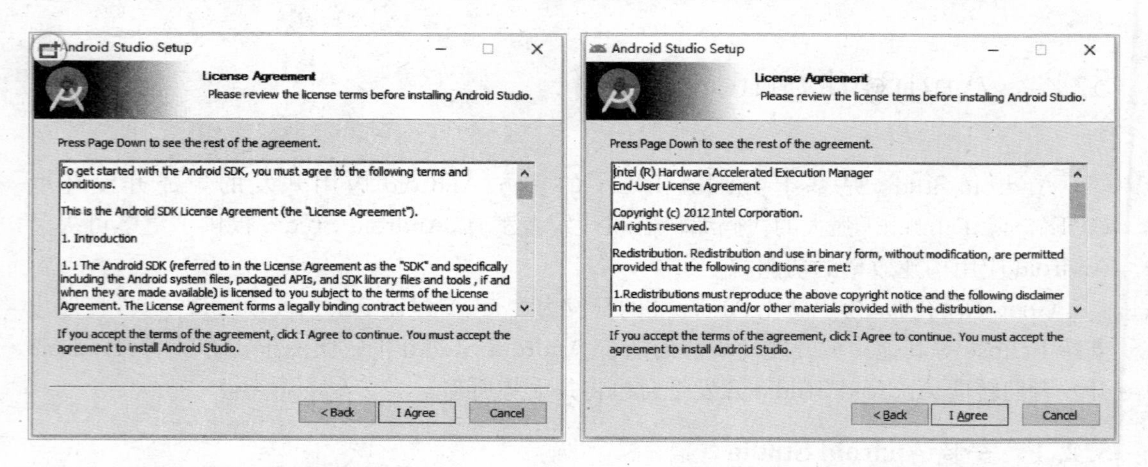

图5-3(a) 许可证协议界面一

图5-3(b) 许可证协议界面二

④ 选择Android Studio和SDK的安装目录(见图5-4)。

⑤ 设置虚拟机硬件加速器可使用的最大内存(见图5-5)。

如果电脑配置好，默认设置2G即可，如果配置普通，选1G较为合适，否则内存过大会影响其他软件运行。

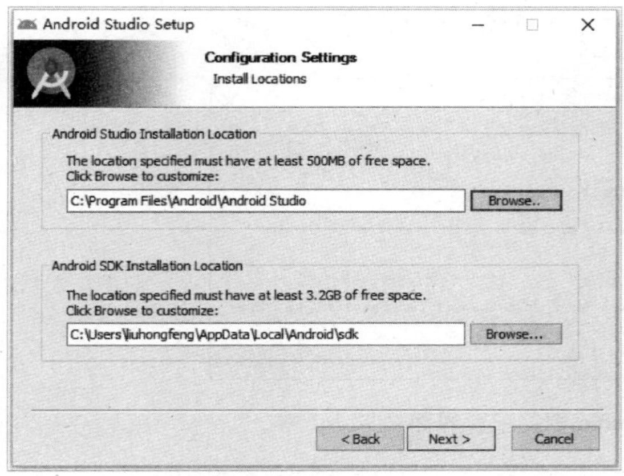

图 5-4　选择 Android Studio 和 SDK 安装目录

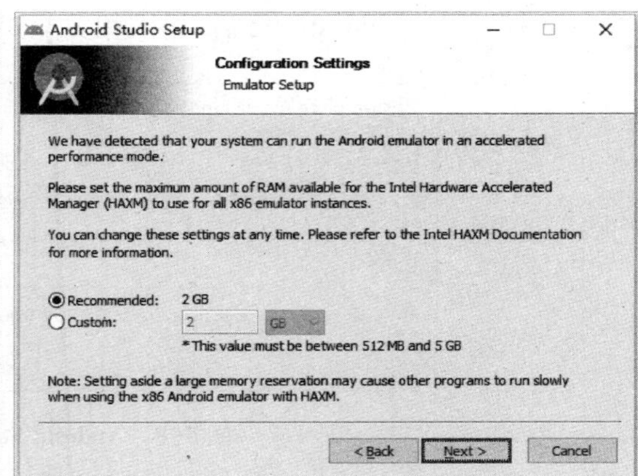

图 5-5　设置虚拟机硬件加速器可使用最大内存

⑥ 下一步，进入自动安装模式(见图 5-6)。

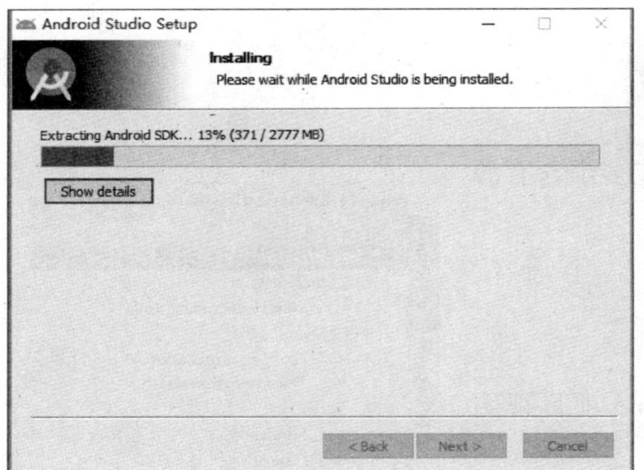

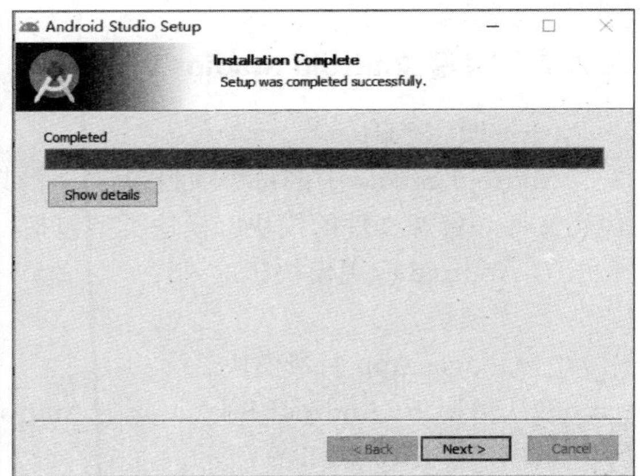

图 5-6　自动安装模式

一小段时间后你就会看到下面的界面(见图 5-7)，也就说明安装成功了。启动软件。

图 5-7　Android Studio 安装成功

⑦ 打开 Android studio 后，进入相关配置界面（见图 5-8）。

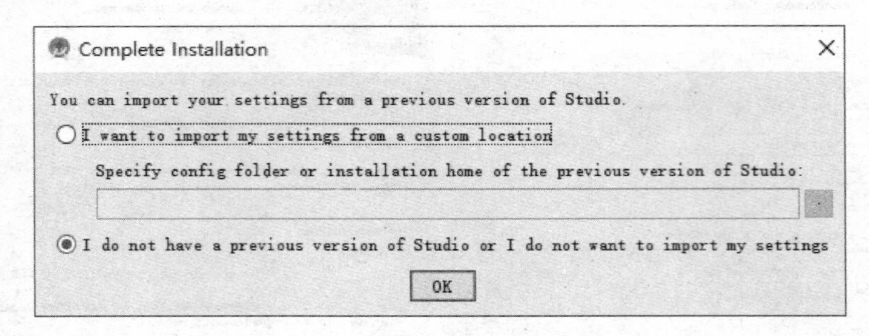

图 5-8 Android Studio 相关配置界面

这是用于导入 Android studio 的配置文件，如果是第一次安装，选择最后一项，不导入配置文件，然后点击“OK”即可。

⑧ 上一步完成后，就会进入检查 SDK 的更新情况页面。更新 SDK 后，整个安装过程结束。

5.2.2 探索 Android Studio

（一）项目结构

Android Studio 中的每个项目包含一个或多个含有源代码文件和资源文件的模块。模块类型包括：

① Android 应用模块。

② 库模块。

③ Google App 引擎模块。

默认情况下，Android Studio 会在 Android 项目视图中显示项目文件，如图 5-9 所示。

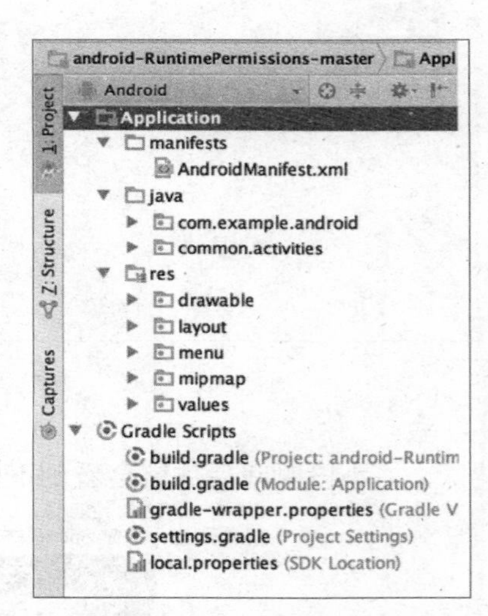

图 5-9 Android 视图中的项目文件

该视图按模块组织结构，方便快速访问项目的关键源文件。

所有构建文件在项目层次结构顶层 Gradle Scripts 下显示，且每个应用模块都包含以下文件夹：

manifests：包含 AndroidManifest. xml 文件。

Java：包含 Java 源代码文件，包括 JUnit 测试代码。

res：包含所有非代码资源，如 XML 布局、UI 字符串和位图图像。

磁盘上的 Android 项目结构与此扁平项目结构有所不同。要查看实际的项目文件结构，可从 Project 下拉菜单中（在图 5-9 中显示为 Android）选择 Project。

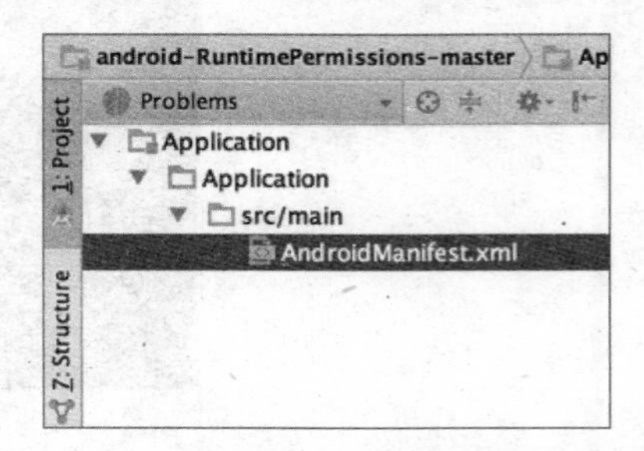

图 5-10 显示存在问题的布局文件

也可以自定义项目文件的视图，重点显示应用开发的特定方面。例如，选择项目的 Problems 视图会显示指向包含任何已识别编码和语法错误（如布局文件中缺失一个 XML 元素结束标记，见图 5-10）的源文件的链接。

(二) 用户界面

Android Studio 主窗口由图 5-11 标注的几个逻辑区域组成：

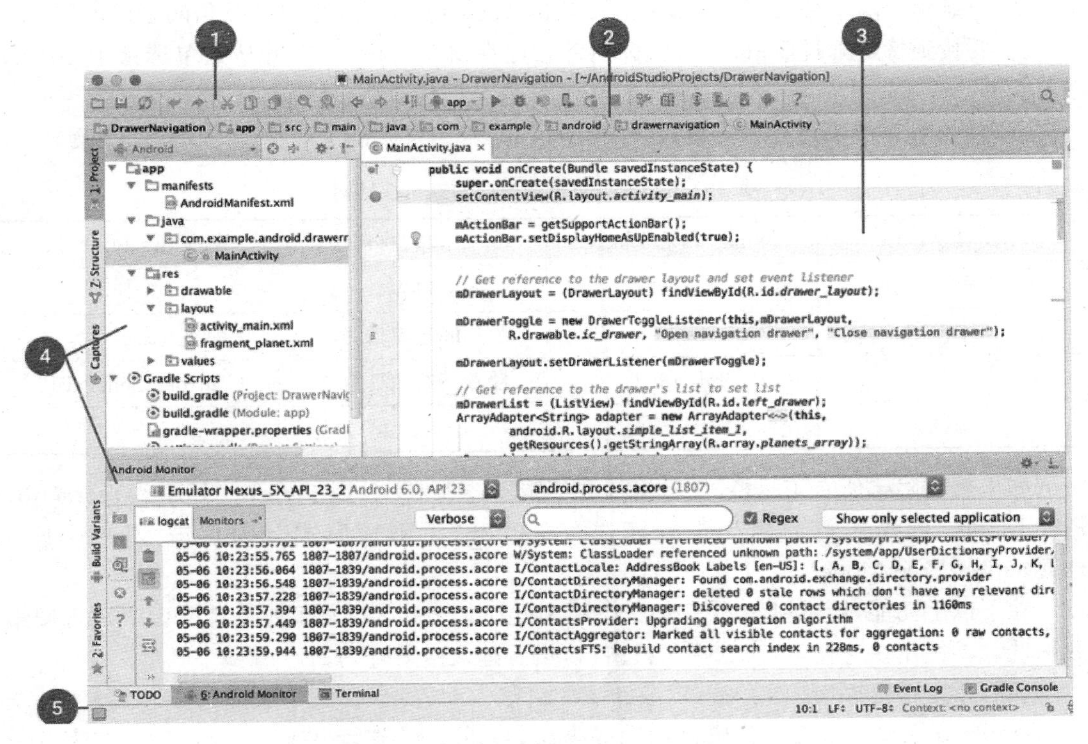

图 5-11　Android Studio 主窗口

① 工具栏，提供执行各种操作的工具，包括运行应用和启动 Android 的工具。

② 导航栏，可在项目中帮助导航，以及允许程序员打开文件进行编辑。此区域提供 Project 窗口所示结构的精简视图。

③ 编辑器窗口，是创建和修改代码的区域。编辑器可能因当前文件类型的不同而有所差异。例如，在查看布局文件时，编辑器显示布局编辑器。

④ 工具窗口，提供对特定任务的访问，如项目管理、搜索和版本控制等。可以展开和折叠这些窗口。

⑤ 状态栏，显示项目和 IDE 本身的状态，以及任何警告或消息。在状态栏中，可以通过隐藏或移动工具栏和工具窗口调整主窗口，以便留出更多屏幕空间，也可以使用键盘快捷键访问大多数 IDE 功能，还可以随时通过按两下 Shift 键或点击 Android Studio 窗口右上角的放大镜搜索源代码、数据库、操作和用户界面的元素等。这一功能非常实用，如果忘记如何触发特定 IDE 操作，可以利用此功能进行查找。

(三) 工具窗口

Android Studio 不使用预设窗口，而是根据情境在工作时自动显示相关工具窗口。默认情况下，最常用的工具窗口固定在应用窗口边缘的工具窗口栏上。

① 要展开或折叠工具窗口，须在工具窗口栏中点击该工具的名称。还可以拖动、固定、取消固定、关联和分离工具窗口。

② 要返回到当前默认工具窗口布局，须点击 Window→Restore Default Layout 或点击 Window→Store Current Layout as Default 自定义默认布局。

③ 要显示或隐藏整个工具窗口栏，须点击 Android Studio 窗口左下角的窗口图标 。

④ 要找到特定工具窗口，须将鼠标指针悬停在窗口图标上方，并从菜单选择中相应的工具窗口。

此外，也可以使用键盘快捷键打开工具窗口。表 5-1 列出了最常用的窗口快捷键。

表 5-1　部分实用工具窗口的键盘快捷键

工具窗口	Windows 和 Linux	工具窗口	Windows 和 Linux
项目	Alt+1	Android Monitor	Alt+6
版本控制	Alt+9	返回至编辑器	Esc
运行	Shift+F10	隐藏所有工具窗口	Control+Shift+F12
调试	Shift+F9		

如果想要隐藏所有工具栏、工具窗口和编辑器选项卡，须点击 View→Enter Distraction Free Mode。此操作可启用无干扰模式。要退出“无干扰模式”，须点击 View→Exit Distraction Free Mode。

除了以上功能，还可以使用快速搜索在 Android Studio 的大多数工具窗口中执行搜索和筛选。要使用快速搜索，应选择工具窗口，然后键入搜索查询。

（四）代码自动完成

Android Studio 有 3 种代码自动完成类型，可以使用键盘快捷键访问它们，如表 5-2 所示。

表 5-2　代码自动完成的键盘快捷键

类型	说明	Windows 和 Linux
基本自动完成	显示对变量、类型、方法和表达式等的基本建议。如果连续两次调用基本自动完成，将显示更多结果，包括私有成员和非导入静态成员。	Control+空格
智能自动完成	根据上下文显示相关选项。智能自动完成可识别预期类型和数据流。如果连续两次调用智能自动完成，将显示更多结果，包括链。	Control+Shift+空格
语句自动完成	自动完成当前语句，添加缺失的圆括号、大括号、花括号和格式化等。	Control+Shift+Enter

此外，还可以按“Alt+Enter”执行快速修复并显示建议的操作。

（五）Android Studio 操作技巧

以下是一些操作 Android Studio 的技巧：

① 使用最近文件操作，在最近访问的文件之间切换。按“Control+E”调出“最近文件”操作。默认情况下将选择最后一次访问的文件。在此操作中还可以通过左侧列访问任何工具窗口。

② 使用文件结构操作，查看当前文件的结构。按“Control＋F12”调出“文件结构”操作。可以使用此操作快速导航至当前文件的任何部分。

③ 使用导航至类操作，搜索并导航至项目中的特定类。按“Control＋N”调出此操作。“导航至类”支持复杂的表达式，包括驼峰、路径、直线导航和中间名匹配等。如果连续两次调用此操作，将显示项目类以外的结果。

④ 使用导航至文件操作，导航至文件或文件夹。按“Control＋Shift＋N”调出“导航至文件”操作。要搜索文件夹，但不搜索文件，须在表达式末尾添加“/”。

⑤ 使用导航至符号操作，按名称导航至方法或字段。按“Control＋Shift＋Alt＋N”调出“导航至符号”操作。

⑥ 按“Alt＋F7”查找引用当前光标位置处的类、方法、字段、参数或语句的所有代码片段。

(六) 样式和格式化

在编辑时，Android Studio 将自动应用代码样式设置中指定的格式设置和样式。可以通过编程语言自定义代码样式设置，包括指定选项卡和缩进、空格、换行、花括号以及空白行的约定。要自定义代码样式设置，可点击 File→Settings→Editor→Code Style。

虽然 IDE 会在工作时自动应用格式化，但也可以通过按“Control＋Alt＋L”显式调用重新格式化代码操作，或按“Control＋Alt＋I”自动缩进所有行。

格式化前的代码，如图 5-12 所示：

```
public void onCreate(Bundle savedInstanceState) {
        super.onCreate(savedInstanceState);
            setContentView(R.layout.activity_main);
      mActionBar = getSupportActionBar();
            mActionBar.setDisplayHomeAsUpEnabled(true);
```

图 5-12　格式化前的代码

格式化后的代码，如图 5-13 所示：

```
public void onCreate(Bundle savedInstanceState) {
    super.onCreate(savedInstanceState);
    setContentView(R.layout.activity_main);
    mActionBar = getSupportActionBar();
    mActionBar.setDisplayHomeAsUpEnabled(true);
                  Formatted 7 lines
                  Show reformat dialog: ⌥⇧⌘L
    // Get reference to the drawer layout and set event listener
```

图 5-13　格式化后的代码

(七) 版本控制基础知识

Android Studio 支持多个版本控制系统(VCS)，包括 Git、GitHub、CVS、Mercurial、Subversion 和 Google Cloud Source Repositories。

在将应用导入 Android Studio 后，可使用 Android Studio VCS 菜单选项启用对所需版本控制系统的 VCS 支持、创建存储库、导入新文件至版本控制以及执行其他版本控制操作：

(1) 在 Android Studio VCS 菜单中点击 Enable Version Control Integration。

(2) 从下拉菜单中选择要与项目根目录关联的版本控制系统，然后点击“OK”。

此时,VCS菜单将根据选择的系统显示多个版本控制选项。

说明:还可以使用 File→Settings→Version Control 菜单选项设置和修改版本控制设置。

(八) Gradle构建系统

Android Studio 基于 Gradle 构建系统,并通过 Android Gradle 插件提供更多面向 Android的功能。该构建系统可以作为集成工具从 Android Studio 菜单运行,也可从命令行独立运行。以下操作可以利用构建系统的功能执行:

① 自定义、配置和扩展构建流程。

② 使用相同的项目和模块为应用创建多个具有不同功能的 APK。

③ 在不同源代码集中重复使用代码和资源。

利用 Gradle 的灵活性,可以在不修改应用核心源文件的情况下实现以上所有目的。Android Studio 构建文件以 build. gradle 命名。这些文件是纯文本文件,使用 Android Gradle 插件提供的元素以 Groovy 语法配置构建。每个项目有一个用于整个项目的顶级构建文件,以及用于各模块的单独的模块层级构建文件。在导入现有项目时,Android Studio 会自动生成必要的构建文件。

(九) 调试和配置文件工具

Android Studio 可帮助调试和改进代码的性能,包括内联调试和性能分析工具。

① 内联调试。

使用内联调试功能在调试程序视图中对引用、表达式和变量值进行内联验证,可提高代码走查效率。内联调试信息包括:内联变量值、引用某选定对象的引用对象、方法返回值、Lambda 和运算符表达式、工具提示值。

要启用内联调试,可在 Debug 窗口中点击 Settings 并选中 Show Values Inline 复选框。

② 性能监视器。

Android Studio 提供性能监视器,可以更加轻松地跟踪应用的内存和 CPU 使用情况、查找已解除内存分配的对象、查找内存泄漏以及优化图形性能和分析网络请求。在设备或模拟器上运行应用时,要打开 Android Monitor 工具窗口,然后点击 Monitors 选项卡。

③ 堆转储。

在 Android Studio 中监控内存使用情况时,可以同时启动垃圾回收并将 Java 堆转储为 Android 专有 HPROF 二进制格式的堆快照文件。HPROF 查看器显示类、每个类的实例以及引用树,可以帮助跟踪内存使用情况,查找内存泄漏。

④ 分配跟踪器。

Android Studio 允许在监视内存使用情况的同时,跟踪内存分配情况。利用跟踪内存分配功能,可以在执行某些操作时监视对象被分配到哪些位置。了解这些分配后,可以相应地调整与这些操作相关的方法调用,从而优化应用的性能和内存使用。

⑤ 数据文件访问。

Systrace、Logcat 和 Traceview 等 Android SDK 工具可生成性能和调试数据,用于对应用进行详细分析。

要查看已生成的数据文件,请打开"Captures"工具窗口。在已生成的文件列表中,双击相应的文件即可查看数据。右键点击任何 .hprof 文件即可将其转换为标准 .hprof 文件

格式。

⑥ 代码检查。

每次编译程序时，Android Studio 都将自动运行已配置的 Lint 及其他 IDE 检查。

Lint 工具可检查 Android 项目源文件是否有潜在的错误，如图 5-14 所示。

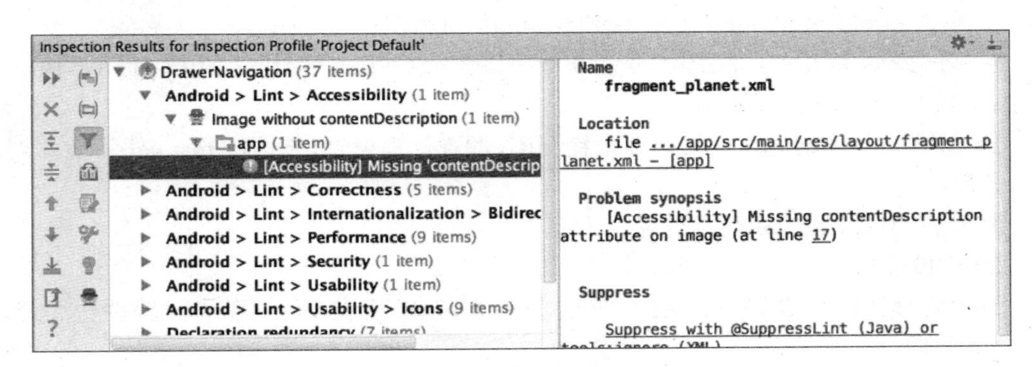

图 5-14　Android Studio 中 Lint 检查的结果

除了 Lint 检查，Android Studio 还可以执行 IntelliJ 代码检查和注解验证，以简化编码工作流程。

⑦ Android Studio 中的注解。

Android Studio 支持为变量、参数和返回值添加注解，以帮助捕捉错误，例如，Null 指针异常和资源类型冲突。Android SDK 管理器将支持注解库纳入 Android 支持存储库中，供与 Android Studio 结合使用。Android Studio 在代码检查期间验证已配置的注解。

⑧ 日志消息。

在使用 Android Studio 构建和运行应用时，可以点击窗口底部的 Android Monitor 查看 adb 输出和设备日志消息(logcat)。

如果想使用 Android 设备监视器调试应用，可以点击 Tools→Android→Android Device Monitor 启动设备监视器。设备监视器中提供全套的 DDMS 工具，可以使用这些工具进行应用分析和设备行为控制等操作。此外，该监视器还包括层次结构查看器工具，可帮助优化布局。

(十) 代理设置

1. 设置 Android Studio 代理

代理作为 HTTP 客户端和 Web 服务器之间的中间连接点，可提高互联网连接的安全性和隐私性。

要支持在防火墙后面运行 Android Studio，需要为 Android Studio IDE 和 SDK 管理器设置代理。使用 Android Studio IDE HTTP 代理可设置页面设置 Android Studio 的 HTTP 代理。SDK 管理器有单独的 HTTP 代理设置页面。

若从命令行或在未安装 Android Studio 的设备(如持续性集成服务器)上运行 Android Gradle 插件，则应在 Gradle 构建文件中设置代理。

说明：在初始安装 Android Studio 程序包后，可以通过互联网访问或脱机运行 Android Studio。但是，Android Studio 设置向导同步、第三方库访问、访问远程存储库、Gradle 初始化和同步以及 Android Studio 版本更新需要互联网连接。

要在 Android Studio 中设置 HTTP 代理，须执行以下操作：

① 在主菜单中选择 File→Settings→Appearance & Behavior，选择 System Settings，点击 HTTP Proxy。

② 在 Android Studio 中，打开"IDE Settings"对话框。

在 Windows 和 Linux 系统中，选择 File→Settings→IDE Setting，选择 HTTP Proxy。此时将出现 HTTP Proxy 页面。

③ 选择 auto-detection 使用自动配置 URL 配置代理设置，或选择 manual 手动输入每一项设置。

④ 点击 Apply 以启用代理设置。

2. SDK 管理器 HTTP 代理设置

SDK 管理器代理设置可启用代理互联网访问，以便在 SDK 管理器软件包中更新 Android 软件包和库。

要设置 SDK 管理器的代理互联网访问，要启动 SDK 管理器并打开 SDK 管理器页面。在 Windows 和 linux 系统中，从菜单栏选择"Tools→Options"。此时出现 Android SDK Manager 页面。输入设置并点击"Apply"。

5.2.3 管理项目

Android Studio 中的一个项目包含了为应用定义工作区所需的一切内容，从源代码和资源到测试代码和构建配置，应有尽有。当启动新项目时，Android Studio 会为所有文件创建所须结构，然后使其在 IDE 左侧的 Project 窗口中可见。

（一）模块

模块是源文件和构建设置的集合，它允许将项目分成不同的功能单元。项目可以包含一个或多个模块，并且一个模块可以将其他模块用作依赖项。每个模块都可以独立构建、测试和调试。

如果在自己的项目中创建代码库或者为不同的设备类型（如电话和穿戴式设备）创建不同的代码和资源组，但保留相同项目内的所有文件并共享某些代码，那么增加模块数量是非常有用的。

可以点击"File→New→New Module"，向项目中添加新模块。

Android Studio 提供了几种不同类型的模块。

1. Android 应用模块

Android 应用模块为应用的源代码、资源文件和应用级设置（如模块级构建文件和 Android 清单文件）提供容器。在创建新项目时，默认的模块名称是"APP"。

在 Create New Module 窗口中，Android Studio 提供了以下应用模块：

① Phone & Tablet Module。

② Android Wear Module。

③ Android TV Module。

④ Glass Module。

每种模块都提供了基础文件和一些代码模板，以适合对应的应用或设备类型。

2. 库模块

库模块为可重用代码提供容器，程序员可以将其用作其他应用模块的依赖项或者导入到其他项目中。库模块在结构上与应用模块相同，但在构建时，它将创建一个代码归档文件而不是 APK，因此无法安装到设备上。

在 Create New Module 窗口中，Android Studio 提供了以下库模块：

① Android 库：这种类型的库可以包含 Android 项目中支持的所有文件类型，包括源代码、资源和清单文件。构建结果是一个 Android 归档（AAR）文件，可以将其作为 Android 应用模块的依赖项添加。

② Java 库：此类型的库只能包含 Java 源文件。构建结果是一个 Java 归档（JAR）文件，程序员可以将其作为 Andriod 应用模块或其他 Java 项目的依赖项添加。

有时模块也被称为子项目，因为 Gradle 也将模块视为项目。例如，在创建库模块并且以依赖项的形式将其添加到 Android 应用模块时，必须按如下所示进行声明：

```
dependencies {
    compile project (':my-library-module')
}
```

（二）项目文件

默认情况下，Android Studio 会在 Android 视图中显示项目文件。此视图无法反映磁盘上的实际文件层次结构，而是按模块和文件类型组织，简化项目主要源文件之间的导航，同时将不常用的特定文件或目录隐藏。与磁盘上的结构相比，其结构变化包括：

① 在顶级 Gradle Script 组中显示项目中与构建相关的所有配置文件。

② 在模块级组中显示每个模块的所有清单文件。

③ 在一个组中显示所有备用资源文件，而不是按照资源限定符在不同的文件夹中显示。

在每个 Android 应用模块内，文件显示在以下组中：

① manifests，包含 AndroidManifest. xml 文件。

② Java，包含 Java 源代码文件（包括 JUnit 测试代码），这些文件按软件包名称分隔。

③ res，包含所有非代码资源，如 XML 布局、UI 字符串和位图图像，这些资源将分成对应的子目录。

（三）项目视图

要查看项目的实际文件结构包括 Android 视图下隐藏的所有文件，须从 Project 窗口顶部的下拉菜单中选择 Project。

选择 Project 视图后，会看到更多文件和目录。重要的一些文件和目录如下所示：

```
module-name/
build/
        包含构建输出。
libs/
      包含私有库。
src/
    包含模块的所有代码和资源文件，分为以下子目录：
```

androidTest/

包含在 Android 设备上运行的仪器测试的代码。

main/

包含“主”源集文件:所有构建变体共享的 Android 代码和资源。(其他构建变体的文件位于同级目录中,如调试构建类型的文件位于 src/debug/中)

AndroidManifest.xml

说明应用及其每个组件的性质。

Java/

包含 Java 源代码。

jni/

包含使用 Java 原生接口(JNI)的原生代码。

gen/

包含 Android Studio 生成的 Java 文件,如 R.Java 文件以及从 AIDL 文件创建的接口。

res/

包含应用资源,如可绘制对象文件、布局文件和 UI 字符串。

assets/

包含应原封不动地编译到 .apk 文件中的文件。

test/

包含在主机 JVM 上运行的本地测试的代码。

build.gradle(模块)

定义模块特定的构建配置。

build.gradle(项目)

定义适用于所有模块的构建配置。此文件已集成到项目中,因此您应当在所有其他源代码的修订控制中保留这个文件。

5.2.4 构建和运行应用

默认情况下,Android Studio 仅须点击几下,即可设置要部署至模拟器或物理设备的新项目。使用 Instant Run,无须构建新的 APK,就可以将更改推送至方法,将现有应用资源推送至正在运行的应用,所以几乎立刻就能看到代码更改。

要构建和运行应用,须点击“Run”。Android Studio 使用 Gradle 构建应用,会要求选择部署目标(模拟器或连接的设备),然后将应用部署至目标。可以通过更改运行配置自定义一些这样的默认行为,例如,选择自动部署目标。

如果想要使用 Android Emulator 行应用,需要准备好 Android Virtual Device (AVD)。如果尚未创建模拟器,点击“Run”后,要在 Select Deployment Target 对话框中点击“Create New Emulator”。按照 Virtual Device Configuration 向导操作,定义想要模拟的设备类型。如果正在使用物理 Android 设备,则需要在设备上启用 USB 调试。

说明:程序员也可以通过点击 Debug 在调试模式下部署应用。在调试模式下运行应用可以在代码中设置断点、在运行时检查变体和评估表达式,以及运行调试工具。

(一) 选择和构建不同模块

如果项目除默认应用模块之外还有多个模块,可以执行以下操作来构建特定模块:在 Project 面板中选择模块,然后点击“Build→Make Module”。

Android Studio 使用 Gradle 构建模块。模块构建后，如果已经为新应用或新设备构建了模块，就可以运行和调试模块。

要运行构建的应用模块，请执行以下操作：点击“Run→Run”，然后从 Run 对话框中选择模块。

(二) 更改运行/调试配置

运行/调试配置指定要运行的模块、要部署的软件包、要启动的行为、目标设备、模拟器设置、logcat 选项等。默认运行/调试配置会启动默认项目行为并使用 Select Deployment Target 对话框选择目标设备。

如果默认设置不适合项目或模块，可以自定义运行/调试配置，也可以在项目、默认和模块级别创建新配置。要编辑运行/调试配置，选择“Run→Edit Configurations”。

(三) 监控构建流程

可以通过点击 Gradle Console 来查看与构建流程相关的详细信息。控制台会显示为构建应用 Gradle 执行的每个任务，如图 5-15 所示。

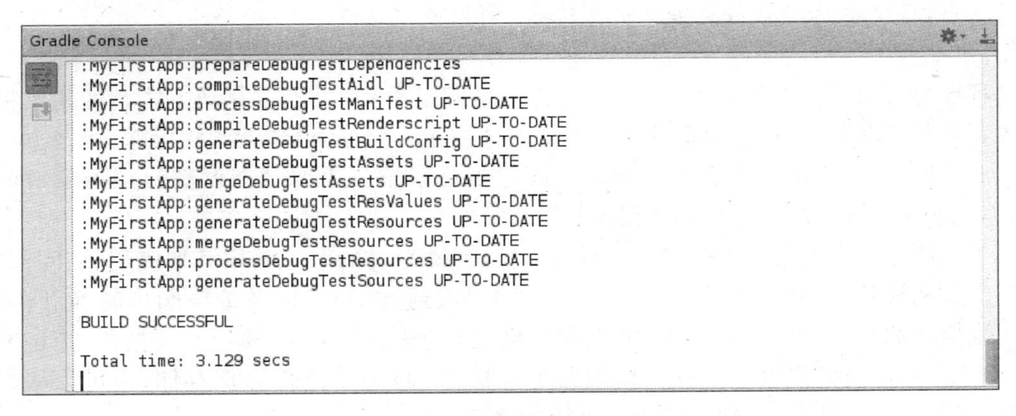

图 5-15 Android Studio 中的 Gradle 控制台

如果构建过程中出现错误，会出现 Messages 窗口，对问题进行具体描述。Gradle 会建议一些命令行选项来帮助解决问题，如—stacktrace 或—debug。

(四) 生成 APK

点击“Run”时，Android Studio 会生成调试 APK 并将其部署至目标设备。在生成用于公开分发的应用发布版本前，必须首先学习如何签署应用。然后，可以生成多个调试或发布构建变体的签署 APK。要定位生成的 APK 文件，可点击弹出对话框中的链接，如图 5-16 所示。

图 5-16 点击链接定位已生成的 APK 文件

(五) 在模拟器上运行应用

模拟器(Android Emulator)可以模拟设备并将其显示在开发计算机上。利用该模拟器，可以对 Android 应用进行原型设计、开发和测试，而无须使用硬件设备。模拟器支持 Android 电话、平板电脑、Android Wear 和 Android TV 设备，并随附一些预定义的设备类型，便于快速上手。程序员可以创建自己的设备定义和模拟器皮肤。

图 5-17　模拟器

Android Emulator 运行速度快，功能强大且丰富。模拟器传输信息的速度要比使用连接的硬件设备传输快，从而可以加快开发流程。多核特性让模拟器可以充分利用开发计算机上的多核处理器，进一步提升模拟器性能。

① 关于模拟器。

程序员可以在运行项目时在模拟器(见图 5-17)上启动应用，也可以将 APK 文件拖动到模拟器上，安装应用。与在硬件设备上一样，将应用安装到虚拟设备后，它将一直保持安装状态，直至将其卸载或替换。如果需要，可以测试多个应用。

程序员可以与模拟器互动，就像与硬件设备互动一样，只不过互动方式是使用鼠标与键盘、模拟器按钮和控件。模拟器支持虚拟硬件按钮和触摸屏，包括双指操作，以及方向键(D-pad)、轨迹球、方向轮和各种传感器。程序员可以根据需要动态调整模拟器窗口的大小、缩小放大、更改屏幕方向，甚至截图。

当在模拟器上运行应用时，它可以使用 Android 平台的服务调用其他应用、访问网络、播放音频和视频、接受音频输入、存储和检索数据、通知用户，以及渲染图形转换和主题。利用模拟器的控件，可以轻松发送来电和短信、指定设备的位置、模拟指纹扫描、指定网络速度和状态，以及模拟电池属性。模拟器可以模拟 SD 卡和内部数据存储，也可以将文件(如图形或数据文件)拖动到模拟器上进行存储。

② Android Virtual Device 配置。

模拟器使用 Android Virtual Device(AVD)配置确定被模拟设备的外观、功能和系统映像。利用 AVD，可以定义被模拟设备特定的硬件方面，也可以创建多个配置来测试不同的 Android 平台和硬件排列。

每个 AVD 都可以作为一台独立的设备工作，并拥有专用的用户数据存储空间、SD 卡等。当使用 AVD 配置启动模拟器时，它会从 AVD 目录自动加载用户数据和 SD 卡数据。默认情况下，模拟器将用户数据、SD 卡数据和缓存存储在 AVD 目录中。要创建和管理 AVD，可使用 AVD Manager。

③ 系统映像。

Android Emulator 运行完整的 Android 系统堆栈一直深入至内核级别，此堆栈包含一套预安装的应用(如拨号器)，可以从自己的应用访问这些应用。创建 AVD 时，可以选择要在模拟器中运行哪个版本的 Android 系统。

通过 AVD Manager 获得的 Android 系统映像，包含适用于 Android Linux 内核、原生库、VM 和各种 Android 软件包(如 Android 框架和预安装应用)的代码。

④ 不支持的功能。

Android Emulator 支持设备的大多数功能，不过虚拟硬件不包含以下功能：WLAN、蓝牙、NFC、SD卡插入/弹出、连接到设备的耳机、USB。

⑤ 在模拟器中运行应用。

程序员可以从 Android Studio 项目中运行应用，或者也可以运行已经安装到模拟器上的应用，就像在设备上运行任何应用一样。

要在项目中启动模拟器并运行应用，可执行以下操作：

① 打开一个 Android Studio 项目并点击"Run"。将显示 Select Deployment Target 对话框，如图5-18所示。

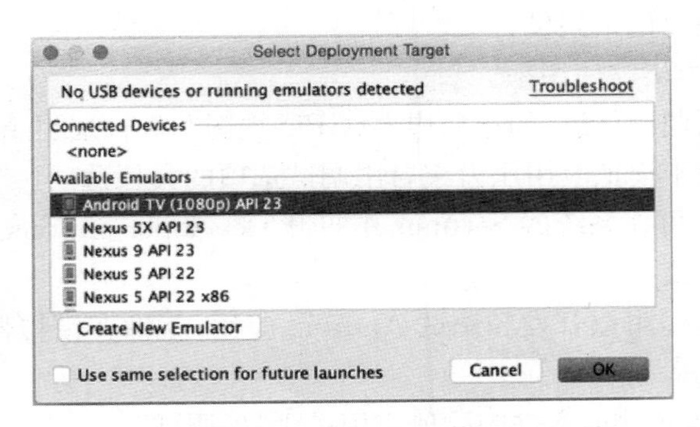

图5-18 Select Deployment Target 对话框

② 如果在对话框的顶部看到错误或警告消息，请点击链接，纠正问题或者了解更多信息。

"No USB devices or running emulators detected"警告表示当前未运行任何模拟器，或者检测到有硬件设备连接到计算机。如果未将硬件设备连接到计算机或者已经运行模拟器，可以忽略此警告。不过，必须修正某些错误才能继续，例如，某些 Hardware Accelerated Execution Manager (Intel® HAXM)错误。

③ 在 Select Deployment Target 对话框中，选择一个现有的模拟器定义，然后点击"OK"。

如果未看到想要使用的定义，请点击"Create New Emulator"以启动 AVD Manager。定义新的 AVD 后，在 Select Deployment Target 对话框中点击"OK"。

如果想要将此模拟器定义用作项目的默认设置，可选择"Use same selection for future launches"。

模拟器将启动并显示应用。

④ 在模拟器中测试应用。

⑤ 要关闭模拟器，可点击"Close"。

模拟器设备会存储已安装的应用，因此，可以根据需要再次运行。要移除应用，需要将其卸载。如果在相同的模拟器上重新运行项目，系统会使用新版本替换应用。

(六) 在硬件设备上运行应用

构建 Android 应用时，务必要先在真实的设备上测试应用，然后再向用户发布。下面介绍如何针对设备测试和调试设置开发环境和 Android 设备。

程序员可以将任何 Android 设备用作运行、调试和测试应用的环境。每次编译时，

SDK中包含的工具可以在设备上安装和运行应用，并且可以直接从Android Studio中将应用安装在设备上。

说明：在设备上开发时，仍应该使用Android Emulator在与真实设备不同的配置上测试应用。尽管模拟器无法测试每一种设备功能，但它仍然能够验证应用在不同版本的Android平台、不同的屏幕尺寸和屏幕方向等条件下是否可以正常运行。

1. 启用设备上的开发者选项

Android设备拥有众多可以在电话上访问的开发者选项，这些选项能够进行以下操作：

① 启用USB调试。

② 将错误报告快速记录到设备上。

③ 在屏幕上显示CPU使用率。

④ 在屏幕上绘制调试信息，如布局边界、GPU视图和硬件层更新等。

⑤ 还有很多有助于模拟应用压力或启用调试选项的其他选项。

要访问这些设置，可在系统的Settings中打开Developer options。

2. 面向开发设置设备

利用Android设备，可以开发和调试Android应用，就像在模拟器上一样。开始之前，需要先完成以下事项：

①在清单或build. gradle文件中验证应用是否"可调试"。

在构建文件中，确保debug构建类型中的debuggable属性设为true：

```
android {
  buildTypes {
    debug {
      debuggable true
    }
```

在AndroidManifest. xml文件中，将android:debuggable="true"添加到<application>元素中。

② 转到"Settings→Developer options"，在设备上启用USB调试。

③ 设置系统以检测设备。

如果在Windows上开发，则需要为ADB安装USB驱动程序。如果在Linux上开发，则需要为想要在开发中使用的每一种设备类型，添加一个包含USB配置的udev规则文件。在规则文件中，每一个设备制造商都由一个唯一的供应商ID(ATTR{idVendor}属性所指定)标识，表5-3列出了常见供应商ID。Linux上设置设备检测，可执行以下操作：

a. 以root身份登录，并创建文件：/etc/udev/rules. d/51-android. rules。

使用下面的格式将各个供应商添加到文件中：

```
SUBSYSTEM= ="usb", ATTR{idVendor}= ="0bb4", MODE="0666", GROUP="plugdev"
```

在本次操作中，供应商ID为HTC的ID。MODE赋值指定读/写权限，GROUP则定义哪个Unix组拥有设备节点。

b. 接下来执行以下代码：

chmod a+r /etc/udev/rules. d/51-android. rules

表 5-3 常见供应商 ID

公司	Usb 供应商 ID	公司	Usb 供应商 ID
Dell	413c	Lenovo	17ef
Foxconn	0489	LG	1004
Fujitsu	04c5	Motorola	22b8
Google	18d1	MTK	0e8d
Haier	201E	Sony	054c
HTC	0bb4	Teleepoch	2340
Huawei	12d1	ZTE	19d2

5.2.5 配置构建

Android 构建系统编译应用资源和源代码，然后将它们打包成可供测试、部署、签署和分发的 APK。Android Studio 使用 Gradle 这一高级构建工具包来自动化执行和管理构建流程，同时也允许定义灵活的自定义构建配置。每个构建配置均可自行定义一组代码和资源，同时对所有应用版本共有的部分加以重复利用。Android Plugin for Gradle 与这个构建工具包协作，共同提供专用于构建和测试 Android 应用的流程和可配置设置。

Gradle 和 Android 插件独立于 Android Studio 运行。这意味着，可以在 Android Studio 内使用计算机上的命令行工具，或在未安装 Android Studio 的计算机上构建 Android 应用。无论是从命令行、在远程计算机上还是使用 Android Studio 构建项目，构建的输出都相同。

（一）构建流程

构建流程涉及许多将项目转换成 Android 应用软件包（APK）的工具和流程。构建流程非常灵活，因此首先应了解它的一些底层工作原理。

如图 5-19 所示，典型 Android 应用模块的构建流程通常依循下列步骤：

① 编译器将源代码转换成 DEX（Dalvik Executable）文件，其中包括运行在 Android 设备上的字节码，将所有其他内容转换成已编译资源。

② APK 打包器将 DEX 文件和已编译资源合并成单个 APK。不过，必须先签署 APK，才能将应用安装并部署到 Android 设备上。

③ APK 打包器使用调试或发布密钥库签署 APK：

a. 如果构建的是调试版本的应用，即专用于测试和分析的应用，打包器会使用调试密钥库

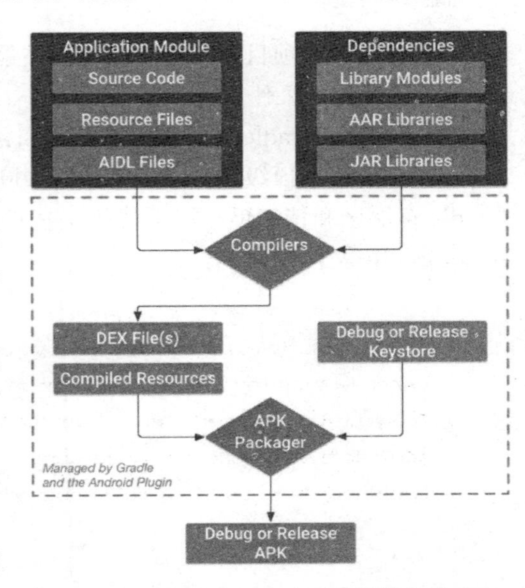

图 5-19 典型 Android 应用模块的构建流程

签署应用。Android Studio 会自动使用调试密钥库配置新项目。

b. 如果构建的是打算向外发布的发布版本应用，打包器会使用发布密钥库签署应用。

④ 在生成最终 APK 之前，打包器会使用 zipalign 工具对应用进行优化，减少其在设备上运行时的内存占用。

构建流程结束时，将获得可用来进行部署、测试的调试 APK，或者可用来发布给外部用户的发布 APK。

(二) 构建配置文件

创建自定义构建配置需要对一个或多个构建配置文件，或者 build. gradle 文件进行更改。这些纯文本文件使用域特定语言(DSL)以 Groovy 语言描述和操作构建逻辑，后者是一种适用于 Java 虚拟机(JVM)的动态语言。程序员无须了解 Groovy 便可开始配置构建，因为 Android Plugin for Gradle 引入了需要的大多数 DSL 元素。

开始新项目时，Android Studio 会自动创建其中的部分文件(见图 5-20)，并为它们填充合理的默认值。

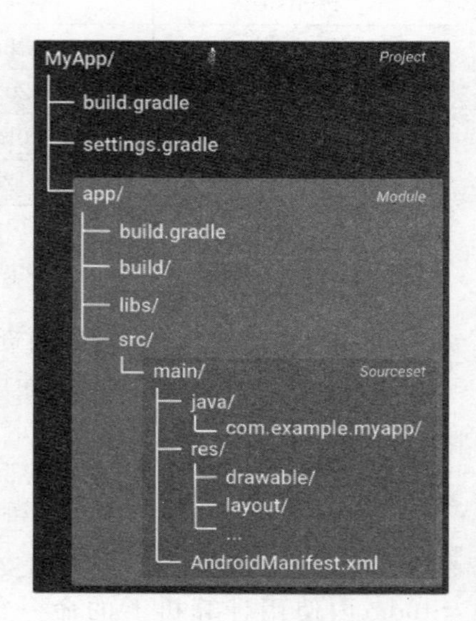

图 5-20　Android 应用模块的默认项目结构

有些 Gradle 构建配置文件是 Android 应用标准项目结构的组成部分。必须了解其中每一个文件的范围和用途及其应定义的基本 DSL 元素，才能着手配置构建。

1. Gradle 设置文件

settings. gradle 文件位于项目根目录，用于指示 Gradle 在构建应用时应将哪些模块包括在内。对大多数项目而言，该文件很简单，只包括以下内容：

```
include ':app'
```

不过，多模块项目需要指定应包括在最终构建之中的每个模块。

2. 顶级构建文件

顶级 build. gradle 文件位于项目根目录，用于定义适用于项目中所有模块的构建配置。默认情况下，这个顶级构建文件使用 buildscript{ }代码块来定义项目中所有模块共用的 Gradle 存储区和依赖项。以下代码描述的默认设置和 DSL 元素，可在新建项目后的顶级 build. gradle 文件中找到：

```
/**
 * The buildscript {} block is where you configure the repositories and
 * dependencies for Gradle itself--meaning, you should not include dependencies
 * for your modules here. For example, this block includes the Android plugin
 * forGradle as a dependency because it provides the additional instructions
 * Gradleneeds to build Android app modules.
 */

buildscript {
```

```
    /**
     * The repositories {} block configures the repositories Gradle uses to
     * search or download the dependencies. Gradle pre-configures support for
     * remoterepositories such as JCenter, Maven Central, and Ivy.
     * You can also use localrepositories or define your own remote
     * repositories. The code below definesJCenter as the repository Gradle
     * should use to look for its dependencies.
     */

    repositories {
        jcenter()
    }

    /**
     * The dependencies {} block configures the dependencies Gradle needs to
     * useto build your project. The following line adds Android Plugin for
     * Gradleversion 2.2.3 as a classpath dependency.
     */

    dependencies {
        classpath 'com.android.tools.build:gradle:2.2.3'
    }
}

/**
 * The allprojects {} block is where you configure the repositories and
 * dependencies used by all modules in your project, such as third-party plugins
 * or libraries. Dependencies that are not required by all the modules in the
 * project should be configured in module-level build.gradle files. For new
 * projects, Android Studio configures JCenter as the default repository, but
 * itdoes not configure any dependencies.
 */

allprojects {
   repositories {
       jcenter()
   }
}
```

3. 模块级构建文件

模块级 build. gradle 文件位于每个<project>/<module>/目录，用于配置适用于其所在模块的构建设置。可以通过配置这些构建设置来提供自定义打包选项，以及替换

main/应用清单或顶级 build. gradle 文件中的设置。

以下这个代码中，Android 应用模块 build. gradle 文件概述了应该了解的部分基本 DSL 元素和设置：

```
/**
 * The first line in the build configuration applies the Android plugin for
 * Gradle to this build and makes the android {} block available to specify
 * Android-specific build options.
 */

apply plugin: 'com.android.application'

/**
 * The android {} block is where you configure all your Android-specific
 * build options.
 */

android {

  /**
   * compileSdkVersion specifies the Android API level Gradle should use to
   * compile your app. This means your app can use the API features included
  * inthis API level and lower.
   * buildToolsVersion specifies the version of the SDK build tools,
 * command-lineutilities, and compiler that Gradle should use to build your
   * app. You need todownload the build tools using the SDK Manager.
   */

  compileSdkVersion 25
  buildToolsVersion "25.0.0"

  /**
   * The defaultConfig {} block encapsulates default settings and entries for
   * allbuild variants, and can override some attributes in
   * main/AndroidManifest.xml
   * dynamically from the build system. You can configure product flavors to
   * overridethese values for different versions of your app.
   */

  defaultConfig {

    /**
     * applicationId uniquely identifies the package for publishing.
```

```
     * However, your source code should still reference the package name
     * defined by the package attribute in the main/AndroidManifest.xml file.
     */

    applicationId 'com.example.myapp'

    // Defines the minimum API level required to run the app.
    minSdkVersion 15

    // Specifies the API level used to test the app.
    targetSdkVersion 25

    // Defines the version number of your app.
    versionCode 1

    // Defines a user-friendly version name for your app.
    versionName "1.0"
  }

  /**
   * The buildTypes {} block is where you can configure multiple build types.
   * By default, the build system defines two build types: debug and release.
   * Thedebug build type is not explicitly shown in the default build
   * configuration, but it includes debugging tools and is signed with the
   * debug key. The releasebuild type applies Proguard settings and is not
   * signed by default.
   */

  buildTypes {

    /**
     * By default, Android Studio configures the release build type to enable
     * codeshrinking, using minifyEnabled, and specifies the Proguard
     * settings file.
     */

    release {
        minifyEnabled true // Enables code shrinking for the release build type.
        proguardFiles getDefaultProguardFile('proguard-android.txt'),
        'proguard-rules.pro'
    }
  }
```

```
    /**
     * The productFlavors {} block is where you can configure multiple product
     * flavors. This allows you to create different versions of your app that
     * canoverride defaultConfig {} with their own settings. Product flavors
     * areoptional, and the build system does not create them by default.
     * This examplecreates a free and paid product flavor. Each product flavor
     * then specifiesits own application ID, so that they can exist on the
     * Google Play Store, oran Android device, simultaneously.
     */

    productFlavors {
      free {
        applicationId 'com.example.myapp.free'
      }
      paid {
        applicationId 'com.example.myapp.paid'
      }
    }

    /**
     * The splits {} block is where you can configure different APK builds that
     * each contain only code and resources for a supported screen density or
     * ABI. You'll also need to configure your build so that each APK has a
     * different versionCode.
     */

    splits {
      // Screen density split settings
      density {

        // Enable or disable the density split mechanism
        enable false

        // Exclude these densities from splits
        exclude "ldpi", "tvdpi", "xxxhdpi", "400dpi", "560dpi"
      }
    }
  }

  /**
   * The dependencies {} block in the module-level build configuration file
   * only specifies dependencies required to build the module itself.
   */
```

```
dependencies {
    compile project(":lib")
    compile 'com.android.support:appcompat-v7:25.1.0'
compile fileTree(dir: 'libs', include: ['*.jar'])
}
```

（三）Gradle 属性文件

Gradle 还包括两个属性文件，位于项目根目录，可用于指定适用于 Gradle 构建工具包本身的设置：

① gradle. properties，程序员可以在其中配置项目范围 Gradle 设置，例如，Gradle 后台进程的最大堆大小。

② local. properties，可用于构建系统配置本地环境属性，例如，SDK 安装路径。由于该文件的内容由 Android Studio 自动生成并且专用于本地开发者环境，因此不应手动修改该文件，或将其纳入版本控制系统。

5.2.6　调试应用

Android Studio 自带的调试程序能够对运行在 Android Emulator 或相连 Android 设备上的应用进行调试。有了 Android Studio 调试程序，可以：

① 选择用来调试应用的设备。

② 在 Java 和 C/C++代码中设置断点。

③ 在运行时检查变量和对表达式求值。

④ 捕获应用的屏幕截图和视频。

要开始调试，可点击工具栏中的"Debug"。Android Studio 会构建一个 APK，用调试密钥签署它，将其安装在选择的设备上，然后运行它并打开 Debug 窗口，如图 5-21 所示。如果向项目添加 C 和 C++代码，Android Studio 还会在 Debug 窗口中运行 LLDB 调试程序来调试原生代码。

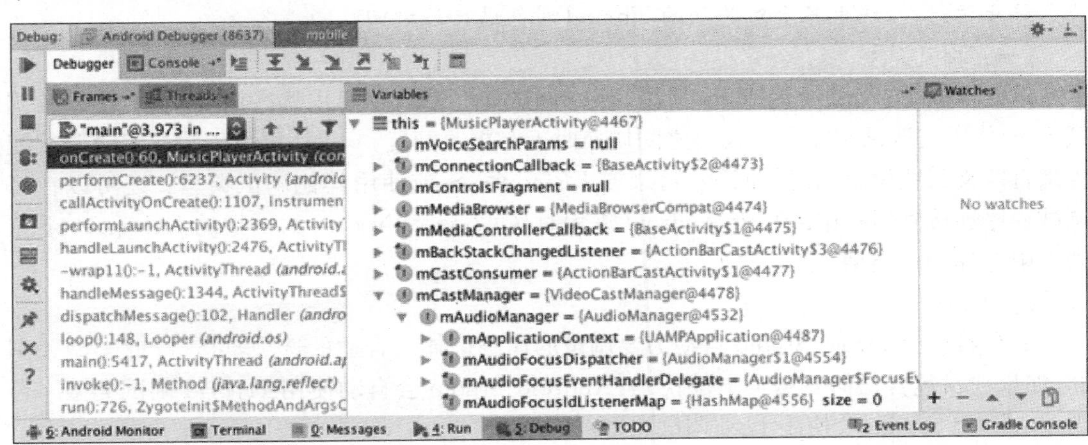

图 5-21　Debug 窗口

如果点击"Debug"后，Select Deployment Target 窗口中未出现任何设备，则需要连接设备，或点击"Create New Emulator"来建立 Android Emulator。

如果应用已运行在连接的设备或模拟器上，就可以按下述步骤开始调试了：

① 点击"Attach debugger to Android process"。

② 在 Choose Process 对话框中，选择想将调试程序连接到的进程。

默认情况下，调试程序显示当前项目的设备和应用进程，以及计算机上所有已连接的硬件设备或虚拟设备。选择"Show all processes"可显示所有设备上的全部进程；举例来说，显示的内容包括应用创建的所有服务以及系统进程。可以从 Debugger 菜单中选择其他调试类型。默认情况下，Android Studio 使用 Auto 调试类型，根据项目包含 Java 还是 C/C++代码选择最适合调试程序选项。

③ 点击"OK"。出现 Debug 窗口(见图 5-22)。在上述步骤中，注意 Debug 窗口标题右侧的两个标签：一个标签用于调试原生代码，另一个用于调试 Java 代码(以-Java 表示)。

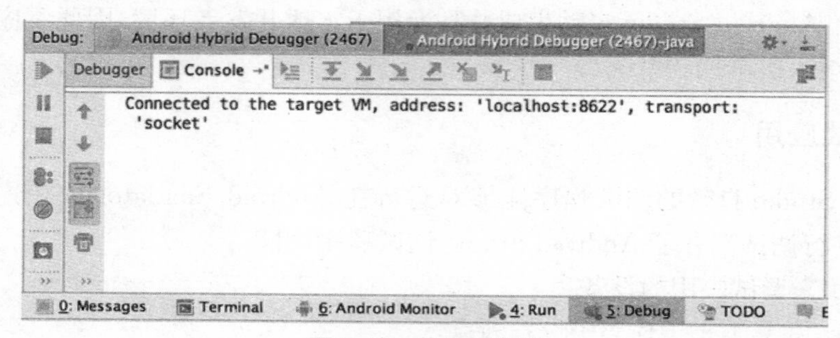

图 5-22　Debug 窗口

独立的调试会话具有独立的标签和不同的端口号，显示在标签内的括号中。

④ 要结束调试会话，点击该会话的标签，然后点击"Terminate"。

说明：Android Studio 调试程序与垃圾回收器采用松散集成。Android 虚拟机可保证在调试程序断开连接后，才对调试程序发现的任何对象进行垃圾回收。这可能导致调试程序处于连接状态时对象累积过多。例如，如果调试程序发现某个运行中的线程，即便该线程已终止运行，系统也不会对关联的 Thread 对象进行垃圾回收。

(一) 调试类型

默认情况下，Android Studio 使用 Auto 调试类型来决定使用哪些调试程序，因此在调试 Java 代码与调试 C/C++代码之间切换时不必更改配置。不过，可以创建或编辑调试配置来自定义某些设置，如添加符号目录或 LLDB 命令，或使用其他调试类型。还可以在将调试程序连接到运行中的某个 Android 进程时从 Choose Process 对话框的 Debugger 下拉列表中选择调试类型。

① Auto。

如果希望 Android Studio 自动为要调试的代码选择最合适的选项，可选择此类型。例如，如果项目包含任何 C 或 C++代码，Android Studio 会自动使用 Hybrid 调试类型。否则，Android Studio 会使用 Java 调试类型。

② Java。

如果只想调试以 Java 编写的代码，可选择此类型——Java 调试程序会忽略在原生代码

中设置的任何断点或监视。

③ Native。

如果只想使用LLDB来调试代码，可选择此类型。使用此调试类型时，Java调试程序会话视图不可用。默认情况下，LLDB只检查原生代码，而会忽略Java代码中的断点。如果也想调试Java代码，则应切换到Auto或Hybrid调试类型。

④ Hybrid。

如果想在调试Java代码与调试原生代码之间切换，可用此类型。Android Studio会将Java调试程序和LLDB都连接到应用进程，一个用于Java调试程序，一个用于LLDB，这样一来，不必重新启动应用或更改调试配置，便可同时对Java代码和原生代码中的断点进行检查。

（二）使用系统日志

系统日志会在调试应用时显示系统消息。这些消息包括运行在设备上的应用产生的信息。如果想利用系统日志来调试应用，须确保代码能够在应用处于开发阶段时写入日志消息和打印针对异常的堆叠追踪。

要在代码中写入日志消息，使用Log类。日志消息可帮助了解执行流程，它会在与应用交互时收集系统调试输出。日志消息可以告诉我们应用的哪个部分出现了故障。

下列代码展示了如何通过添加日志消息，来确定Activity启动时先前状态信息是否可用：

```
import android.util.Log;
...
public class MyActivity extends Activity {
    private static final String TAG = MyActivity.class.getSimpleName();
    ...
    @Override
    public void onCreate(Bundle savedInstanceState) {
        if (savedInstanceState ! = null) {
            Log.d(TAG, "onCreate() Restoring previous state");
            /* restore state */
        } else {
            Log.d(TAG, "onCreate() No saved state available");
            /* initialize app */
        }
    }
}
```

开发期间，下列代码还可以捕获异常并将堆叠追踪写入系统日志：

```
void someOtherMethod() {
    try {
        ...
    } catch (SomeException e) {
        Log.d(TAG, "someOtherMethod()", e);
    }
}
```

说明:当已准备好发布应用时,需要从代码中移除调试日志消息和堆叠追踪打印调用。可以通过设置一个 DEBUG 标志,并将调试日志消息放入条件语句,来实现移除。

(三) 查看系统日志

Android DDMS (Dalvik Debug Monitor Server) 和 Android Monitor 窗口均显示系统以及任何特定应用进程产生的日志,如图 5-23 所示。要在 Android DDMS 工具窗口中查看系统日志,可执行以下操作:

① 按在调试模式下运行应用中所述内容启动应用。

② 点击"Android Monitor"。

③ 如果 Logcat 视图中的系统日志为空,点击"Restart"。

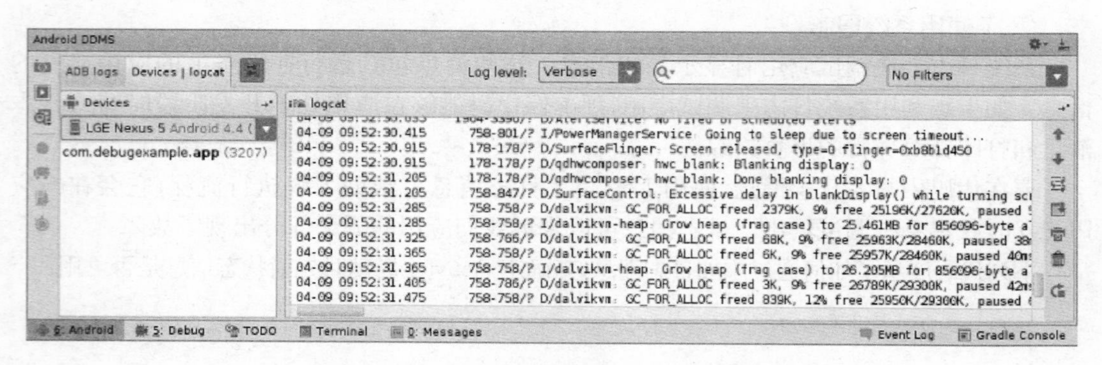

图 5-23 Android DDMS 工具窗口中的系统日志

可以通过 Android DDMS 工具窗口访问 Android Studio 中提供的一些 DDMS 功能。

系统日志显示的消息来自 Android 服务以及其他 Android 应用。要过滤日志消息,只查看感兴趣的内容,可使用 Android DDMS 窗口中的工具:

① 只显示特定进程的日志消息,可在 Devices 视图中选择该进程,然后点击"Only Show Logcat from Selected Process"。如果 Devices 视图不可用,可点击 Android DDMS 工具窗口右侧的"Restore Devices View"。只有在隐藏了 Devices 窗口时才会出现该按钮。

② 按日志级别过滤日志消息,可从 Android DDMS 窗口顶部的 Log Level 下拉列表中选择一个级别。

③ 只显示包含特定字符串的日志消息,可在搜索框中输入字符串,然后按"Enter"。

(四) 使用断点

Android Studio 支持使用若干类型的断点,来触发不同的调试操作。最常见的类型是在指定代码行暂停应用执行的行断点。暂停时,可以检查变量,对表达式求值,然后继续逐行执行,以确定运行时错误的原因。

如图 5-24 所示,要添加行断点,可按如下所述操作:

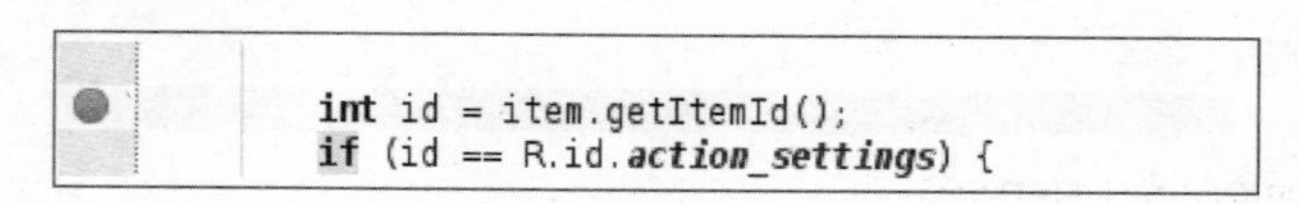

图 5-24 添加行断点

(1) 找到想暂停执行的代码行,然后点击该代码行的左侧空白处,或将光标置于代码行

上，然后按“Ctrl+F8”。

(2) 如果应用已处于运行状态，不必更新应用便可添加断点——只须点击“Attach debugger to Android proccess”。否则，请点击“Debug”开始调试。

当代码执行到达该断点时，Android Studio 会暂停应用的执行。可以随后使用 Debugger 标签中的工具来确定应用的状态：

① 检查变量的对象树，可在 Variables 视图中将其展开。如果 Variables 视图不可见，点击“Restore Variables View”。

② 在当前执行点对某个表达式求值，点击“Evaluate Expression”。

③ 前进到下一行代码而不进入方法，点击“Step Over”。

④ 前进到方法调用内的第一行，点击“Step Into”。

⑤ 前进到当前方法之外的下一行，点击“Step Out”。

⑥ 让应用继续正常运行，点击“Resume Program”。

如果项目使用了原生代码，默认情况下，Auto 调试类型会将 Java 调试程序和 LLDB 两者都作为独立进程连接到应用，这样一来，无须重新启动应用或更改设置，便可在检查 Java 断点与 C/C++断点之间进行切换。

说明：要想让 Android Studio 检测到 C 或 C++代码中的断点，需要使用支持 LLDB 的调试类型，如 Auto、Native 或 Hybrid。可以通过编辑调试配置来更改 Android Studio 使用的调试类型。

Android Studio 将应用部署到目标设备时，Debug 窗口打开后会为每个调试程序进程显示一个标签或调试会话视图，如图 5-25 所示。

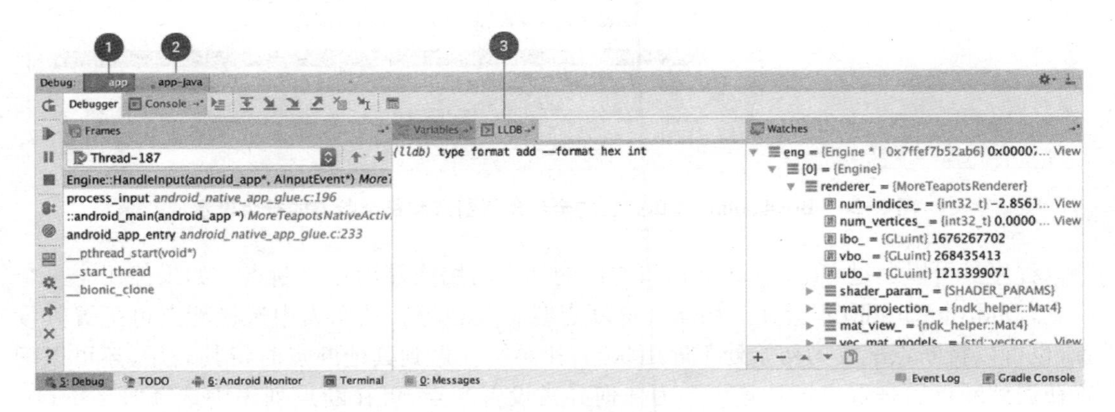

图 5-25　使用 LLDB 调试原生代码

① 当 LLDB 调试程序遇到 C/C++代码中的断点时，Android Studio 会自动切换到<your-module>标签。还会显示 Frames、Variables 和 Watches 窗格，其作用与调试 Java 代码时完全相同。尽管 LLDB 会话视图中未出现 Threads 窗格，但可以利用 Frames 窗格中的下拉列表访问应用进程。

说明：检查原生代码中的断点时，Android 系统会暂停运行应用的 Java 字节码的虚拟机。这意味着，在检查原生代码中的断点时，它无法与 Java 调试程序进行交互，或从 Java 调试程序会话检索任何状态信息。

② 当Java调试程序遇到Java代码中的断点时，Android Studio会自动切换到<your-module>-Java标签。

③ 使用LLDB进行调试时，可以利用LLDB会话视图中的LLDB终端向LLDB传递命令行选项。

调试C/C++代码时，还可以设置被称作监视点的特殊类型断点，这类断点可以在应用与特定内存块进行交互时暂停应用进程。

(五) 查看和配置断点

查看所有断点和配置断点设置，可点击Debug窗口左侧的“View Breakpoints”，出现Breakpoints窗口，如图5-26所示。

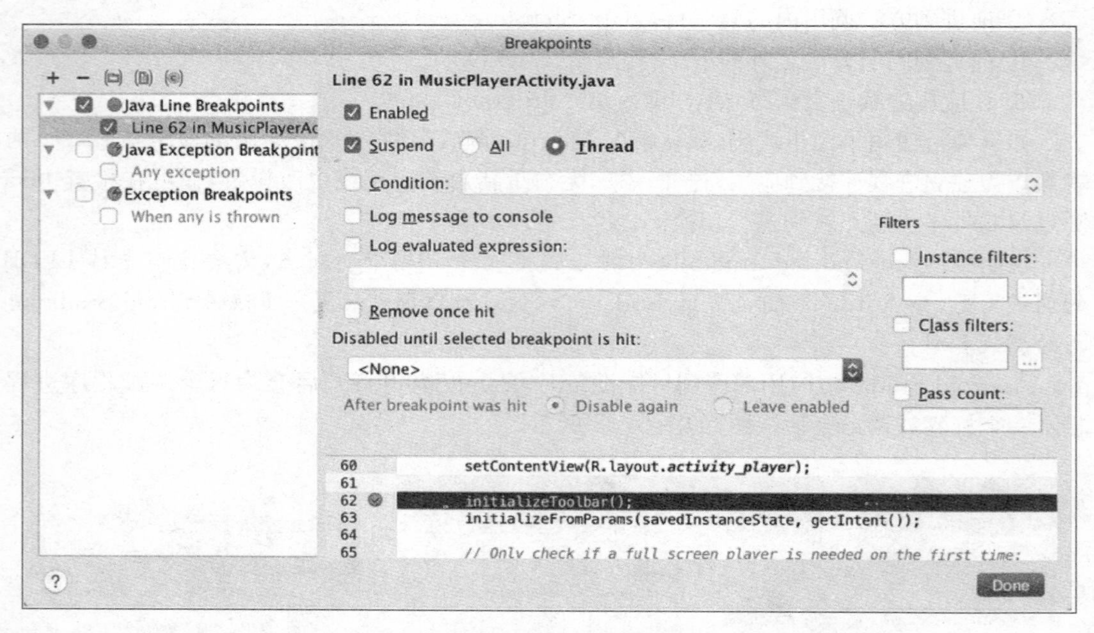

图5-26　Breakpoints窗口列出的全部现有断点和每个断点的行为设置

程序员可以通过Breakpoints窗口左侧的列表启用或停用每个断点。如果停用了某个断点，Android Studio不会在应用遇到该断点时将其暂停。从列表中选择断点可配置其设置，也可以将断点配置为初始处于停用状态，让系统在遇到其他断点时将其启用，还可以配置在遇到断点后是否应将其停用。为任何异常设置断点，可在断点列表中选择“Exception Breakpoints”。

(六) 检查变量

在Debugger窗口中，Variables窗格能够让系统将应用停止在某个断点处，并且从Frames窗格选择某个框架时对变量进行检查。此外，Variables窗格还能利用所选框架内提供的静态方法和/或变量对临时表达式求值。

Watches窗格提供类似的功能，不同的是添加到Watches窗格的表达式可跨调试会话存留。为自己经常访问或者提供的状态对当前调试会话有帮助的变量和字段添加监视，将出现如图5-27所示的Variables和Watches窗格。

向Watches列表添加变量或表达式，可执行以下步骤：

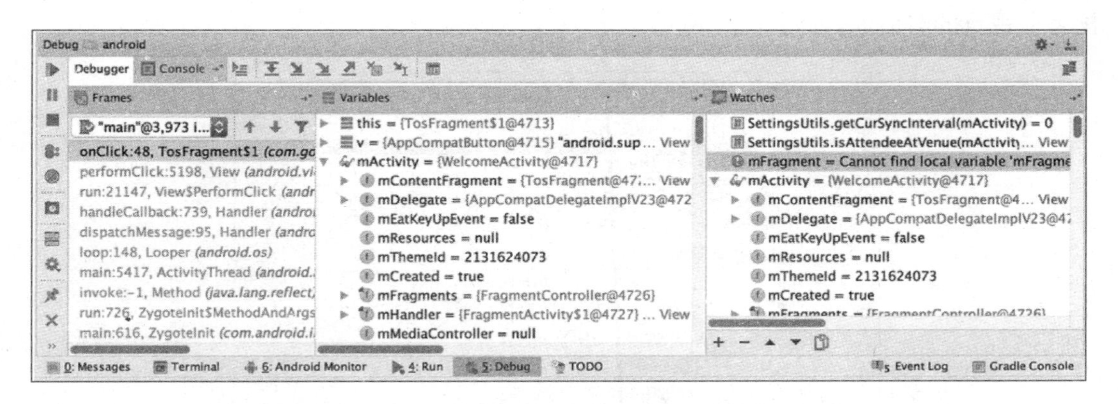

图 5-27 Debugger 窗口中的 Variables 和 Watches 窗格

① 开始调试。

② 在 Watches 窗格中，点击“Add”。

③ 在出现的文本框中，键入想监视的变量或表达式的名称，然后按“Enter”。

从 Watches 列表移除某一项，可选择该项，然后点击“Remove”。

选择某一项，然后点击“Up”或“Down”，可对 Watches 列表中的元素重新排序。

(七) 添加监视点

调试 C/C++代码时，可以设置被称作监视点的特殊类型断点，这类断点可以在应用与特定内存块进行交互时暂停应用进程。例如，如果为某个内存块设置了两个指针并为其分配了一个监视点，则使用任一指针访问该内存块都会触发该监视点。

在 Android Studio 中，可以通过选择特定变量在运行时创建监视点，但 LLDB 只会将该监视点分配给系统已经分派给该变量的内存块，而不会分配给变量本身。这与将变量添加到 Watches 窗格是不同的，在这种情况下，可以观察变量的值，但当系统读取或更改其内存中的值时，无法暂停应用进程。

说明：当应用进程退出某个函数，并且系统从内存中释放其局部变量时，需要重新分配这些变量创建的所有监视点。

要设置监视点，必须符合下列要求：

(1) 目标物理设备或模拟器使用 x86 或 x86_64 CPU。如果设备使用 ARM CPU，则必须将变量的内存地址边界分别按照 4 字节(32 位处理器)或 8 字节(64 位处理器)对齐。可以通过在变量声明中指定__attribute__((aligned(num_bytes)))在原生代码中对齐变量，如下所示：

```
// For a 64-bit ARM processor
int my_counter _attribute_ ((aligned (8)));
```

(2) 已经分配的不超过三个监视点。Android Studio 在 x86 或 x86_64 目标设备上最多只支持四个监视点。其他设备支持的监视点数量可能更少。

如果符合上述要求，就可以按下述步骤添加监视点：

(1) 将应用暂停于某个断点的情况下，导航至 LLDB 会话视图中的 Variables 窗格。

(2) 右键点击占据想跟踪的内存块的变量，然后选择“Add Watchpoint”，出现一个用来配置监视点的对话框，如图 5-28 所示。

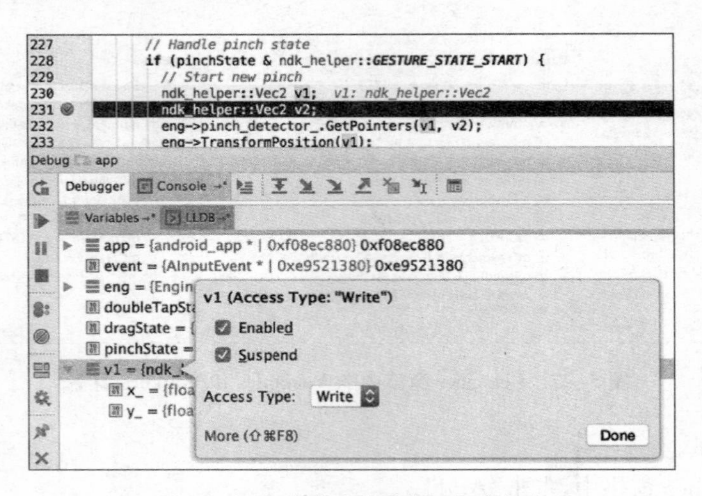

图 5-28　向内存中的变量添加监视点

（3）使用下列选项配置监视点：

① Enabled：如果想指示 Android Studio 暂时忽略该监视点，可以取消选择此选项。Android Studio 仍会保存监视点，以便稍后在调试会话中访问。

② Suspend：默认情况下，Android 系统会在其访问分配给监视点的内存块时暂停应用进程。如果不需要此行为，可以取消选择此选项——取消选择时会出现一些附加选项，可以利用这些选项来自定义系统与监视点进行交互时的行为：Log message to console 和 Remove [the watchpoint] when hit。

③ Access Type：选择当应用尝试对系统分配给变量的内存块执行读取或写入操作时，是否应触发监视点。要在执行读取或写入操作时触发监视点，可选择“Any”。

（4）点击 Done：查看所有监视点并配置监视点设置，可点击 Debug 窗口左侧的“View Breakpoints”，出现 Breakpoints 对话框，如图 5-29 所示。

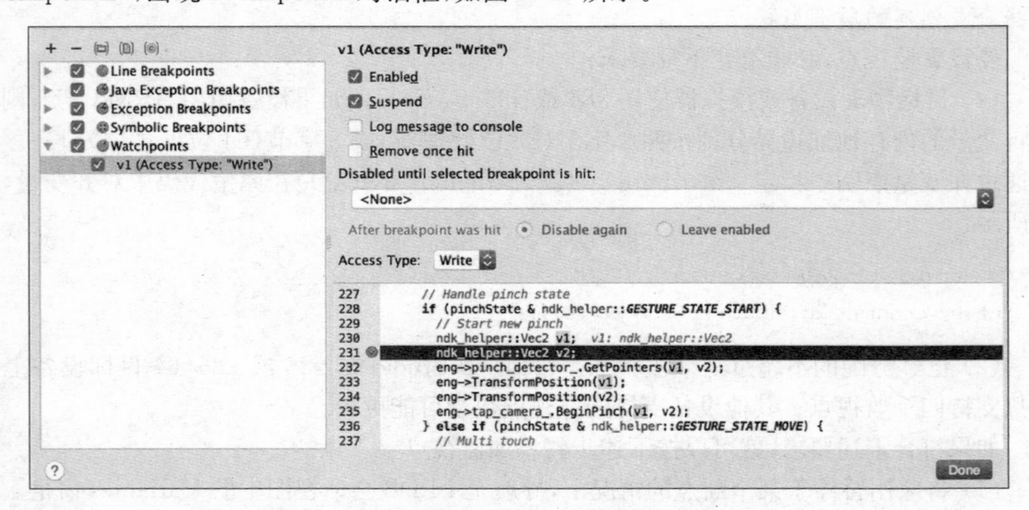

图 5-29　Breakpoints 对话框列出的现有监视点

在添加监视点后，点击 Debug 窗口左侧的“Resume Program”可继续执行应用进程。默认情况下，如果应用尝试访问设置了监视点的内存块，Android 系统会暂停应用进程，应用最后执行的那行代码旁会出现一个监视点图标，如图 5-30 所示。

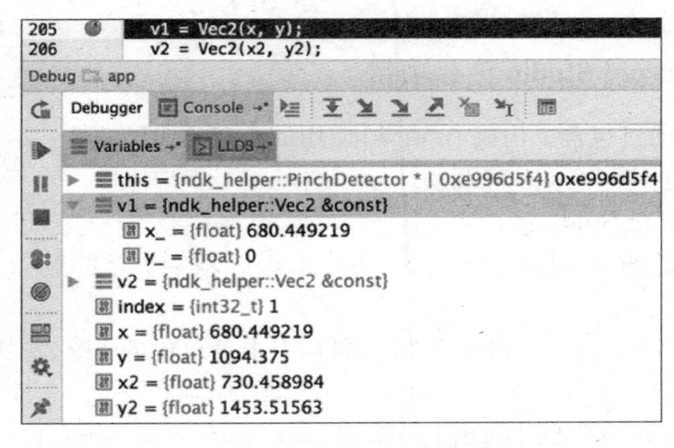

图 5-30　监视点图标

(八) 跟踪对象分配

Android Studio 允许跟踪分配到 Java 堆上的对象，以及查看分配这些对象的类和线程，这样一来，就可以查看分配的对象列表。这些信息对评估可能影响应用性能的内存使用极具价值。

① 按在调试模式下运行应用中所述方式启动应用，然后选择“View→Tool Windows→Android Monitor”，或点击窗口栏中的“Android Monitor”。

② 在 Android Monitor 窗口中，点击 Monitors 标签。

③ 在窗口顶部，从下拉列表中选择设备和应用进程。

④ 在 Memory 面板中，点击“Start Allocation Tracking”。

⑤ 在设备上与应用交互。

⑥ 再次点击同一按钮以停止分配跟踪。

Android Monitor 显示有关应用内存、CPU、GPU 和网络使用情况的信息，如图 5-31 所示。

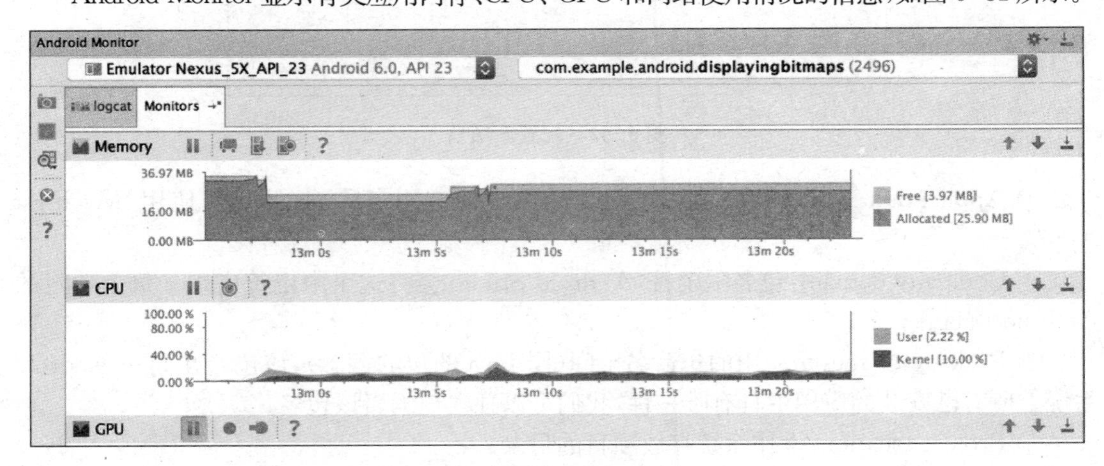

图 5-31　资源使用信息

5.3 建立APP

5.3.1 使用 Android Studio 创建项目

一个Android项目包含了构成Android应用的所有源代码文件。本小节介绍如何使用Android Studio来创建一个新的项目。

(1) 启动Android Studio:

① 如果我们还没有用Android Studio打开过项目,会看到欢迎页,点击"New Project"。

② 如果已经用Android Studio打开过项目,点击菜单中的File,选择"New Project"来创建一个新的项目。

(2) 参照图5-32在弹出的窗口(Configure your new project)中填入内容,点击"Next"。按照如图5-32所示的值进行填写,后续的操作步骤不容易差错。

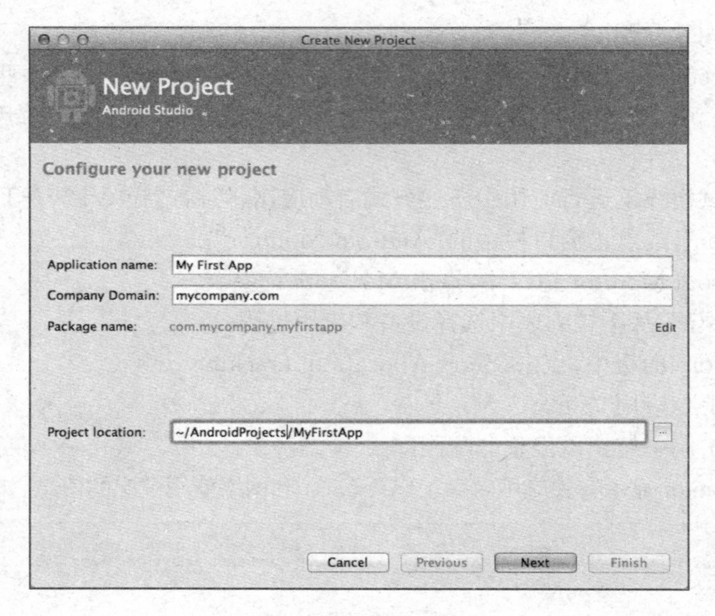

图5-32　配置新项目

① Application Name:此处填写想呈现给用户的应用名称,此处我们使用"My First App"。

② Company domain:包名限定符,Android Studio会将这个限定符应用于每个新建的Android项目。

③ Package Name:是应用的包命名空间(同Java的包的概念),该包名在同一Android系统上所有已安装的应用中具有唯一性,我们可以独立地编辑该包名。

④ Project location:操作系统存放项目的目录。

(3) 在 Select the form factors your app will run on 窗口勾选"Phone and Tablet"。

(4) Minimum SDK,选择 API 8：Android 2.2 (Froyo). Minimum Required SDK 表示应用支持的是最低 Android 版本,为了支持尽可能多的设备,我们应该设置为能支持应用核心功能的最低 API 版本。如果某些非核心功能仅在较高版本的 API 支持,可以只在支持这些功能的版本上开启它们,此处采用默认值即可。

(5) 不要勾选其他选项(TV、Wear、和 Glass),点击"Next"。

(6) 在 Add an activity to 窗口选择"Basic Activity",点击"Next"。

(7) 在 Choose options for your new file 窗口修改 Activity Name 为 MyActivity,修改 Layout Name 为 activity_my, Title 修改为 MyActivity, Menu Resource Name 修改为 menu_my。

(8) 点击"Finish"完成创建。

刚创建的 Android 项目是一个基础的 Hello World 项目,包含一些默认文件,最重要的部分如下:

① app/src/main/res/layout/activity_my.xml:这是刚才用 Android Studio 创建项目时,新建的 Activity 对应的 xml 布局文件,按照创建新项目的流程,Android Studio 会同时展示这个文件的文本视图和图形化预览视图,该文件包含一些默认设置和一个显示内容为"Hello world!"的 TextView 元素。

② app/src/main/Java/com.mycompany.myfirstapp/MyActivity.Java:用 Android Studio 创建新项目完成后,可在 Android Studio 看到该文件对应的选项卡,选中该选项卡,可以看到刚创建的 Activity 类的定义。编译并运行该项目后,Activity 启动并加载布局文件 activity_my.xml,显示一条文本:"Hello World!"。

③ app/src/main/AndroidManifest.xml:manifest 文件描述了项目的基本特征并列出了组成应用的各个组件。

④ app/build.gradle:Android Studio 使用 Gradle 编译运行 Android 工程。工程的每个模块以及整个工程,都有一个 build.gradle 文件。通常只需要关注模块的 build.gradle 文件,该文件的存放编译依赖设置,其中包括 defaultConfig 设置:

a. compiledSdkVersion 是应用将要编译的目标 Android 版本,此处默认为 SDK 已安装的最新 Android 版本(如果没有安装一个可用 Android 版本,就要先用 SDK Manager 来完成安装),我们仍然可以使用较老的版本编译项目,但把该值设为最新版本,可以使用 Android 的最新特性,同时可以在最新的设备上优化应用来提高用户体验。

b. applicationId 是创建新项目时指定的包名。

c. minSdkVersion 是创建项目时指定的最低 SDK 版本,也是新建应用支持的最低 SDK 版本。

d. targetSdkVersion 表示测试过的应用支持的最高 Android 版,当 Android 发布最新版本后,我们应该在最新版本的 Android 测试自己的应用,同时更新 target sdk 到 Android 最新版本,以便充分利用 Android 新版本的特性。

⑤ app/res:此目录包含了 resources 资源:

a. drawable<density>/存放各种 densities 图像的文件夹,如 mdpi、hdpi 等,在这里能够找到应用运行时的图标文件 ic_launcher.png。

b. layout/存放用户界面文件，如前边提到的 activity_my. xml，描述了 MyActivity 对应的用户界面。

c. menu/存放应用里定义菜单项的文件。

d. values/存放其他 xml 资源文件，如 string、color 定义。string. xml 定义了运行应用时显示的文本“Hello World!”。

5.3.2 执行 Android 程序

如何运行 Android 应用取决于两件事情：是否有一个 Android 设备和是否正在使用 Android Studio 开发程序。这里介绍用 Android Studio 方式（另一种是命令行方式）在 Android 设备或者 Android 模拟器上安装并且运行应用。

（一）在设备上运行

如果有一个 Android 设备，以下的步骤可以使我们在自己的设备上安装和运行应用程序：

① 把设备用 USB 线连接到计算机上。如果是在 Windows 系统上进行开发的，可能还需要安装设备对应的 USB 驱动。

② 开启设备上的 USB 调试选项。

在大部分运行 Andriod3. 2 或更老版本系统的设备上，这个选项位于“设置→应用程序→开发选项”里。

③ 在 Android Studio 中选择项目的一个文件，点击工具栏里的“Run”按钮。

④ Choose Device 窗口出现时，选择 Choose a running device 单选框，点击“OK”。

Android Studio 会把应用程序安装到我们的设备中并启动应用程序。

（二）在模拟器上运行

1. 创建 AVD

在模拟器中运行程序首先要创建一个 Android Virtual Device（AVD）。AVD 是对 Android 模拟器的配置，可以让我们模拟不同的设备。

① 启动 Android Virtual Device Manager（AVD Manager），如图 5－33 所示：菜单“Tools→ Android→ AVD Manager”或者点击工具栏里面“Android Virtual Device Manager”。

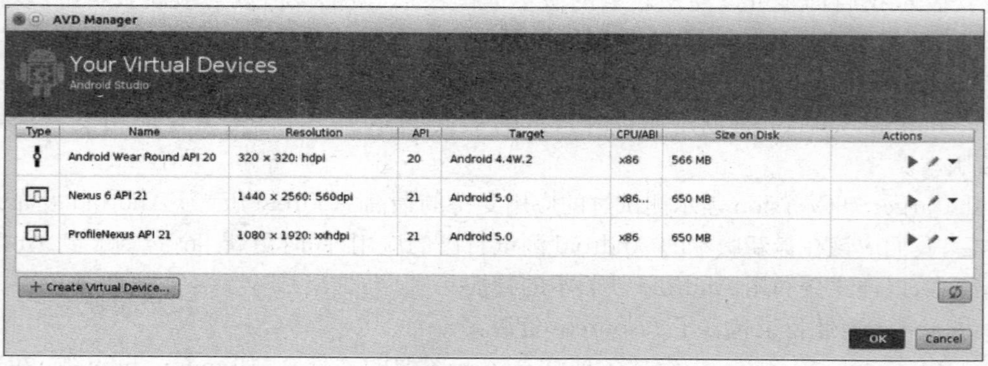

图 5-33 AVD Manager

② 在 AVD Manager 面板中，点击“Create Virtual Device”。

③ 在 Select Hardware 窗口，选择一个设备，如 Nexus 6，点击“Next”。

④ 选择列出的合适系统镜像。

⑤ 校验模拟器配置，点击“Finish”。

2. 运行程序

(1) 在 Android Studio 选择要运行的项目，从工具栏选择 Run。

(2) Choose Device 窗口出现时，选择 Launch emulator 单选框。

(3) 从 Android virtual device 下拉菜单选择创建好的模拟器，点击“OK”。

模拟器启动需要几分钟的时间，启动完成后，解锁即可看到程序已经运行到模拟器屏幕上了。

5.3.3　建立简单的用户界面

Android 的图形用户界面由多个视图(View)和视图组(ViewGroup)构建而成，如图5-34所示。View 是通用的 UI 窗体小组件，如按钮(Button)、文本框(Text Field)；而 ViewGroup 则是用来定义子视图布局的不可见的容器，如网格部件(Grid)、垂直列表部件(Vertical List)。

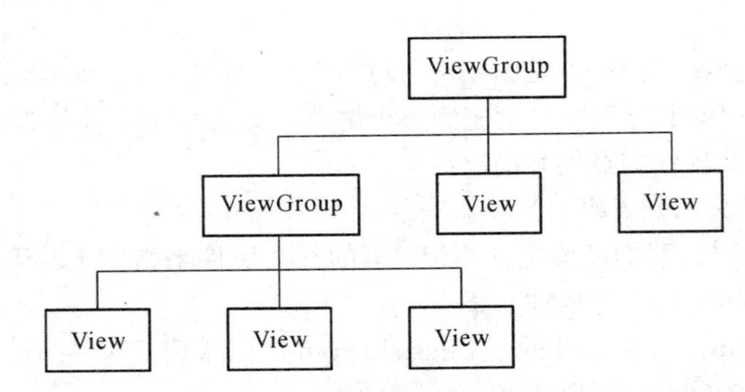

图 5-34　ViewGroup 对象组织布局分支和包含的其他 View 对象

Android 提供了一系列对应于 View 和 ViewGroup 子类的 XML 标签，以便我们用 XML 创建自己的 UI。

Layouts 是 ViewGroup 的子类。下面学习如何使用 Layouts 中最常用的 LinearLayout。

(一) 创建一个 LinearLayout

① 在 Android Studio 中，从 res/layout 目录打开 content_my. xml 文件。

创建新项目时生成的 BlankActivity 包含一个 content_my. xml 文件，该文件根元素是一个包含 TextView 的 RelativeLayout。

② 关闭右侧 Preview 面板。

说明：在 Android Studio 中打开布局文件时，可以看到一个 Preview 面板，点击这个面板中的标签，可利用 WYSIWYG 工具在 Design 面板看到对应的图形化效果。

③ 删除[<TextView>]标签。

④ 把[<RelativeLayout>]标签改为[<LinearLayout>]。

⑤ 为[<LinearLayout>]添加 android:orientation 属性并设置值为“horizontal”。

⑥ 去掉 android:padding 属性和 tools:context 属性。

修改后结果如下：

```
res/layout/content_my.xml
<LinearLayout
    xmlns:android="http://schemas.android.com/apk/res/android"
    xmlns:app="http://schemas.android.com/apk/res-auto"
    xmlns:tools="http://schemas.android.com/tools"
    android:orientation="horizontal"
    android:layout_width="match_parent"
    android:layout_height="match_parent"
    app:layout_behavior="@string/appbar_scrolling_view_behavior"
    tools:showIn="@layout/activity_my">
```

LinearLayout 是 ViewGroup 的子类，用于放置水平或者垂直方向的子视图部件，放置方向由属性 android:orientation 决定。LinearLayout 里的子布局按照 XML 里定义的顺序显示在屏幕上。

所有的 Views 都会用到 android:layout_width 和 android:layout_height 这两个属性来设置自身的大小。

由于 LinearLayout 是整个视图的根布局，所以通过指定 width 和 height 属性为"match_parent"可以使其宽度和高度充满整个屏幕。该值表示子控件 View 通过扩张自己宽度和高度来匹配父控件的宽度和高度。

（二）添加一个文本输入框

与其他 View 一样，我们需要定义 XML 里的某些属性来指定 EditText 的属性值。以下是在线性布局里指定的一些属性元素：

① 在 content_my.xml 文件的<LinearLayout>标签内定义一个[<EditText>]标签，并设置 ID 属性为@+id/edit_message。

② 设置 layout_width 和 layout_height 属性为 wrap_content。

③ 设置 hint 属性为一个名为 edit_message 的字符串。

代码如下：

```
res/layout/content_my.xml
<EditText android:id="@+id/edit_message"
    android:layout_width="wrap_content"
    android:layout_height="wrap_content"
    android:hint="@string/edit_message" />
```

各属性说明：

① android:id：

这是视图的唯一标识符。可以在程序代码中通过该标识符引用对象。例如，对这个对象进行读和修改的操作。

当需要从 XML 里引用资源对象时，必须使用@符号。紧随@之后的是资源的类型（这里是 id），然后是资源的名字（这里使用的是 edit_message）。

＋号只在第一次定义一个资源ID的时候需要。它是告诉SDK，此资源ID需要被创建。在应用程序被编译之后，SDK就可以直接使用这个ID。

edit_message是在项目文件gen/R. Java中创建一个新的标识符，这个标识符和EditText关联。一旦资源ID被创建了，其他资源如果引用这个ID就不再需要＋号。

② android:layout_width和android:layout_height：

这里尽量不指定宽度和高度的具体尺寸，而是使用"wrap_content"。因为这样可以保证视图只占据内容大小的空间。如果使用了"match_parent"，这时EditText将会布满整个屏幕，因为它将适应父布局的大小。

③ android:hint：

当文本框为空的时候，会默认显示这个字符串。

对于字符串"@string/edit_message"的值所引用的资源，应该定义在单独的文件里，而不是直接使用字符串。因为使用的值是存在的资源，所以不需要使用＋号。

此外，由于现在还没有定义字符串，所以在添加@string/edit_message的时候会出现编译错误。

(三) 增加字符串资源

默认情况下，Android项目包含一个字符串资源文件，即res/values/string. xml。打开这个文件，为"edit_message"增加一个定义，其值为“Enter a message”。

① 在Android Studio里，编辑res/values下的strings. xml文件。

② 添加一个名为"edit_message"的字符串，值为“Enter a message”。

③ 再添加一个名为"button_send"的字符串，值为“Send”。

下面就是修改好的res/values/strings. xml：

```
<? xml version="1.0" encoding="utf-8"? >
<resources>
<string name="app_name">My First App</string>
<string name="edit_message">Enter a message</string>
<string name="button_send">Send</string>
<string name="action_settings">Settings</string>
</resources>
```

当在用户界面定义一个文本时，应该把每一个文本字符串列入资源文件。这样做的好处是：对于所有字符串值，字符串资源都能够单独地被修改，在资源文件里可以很容易地找到并且作出相应地修改。通过选择定义每个字符串，还允许用不同语言本地化APP。

(四) 添加一个按钮

① 在Android Studio里，编辑res/layout下的content_my. xml文件。

② 在<LinearLayout>内部的[<EditText>]标签之后定义一个[<Button>]标签。

③ 设置按钮的width和height属性值为"wrap_content"，以便让按钮的大小能完整显示文字。

④ 定义按钮的文本使用android:text属性，设置值与之前定义好的button_send字符串资源相似。

此时的[<LinearLayout>]是这样的：

```
res/layout/content_my.xml

<LinearLayout
    xmlns:android="http://schemas.android.com/apk/res/android"
    xmlns:app="http://schemas.android.com/apk/res-auto"
    xmlns:tools="http://schemas.android.com/tools"
    android:orientation="horizontal"
    android:layout_width="match_parent"
    android:layout_height="match_parent"
    app:layout_behavior="@string/appbar_scrolling_view_behavior"
    tools:showIn="@layout/activity_my">

<EditText android:id="@+id/edit_message"
      android:layout_width="wrap_content"
      android:layout_height="wrap_content"
      android:hint="@string/edit_message" />

<Button
      android:layout_width="wrap_content"
      android:layout_height="wrap_content"
      android:text="@string/button_send" />

</LinearLayout>
```

说明:宽和高被设置为"wrap_content",这时按钮占据的大小就是按钮里文本的大小。这个按钮不需要指定 android:id 的属性,因为 Activity 代码中不会引用该 Button。

当前 EditText 和 Button 部件只是适应了他们各自内容的大小,如图 5-35 所示。

图 5-35 EditText 和 Button 部件

这样设置对按钮来说很合适,但是对于文本框来说就不太合适,因为用户可能输入更长的文本内容。因此如果文本框能够占满整个屏幕宽度会更好。LinearLayout 使用权重属性达到这个目,即 android:layout_weight 属性。

权重的值是指每个部件所占剩余空间的大小,该值与同级部件所占空间大小有关。例如,我们定义一个权重为 2 的 View,另一个 View 的权重是 1,那么总数就是 3;这时第一个 View 占据 2/3 的空间,第二个占据 1/3 的空间。如果再加入第三个 View,权重设为 1,那么第一个 View(权重为 2)会占据 1/2 的空间,剩余的另外两个 View 各占 1/4。

说明:使用权重的前提一般是给 View 的宽或者高的大小设置为 0dp,然后系统根据上面的权重规则来计算 View 应该占据的空间。但在很多情况下,如果给 View 设置了 match_parent的属性,那么在计算权重时则不是通常的正比,而是反比。也就是说,权重值大的反而占据空间小。

对于所有的View默认的权重是0,如果只设置了一个View的权重大于0,则该View将占据除去其他View本身占据的空间的所有剩余空间。因此这里设置EditText的权重为1,使其能够占据除了按钮之外的所有空间。

(五) 让输入框充满整个屏幕的宽度

为让EditText充满剩余空间,做如下操作:

① 在content_my.xml文件里,设置[<EditText>]的layout_weight属性值为1。

② 设置[<EditText>]的layout_width值为0dp。

代码如下:

```
res/layout/content_my.xml
<EditText
    android:layout_weight="1"
    android:layout_width="0dp"
    ... />
```

为了提升布局的效率,在设置权重时,应该把EditText的宽度设为0dp。如果设置宽度为"wrap_content",系统需要计算这个部件所占用的宽度;而此时的EditText因为设置了权重,所以会占据剩余空间;因此,最终导致的结果是:EditText的宽度属性没有起到应有的作用。

设置EditText权重后的效果如图5-36所示。

图5-36 EditText窗体占据的LinearLayout剩余空间

看一下完整的布局文件内容:

```
    res/layout/content_my.xml
    <?xml version="1.0" encoding="utf-8"?>
<LinearLayout xmlns:android="http://schemas.android.com/apk/res/android"
    xmlns:app="http://schemas.android.com/apk/res-auto"
    xmlns:tools="http://schemas.android.com/tools"
    android:orientation="horizontal"
    android:layout_width="match_parent"
    android:layout_height="match_parent"
    app:layout_behavior="@string/appbar_scrolling_view_behavior"
    tools:showIn="@layout/activity_my">
<EditText android:id="@+id/edit_message"
        android:layout_weight="1"
        android:layout_width="0dp"
        android:layout_height="wrap_content"
        android:hint="@string/edit_message" />
```

```
<Button
        android:layout_width="wrap_content"
        android:layout_height="wrap_content"
        android:text="@string/button_send" />
    </LinearLayout>
```

(六) 运行应用

整个布局默认被应用于创建项目的时候，SDK 工具自动生成的 Activity，此时在 Android Studio 里，点击工具栏里的“Run”按钮。

5.3.4 启动另一个 Activity

在上一节我们已经拥有了显示一个 Activity(一个界面)的 APP(应用)，该 Activity 包含了一个文本字段和一个按钮。在这节中，我们将添加一些新的代码到 MyActivity 中，当用户点击发送(Send)按钮时会启动一个新的 Activity。

(一) 响应 Send(发送)按钮

① 在 Android Studio 中打开 res/layout 目录下的 content_my. xml 文件。

② 为 Button 标签添加 android:onclick 属性。

代码如下：

```
    res/layout/content_my.xml

<Button
android:layout_width="wrap_content"
android:layout_height="wrap_content"
android:text="@string/button_send"
android:onClick="sendMessage" />
```

android:onclick 属性的值"sendMessage"，即为用户点击屏幕按钮时触发方法的名字。

③ 打开 Java/com. mycompany. myfirstapp 目录下 MyActivity. Java 文件。

④ 在 MyActivity. Java 中添加 sendMessage()函数：

```
    Java/com.mycompany.myfirstapp/MyActivity.Java
/** Called when the user clicks the Send button */
    public void sendMessage(View view) {
    // Do something in response to button
}
```

为使系统能够将该方法(即在 MyActivity. Java 中添加的 sendMessage 方法)与在 android:onClick 属性中提供的方法名字匹配，它们的名字必须一致，特别需要注意的是，这个方法必须满足以下条件：

a. 是 public 函数。

b. 无返回值。

c. 参数唯一(为 View 类型，代表被点击的视图)。

接下来，可以在这个方法中编写读取文本内容，并将该内容传到另一个 Activity 的代码。

（二）构建一个 Intent

Intent 是在不同组件中（如两个 Activity）提供运行时绑定的对象。

Intent 代表一个应用“想去做什么事”，可以用它做各种各样的任务，不过大部分的时候它们被用来启动另一个 Activity。

① 在 MyActivity. Java 的 sendMessage（）方法中创建一个 Intent，并启动名为 DisplayMessageActivity 的 Activity：

```
Java/com.mycompany.myfirstapp/MyActivity.Java
Intent intent = new Intent(this, DisplayMessageActivity.class);
```

说明：这里对 DisplayMessageActivity 的引用会报错，因为这个类还不存在；暂时先忽略这个错误，我们接下来很快就要去创建这个类。

在这个 Intent 构造函数中有两个参数：

a. 第一个参数是 Context 上述代码中之所以用 this 是因为当前 Activity 是 Context 的子类。

b. 接受系统发送 Intent 的应用组件的 Class，在这个例子中，指将要被启动的 Activity。

Android Studio 会提示导入 Intent 类。

② 在文件开始处导入 Intent 类：

```
Java/com.mycompany.myfirstapp/MyActivity.Java
import android.content.Intent;
```

③ 在 sendMessage()方法里用 findViewById()方法得到 EditText 元素：

```
Java/com.mycompany.myfirstapp/MyActivity.Java
public void sendMessage(View view) {
  Intent intent = new Intent(this, DisplayMessageActivity.class);
  EditText editText = (EditText) findViewById(R.id.edit_message);
}
```

④ 在文件开始处导入 EditText 类。

在 Android Studio 中，按“Alt＋Enter”可以导入缺失的类。

⑤ 把 EditText 的文本内容关联到一个本地 message 变量，并使用 putExtra()方法把值传给 intent：

```
Java/com.mycompany.myfirstapp/MyActivity.Java
public void sendMessage(View view) {
  Intent intent = new Intent(this, DisplayMessageActivity.class);
  EditText editText = (EditText) findViewById(R.id.edit_message);
  String message = editText.getText().toString();
  intent.putExtra(EXTRA_MESSAGE, message);
}
```

Intent 可以携带被称作 extras 的键-值对数据类型。putExtra()方法把键名作为第一个参数，把值作为第二个参数。

⑥ 在 MyActivity class 中,定义 EXTRA_MESSAGE:

```
Java/com.mycompany.myfirstapp/MyActivity.Java
public class MyActivity extends ActionBarActivity {
    public final static String EXTRA_MESSAGE =
                "com.mycompany.myfirstapp.MESSAGE";
    ...
}
```

为让新启动的 Activity 能查询 extra 数据。定义 key 为一个 public 型的常量,通常使用应用程序包名作为前缀来定义键,这样在应用程序与其他应用程序进行交互时,仍可以确保键是唯一的。

⑦ 在 sendMessage()函数里,调用 startActivity()完成新 activity 的启动,现在完整的代码应该是下面这个样子:

```
    Java/com.mycompany.myfirstapp/MyActivity.Java
/** Called when the user clicks the Send button */
    public void sendMessage(View view) {
    Intent intent = new Intent(this, DisplayMessageActivity.class);
    EditText editText = (EditText) findViewById(R.id.edit_message);
    String message = editText.getText().toString();
    intent.putExtra(EXTRA_MESSAGE, message);
    startActivity(intent);
}
```

运行这个方法后,系统收到我们的请求会实例化在 Intent 中指定的 Activity,现在需要创建一个 DisplayMessageActivity 类使程序能够执行起来。

(三) 创建第二个 Activity

Activity 所有子类都必须实现 onCreate()方法。创建 activity 的实例时系统会调用该方式,此时必须用 setContentView()来定义 Activity 布局,以对 Activity 进行初始化。

使用 Android Studio 创建的 activity 会实现一个默认的 onCreate()方法。

① 在 Java 目录,选择包名 com.mycompany.myfirstapp,右键选择"New→Activity→Blank Activity"。

② 在 Choose options 窗口,配置 activity:

a. Activity Name:DisplayMessageActivity

b. Layout Name:activity_display_message

c. Title:My Message

d. Hierarchical Parent:com.mycompany.myfirstapp.MyActivity

e. Package name:com.mycompany.myfirstapp

点击"Finish",如图 5-37 所示。

③ 打开 DisplayMessageActivity.Java 文件,此类已经实现了 onCreate()方法,稍后需要更新此方法。

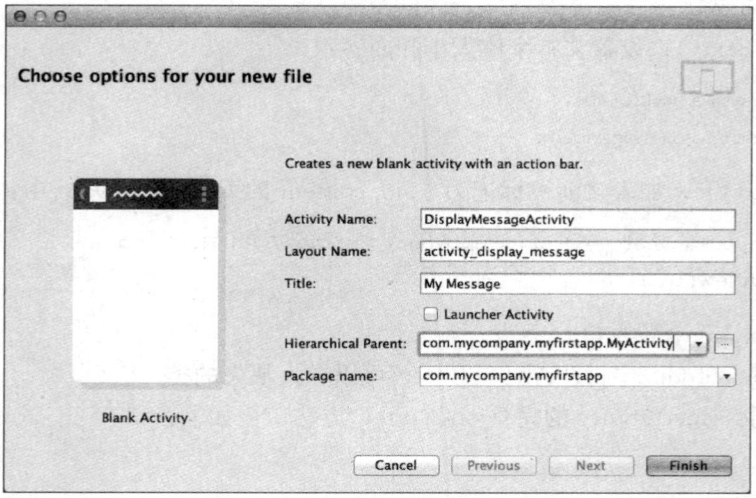

图 5-37　创建 Activity 窗口

现在已经可以点击“Send”按钮启动这个 Activity 了，但显示的仍然是模板提供的默认内容“Hello world”，稍后修改显示自定义的文本内容。

(四) 接收 Intent

不管用户导航到哪里，每个 Activity 都是通过 Intent 被调用的。我们可以通过调用 getIntent()来获取启动 activity 的 Intent 及其包含的数据。

① 编辑 DisplayMessageActivity. Java 文件。

② 得到 intent 并赋值给本地变量：

```
Intent intent = getIntent();
```

③ 为 Intent 导入包。

在 Android Studio 中，按“Alt+Enter”可以导入缺失的类。

④ 调用 getStringExtra()提取从 MyActivity 传递过来的消息：

```
String message = intent.getStringExtra(MyActivity.EXTRA_MESSAGE);
```

(五) 显示文市

① 在 res/layout 目录下，编辑文件 content_display_message. xml。

② 为标签添加 id 属性，之后需要用这个 id 属性来调用这个对象：

```
<RelativeLayout
   xmlns:android="http://schemas.android.com/apk/res/android"
  ...
  android:id="@+id/content">
</RelativeLayout>
```

③ 重新来编辑 DisplayMessageActivity. Java。

④ 在 onCreate()方法中创建一个对象 TextView：

```
TextView textView = new TextView(this);
```

⑤ 用 setText()来设置文本字体大小和内容：

```
textView.setTextSize(40);
textView.setText(message);
```

⑥ 将 TextView 加入之前被标记为 R.id.content 的 RelativeLayout 中：

```
RelativeLayout layout = (RelativeLayout) findViewById(R.id.content);
layout.addView(textView);
```

⑦ 为 TextView 导入包。

在 Android Studio 中，按“Alt + Enter”可以导入缺失的类。

DisplayMessageActivity 的完整 onCreate()方法应该如下：

```
@Override
protected void onCreate(Bundle savedInstanceState) {
    super.onCreate(savedInstanceState);
    setContentView(R.layout.activity_display_message);
    Toolbar toolbar = (Toolbar) findViewById(R.id.toolbar);
    setSupportActionBar(toolbar);
   FloatingActionButton fab = (FloatingActionButton)
findViewById(R.id.fab);
    fab.setOnClickListener(new View.OnClickListener() {
        @Override
        public void onClick(View view) {
            Snackbar.make (view, "Replace with your own action",
                           Snackbar.LENGTH_LONG)
                    .setAction("Action", null)
                    .show();
        }
    });
getSupportActionBar().setDisplayHomeAsUpEnabled(true);
    Intent intent = getIntent();
    String message = intent.getStringExtra(MyActivity.EXTRA_MESSAGE);
    TextView textView = new TextView(this);
    textView.setTextSize(40);
    textView.setText(message);
    RelativeLayout layout = (RelativeLayout) findViewById(R.id.content);
    layout.addView(textView);
}
```

现在可以运行 APP，在文本中输入信息，点击“Send”（发送）按钮，现在就可以在第二 Activity 上看到发送过来的信息了。如图 5-38 所示。

到此为止，已经创建好第一个 Android 应用了。

图 5-38　成功运行 APP

5.4　管理 Activity 的生命周期

当用户导航、退出和返回应用时，应用中的 Activity 实例将在其生命周期中转换不同状态。例如，当 Activity 初次开始时，它将出现在系统前台并接收用户焦点。在这个过程中，Android 系统会对 Activity 调用一系列生命周期方法，通过这些方法，可以设置用户界面和其他组件。如果用户执行开始另一 Activity 或切换至另一应用的操作，当其进入后台，在其中 Activity 不再可见，但实例及其状态完整保留，系统会对 Activity 调用另外一系列生命周期方法。

在生命周期回调方法内，可以声明用户离开和再次进入 Activity 时的 Activity 行为。比如，如果正在构建流视频播放器，当用户切换至另一应用时，可能要暂停视频或终止网络连接。当用户返回时，可以重新连接网络并允许用户从同一位置继续播放视频。

本小节讲述每个 Activity 实例接收的重要生命周期回调方法，以及如何使用这些方法以使 Activity 按照用户预期进行，并且当 Activity 不需要它们时不会消耗系统资源。

5.4.1　启动与销毁 Activity

不同于使用 main()方法启动应用的其他编程范例，Android 系统会通过调用对应其生命周期中特定阶段的特定回调方法，在 Activity 实例中启动代码。Android 有一系列可启动 Activity 的回调方法，以及一系列可分解 Activity 的回调方法。

（一）了解生命周期回调

在 Activity 的生命周期中，系统会按类似于阶梯金字塔的顺序调用一组核心的生命周期方法。也就是说，Activity 生命周期的每个阶段就是金字塔上的一阶。当系统创建新 Activity 实例时，每个回调方法会将 Activity 状态向顶端移动一阶。金字塔的顶端，是 Activity 在前台运行并且用户可以与其交互的时间点。

当用户开始离开 Activity 时，系统会调用其他方法在金字塔中将 Activity 状态下移，从而销毁 Activity。在有些情况下，Activity 将只在金字塔中部分下移并等待，比如，当用户切换到其他应用时，Activity 可从该点开始移回顶端（如用户返回到该 Activity），并在用户停止的位置继续。

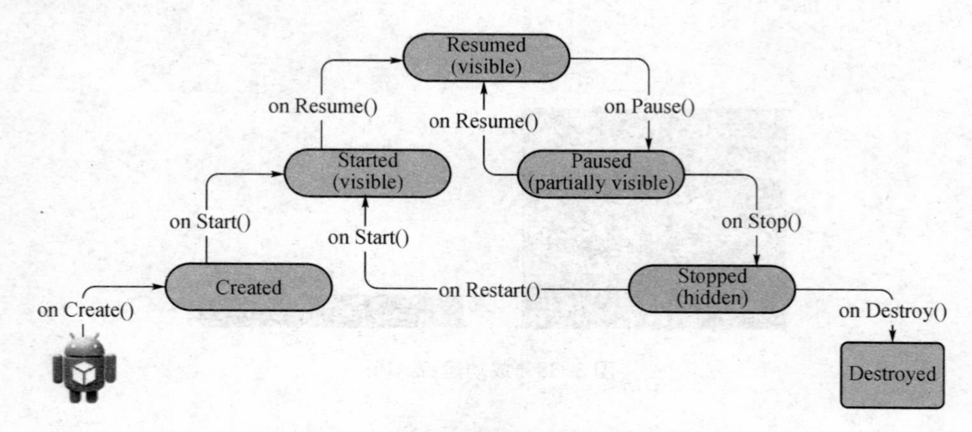

图 5-39　简化的 Activity 生命周期图示

图 5-39 显示，对于用于将 Activity 朝顶端的“继续”状态移动一阶的每个回调，有一种将 Activity 下移一阶的回调方法。Activity 还可以从“暂停”和“停止”状态回到继续状态。

根据 Activity 的复杂程度，可能不需要实现所有生命周期方法。但是，了解每个方法，并实现确保应用按照用户期望的方式运行的方法非常重要。正确实现 Activity 生命周期方法，可确保应用按照以下几种方式良好运行，包括：

① 如果用户在使用应用时接听来电或切换到另一个应用，它不会崩溃。

② 在用户未主动使用它时不会消耗系统资源。

③ 如果用户离开应用并稍后返回，不会丢失用户的进度。

④ 当屏幕在横向或纵向之间旋转时，不会崩溃或丢失用户的进度。

Activity 会在图 5-39 所示不同状态之间过渡。但是，这些状态中，只有三种可以是静态的。也就是说，Activity 只能在三种状态之一下存在很长时间。

⑤ Resumed：在这种状态下，Activity 处于前台，且用户可以与其交互。有时也称其为“运行”状态。

⑥ Paused：在这种状态下，Activity 被在前台中处于半透明状态，或者未覆盖整个屏幕的另一个 Activity 部分阻挡。暂停的 Activity 不会接收用户输入，并且无法执行任何代码。

⑦ Stopped：在这种状态下，Activity 被完全隐藏并且对用户不可见；它被视为处于后台。停止时，Activity 实例及所有状态信息其诸如成员变量等将保留，但它无法执行任何代码。

其他状态如 Created 与 Started，都是短暂的瞬态，系统会通过调用下一个生命周期回调方法，从这些状态快速移到下一个状态。也就是说，在系统调用 onCreate()之后，它会快速调用 onStart()，紧接着快速调用 onResume()。

（二）指定程序首次启动的 Activity

当用户从主界面点击程序图标时，系统会调用 APP 中被声明为"launcher"（或"main"）activity 中的 onCreate()方法。这个 Activity 被用来当作程序的主要进入点。

我们可以在 AndroidManifest. xml 中定义作为 main Activity 的 Activity。这个 main Activity 必须在 manifest 使用包括 MAIN action 与 LAUNCHER category 的<intent-filter>标签来声明。例如：

```
<activity android:name=".MainActivity" android:label="@string/app_name">
<intent-filter>
<action android:name="android.intent.action.MAIN" />
<category android:name="android.intent.category.LAUNCHER" />
</intent-filter>
</activity>
```

如果程序中没有声明了 MAIN action 或者 LAUNCHER category 的 Activity，那么在设备的主界面列表里面不会呈现 APP 图标。

(三) 创建一个新的实例

大多数 APP 包括多个 Activity，它们可以帮助用户执行不同的动作。不论这个 Activity 是作为用户点击应用图标创建的 main Activtiy，还是为了响应用户行为而创建的其他 Activity，系统都会调用新 Activity 实例中的 onCreate()方法。

我们必须实现 onCreate()方法，来执行程序启动所需要的基本逻辑。例如，可以在 onCreate()方法中定义 UI 以及实例化类成员变量。

例如，下面的 onCreate()方法演示了为了建立一个 Activity 所需要的一些基础操作，如声明 UI 元素、定义成员变量、配置 UI 等：

```
TextView mTextView; // Member variable for text view in the layout
@Override
public void onCreate(Bundle savedInstanceState) {
    super.onCreate(savedInstanceState);

    // Set the user interface layout for this Activity
// The layout file is defined in the project
    res/layout/main_activity.xml //file
    setContentView(R.layout.main_activity);

    // Initialize member TextView so we can manipulate it later
    mTextView = (TextView) findViewById(R.id.text_message);

    // Make sure we're running on Honeycomb or higher to use ActionBar APIs
    if (Build.VERSION.SDK_INT >= Build.VERSION_CODES.HONEYCOMB) {
        // For the main activity, make sure the app icon in the action bar
        // does not behave as a button
        ActionBar actionBar = getActionBar();
        actionBar.setHomeButtonEnabled(false);
    }
}
```

一旦 onCreate 操作完成，系统会迅速调用 onStart()与 onResume()方法。Activity 不会在 Created 或者 Started 状态停留。技术上来说，Activity 在 onStart()被调用后开始被用户可见，但是 onResume()会迅速被执行使得 Activity 停留在 Resumed 状态，直到一些因素发生变化才会改变这个状态。例如，接收到一个来电，用户切换到另外一个 Activity，或者是设备屏幕关闭。如图 5-40 所示。

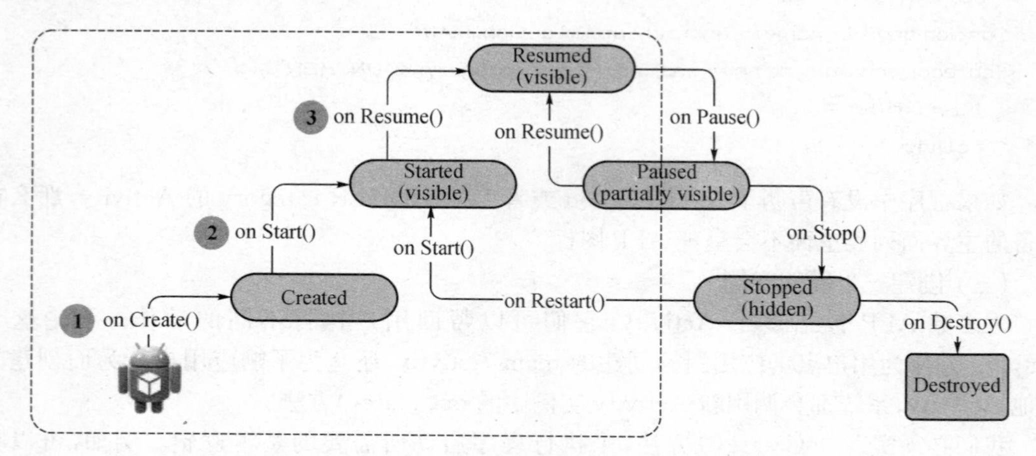

图 5-40　执行 onCreate()、onStart()和 onResume()

(四) 销毁 Activity

Activity 的第一个生命周期回调函数是 onCreate()，它最后一个回调是 onDestroy()，当收到需要将该 Activity 彻底移除的信号时，系统会调用这个方法。

大多数 APP 并不需要实现这个方法，因为局部类的 references 会随着 Activity 的销毁而销毁，并且 Activity 应该在 onPause()与 onStop()中执行清除 Activity 资源的操作。然而，如果 Activity 含有在 onCreate 调用时创建的后台线程，或者是其他有可能导致内存泄漏的资源，则应该在 OnDestroy()时进行资源清理，杀死后台线程：

```
@Override
public void onDestroy() {
    super.onDestroy();  // Always call the superclass

    // Stop method tracing that the activity started during onCreate()
    android.os.Debug.stopMethodTracing();
}
```

说明：除非程序在 onCreate()方法里面就调用了 finish()方法，否则系统通常是在执行了 onPause()与 onStop()之后再调用 onDestroy()。在某些情况下，例如，Activity 只是做了一个临时的逻辑跳转的功能，它只是用来决定跳转到哪一个 Activity，这样的话，需要在 onCreate 里面调用 finish 方法，然后系统会直接调用 onDestory，从而跳过生命周期中的其他方法。

5.4.2　暂停与恢复 Activity

在正常使用 APP 时，前端的 Activity 有时会被其他可见的组件阻塞，从而导致当前的

Activity 进入 Pause 状态。例如，当打开一个半透明的 Activity 时(如以对话框的形式)，之前的 Activity 会被暂停。只要之前的 Activity 仍然被部分可见，这个 Activity 就会一直处于 Paused 状态。然而，一旦之前的 Activity 被完全阻塞并不可见时，则其会进入 Stop 状态。

Activity 一旦进入 Paused 状态，系统就会调用 Activity 中的 onPause()方法，该方法可以停止不应该在暂停过程中执行的操作，如暂停视频播放；或者保存那些有可能需要长期保存的信息。用户从暂停状态回到当前 Activity，系统应该恢复那些数据并执行 onResume()方法。

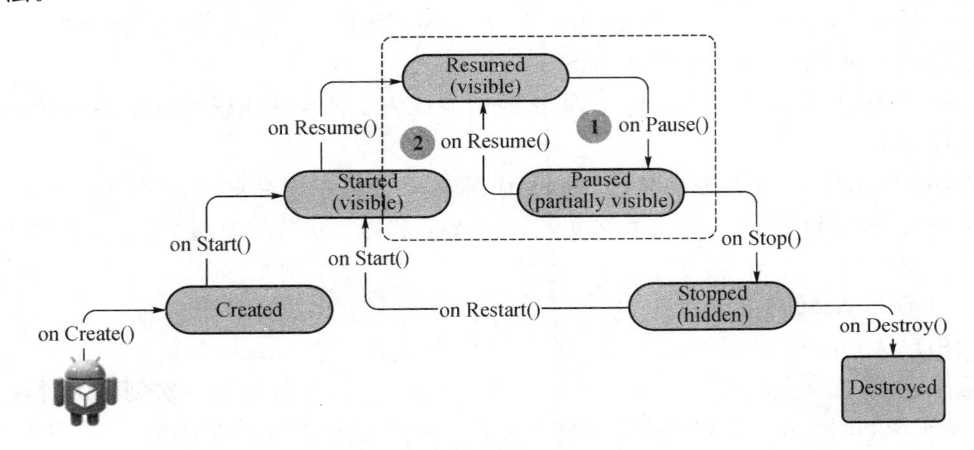

图 5-41　暂停与恢复 Activity

如图 5-41 所示，当一个半透明的 Activity 阻塞当前的 Activity 时，系统会调用 onPause()方法并且当前的 Activity 会停留在 Paused 状态。如果用户在这个 Activity 还是 Paused 状态时回到 Activity，系统则会调用它的 onResume()。

(一) 暂停 Activity

当系统调用 Activity 中的 onPause()，从技术上讲，意味着 Activity 仍然处于部分可见的状态。但更多时候意味着用户正在离开这个 Activity，并马上会进入 Stopped state。通常应该在 onPause()回调方法里面做以下事情：

① 停止动画或者是其他正在运行的操作，那些都会导致 CPU 的运行负担。

② 提交在用户离开时期待保存的内容(如邮件草稿)。

③ 释放系统资源，例如，broadcast receivers、sensors (如 GPS)，或者是其他任何会影响电量的资源。

例如，如果程序使用 Camera，onPause()会是一个比较好的地方去做那些释放资源的操作：

```
@Override
public void onPause(){
super.onPause();    // Always call the superclass method first

// Release the Camera because we don't need it when paused
// and other activities might need to use it.
```

```
if (mCamera != null) {
        mCamera.release()
        mCamera = null;
    }
}
```

通常,不应该使用 onPause()来保存用户改变的数据(如填入表格中的个人信息)到永久存储(File 或者 DB)上。应当在确认那些改变能够被用户期待自动保存的时候(如正在撰写邮件草稿),再把那些数据存到永久存储。但是,我们应该避免在 onPause()时执行 CPU-intensive 的工作,如写数据到 DB,因为它会导致切换到下一个 Activity 时运行变得缓慢,应该把那些 heavy-load 的工作放到 onStop()去做。

如果 Activity 实际上是要被停止,那么我们应该为了切换的顺畅而减少在 OnPause()方法里面的工作量。

说明:当 Activity 处于暂停状态,Activity 实例是驻留在内存中的,并且在 Activity 恢复的时候重新调用。我们不需要在恢复到 Resumed 状态的一系列回调方法中,重新初始化组件。

(二) 恢复 Activity

当用户从 Paused 状态恢复 Activity 时,系统会调用 onResume()方法。

请注意,系统每次调用这个方法时,Activity 都处于前台,包括第一次创建的时候。所以,应该实现 onResume()来初始化那些在 onPause 方法里面释放掉的组件,并执行那些 Activity 每次进入 Resumed state 都需要的初始化动作,如开始动画与初始化那些只有在获取用户焦点时才需要的组件。

下面的 onResume()的代码是与上面的 onPause()例子相对应的:

```
@Override
public void onResume() {
    super.onResume();  // Always call the superclass method first

    // Get the Camera instance as the activity achieves full user focus
    if (mCamera == null) {
        initializeCamera(); // Local method to handle camera init
    }
}
```

5.4.3 停止与重启 Activity

恰当的停止与重启 Activity 是很重要的,在 Activity 生命周期中,这样能确保用户感知到程序的存在并不会丢失进度。在下面一些关键的场景中会涉及停止与重启:

① 用户打开最近使用 APP 的菜单并从这个 APP 切换到另外一个 APP,这个时候前一个 APP 是被停止的。如果用户通过手机主界面启动程序图标或者通过最近使用程序的窗口回到前一个 APP,那么 Activity 会重启。

② 用户在 APP 里面执行启动一个新 Activity 的操作,当前 Activity 会在第二个

Activity 被创建后停止。如果用户点击返回按钮，第一个 Activtiy 会被重启。

③ 用户在使用 APP 时接收到一个来电通话。

Activity 类提供了 onStop()与 onRestart()方法，来允许在 Activity 停止与重启时进行调用。不同于暂停状态的部分阻塞 UI，停止状态是 UI 不再可见并且用户的焦点转移到另一个 Activity 中。

说明： 因为系统在 Activity 停止时会在内存中保存 Activity 的实例，所以有时不需要实现 onStop()、onRestart()或者是 onStart()方法，因为大多数的 Activity 相对比较简单，Activity 会自己停止与重启，我们只需要使用 onPause()来停止正在运行的动作并断开系统资源链接即可。

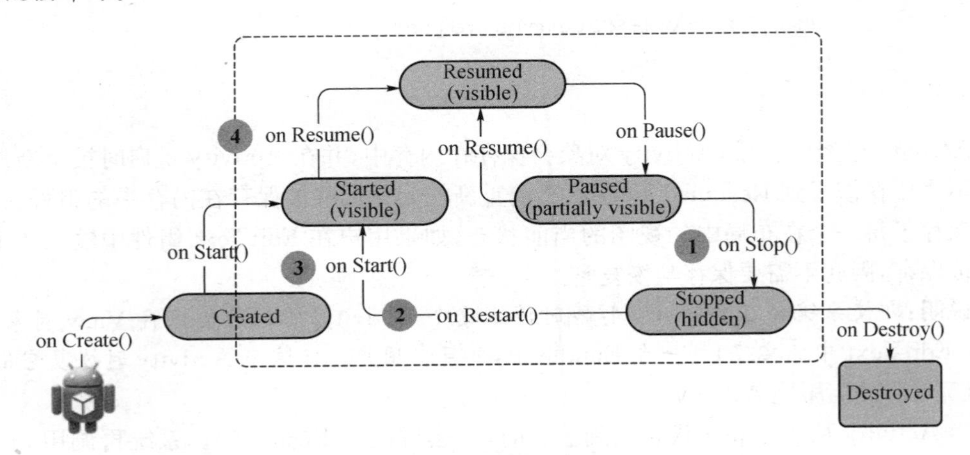

图 5-42　停止与重启 Activity

图 5-42 显示，当用户离开 Activity 时，系统会调用 onStop()来停止 Activity，这个时候如果用户返回，系统会调用 onRestart()，之后会迅速调用 onStart()与 onResume()。请注意：无论什么原因导致 Activity 停止，系统总是会在 onStop()之前调用 onPause()方法。

(一) 停止 Activity

当 Activity 调用 onStop()方法时，Activity 不再可见，并且会释放那些不再需要的所有资源。一旦 Activity 停止了，系统会在需要内存空间时摧毁它的实例，这和栈结构有关，通常返回操作会导致前一个 Activity 被销毁。极端情况下，系统会直接停止我们的 APP 进程，并不执行 Activity 的 onDestroy()回调方法，因此我们需要使用 onStop()来释放资源，从而避免内存泄漏。

尽管 onPause()方法是在 onStop()之前调用，但我们应该使用 onStop()来执行那些 CPU intensive 的 shut-down 操作，例如，往数据库写信息。

下面是一个在 onStop()的方法里面保存笔记草稿到 persistent storage 的代码：

```
@Override
protected void onStop() {
    super.onStop();  // Always call the superclass method first

    // Save the note's current draft, because the activity is stopping
```

```
    // and we want to be sure the current note progress isn't lost.
    ContentValues values = new ContentValues();
    values.put(NotePad.Notes.COLUMN_NAME_NOTE, getCurrentNoteText());
    values.put(NotePad.Notes.COLUMN_NAME_TITLE,
                                getCurrentNoteTitle());
    getContentResolver().update(
mUri, // The URI for the note to update.
            values, // The map of column names and new values to apply
                // to them.
            null,   // No SELECT criteria are used.
            null    // No WHERE columns are used.
            );
}
```

Activity 已经停止后，Activity 对象会保存在内存中，并在 Activity 重启时被重新调用。我们不需要在恢复到 Resumed state 状态前重新初始化那些被保存在内存中的组件。系统同样保存了每一个在布局中的视图的当前状态，如果用户在 EditText 组件中输入了 text，它会被保存，因此不需要保存与恢复它。

说明：即使系统会在 Activity 暂停时停止这个 Activity，它仍然会保存 View 对象的状态（如 EditText 中的文字）到一个 Bundle 中，并且在用户返回这个 Activity 时恢复它们。

（二）启动与重启 Activity

当 Activity 从 Stopped 状态回到前台时，它会调用 onRestart()。系统再调用 onStart()方法，onStart()方法会在每次 Activity 可见时都会被调用。onRestart()方法则是只在 Activity 从 Stopped 状态恢复时才会被调用，因此我们可以使用它来执行一些特殊的恢复(Restoration)工作，请注意之前是被停止而不是被撤销。

使用 onRestart()来恢复 Activity 状态是不太常见的，因此对于这个方法如何使用没有任何的准则。然而，因为 onStop()方法应该做清除所有 Activity 资源的操作，所以我们需要在重启 activtiy 时重新实例化那些被清除的资源，同样，我们也需要在 Activity 第一次被创建时实例化那些资源。基于上面的原因，应该使用 onStart()作为对应 onStop()的方法。因为系统会在创建 Activity 与从停止状态重启 Activity 时都会调用 onStart()。也就是说，我们在 onStop()里面做了哪些清除的操作，就该在 onStart()里面重新把那些清除掉的资源重新创建出来。

因为用户很可能过了很长一段时间才回到之前的 Activity，所以 onStart()方法是一个比较好的方式来验证之前一些必须的系统特性是否仍然可用：

```
@Override
protected void onStart() {
    super.onStart();  // Always call the superclass method first

    // The activity is either being restarted or started for the first
//timeso this is where we should make sure that GPS is enabled
```

```
    LocationManager locationManager =
        (LocationManager)getSystemService(Context.LOCATION_SERVICE);
    boolean gpsEnabled = locationManager.isProviderEnabled(
                              LocationManager.GPS_PROVIDER);
  if (! gpsEnabled) {
        // Create a dialog here that requests the user to enable GPS, and
        // use an intentwith the android.provider.Settings.ACTION
        // _LOCATION_SOURCE_SETTINGS actionto take the user to the
        // Settings screento enable GPSwhen they click "OK"
    }
}

@Override
protected void onRestart() {
    super.onRestart();  // Always call the superclass method first
    // Activity being restarted from stopped state
}
```

当系统撤销 Activity,它会为 Activity 调用 onDestroy()方法。如果我们在 onStop()方法里面做释放资源的操作,那么 onDestory()方法则是我们最后去清除那些可能导致内存泄漏的地方。因此需要确保那些线程都被撤销并且所有的操作都被停止。

5.4.4 重新创建 Activity

有几个场景中,Activity 是由于正常的程序行为而被撤销的。例如,当用户点击返回按钮或者是 Activity 通过调用 finish()来发出停止信号。系统也有可能会在 Activity 处于停止状态且长时间不被使用,或者是在前台 Activity 需要更多系统资源的时候,关闭后台进程,以图获取更多的内存。

当 Activity 是因为用户点击返回按钮或者是因为 Activity 通过调用 finish()而结束时,系统就丢失了对 Activity 实例的引用,因为这一行为意味着不再需要这个 Activity 了。然而,如果因为系统资源紧张而导致 Activity 的撤销,系统就会在用户回到这个 Activity 时有这个 Activity 存在过的记录,并会使用那些保存的记录数据来重新创建一个新的 Activity 实例。那些被系统用来恢复之前状态而保存的数据被叫做"instance state",它是一些存放在 Bundle 对象中的 key-value pairs。

说明: Activity 会在每次旋转屏幕时被撤销与重建。当屏幕改变方向时,系统会撤销与重建前台的 Activity,因为屏幕配置被改变,Activity 可能需要加载另一些替代的资源,如 layout。

默认情况下,系统使用 Bundle 实例来保存每一个 View(视图)对象中的信息,如输入 EditText 中的文本内容。因此,如果 Activity 被撤销与重建,则 layout 的状态信息会自动恢复到之前的状态。然而,Activity 也许存在更多想要恢复的状态信息,例如,记录用户 Progress 的成员变量(Member Variables)。

说明:为了使 Android 系统能够恢复 Activity 中的 View 的状态,每个 View 都必须有一个唯一 ID,由 android:id 定义。

为了可以保存额外更多的数据到 saved instance state。在 Activity 的生命周期里面存在一个额外的回调函数,必须重写这个函数。该回调函数并没有在本书前面的图片示例中显示。这个方法是 onSaveInstanceState(),当用户离开 Activity 时,系统会调用它。当系统调用这个函数时,系统会在 Activity 被异常撤销时传递 Bundle 对象,这样我们就可以增加额外的信息到 Bundle 中并保存它们到系统中。若系统在 Activity 被撤销之后想重新创建这个 Activity 实例时,之前的 Bundle 对象会被系统传递到 Activity 的 onRestoreInstanceState()方法与 onCreate()方法中。

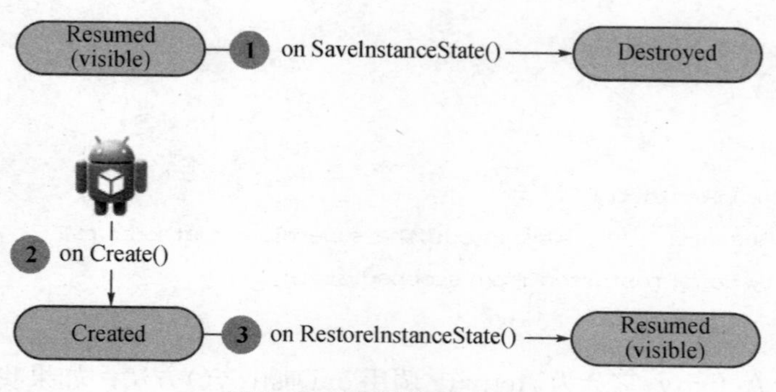

图 5-43　重新创建 Activity

如图 5-43 所示,当系统开始停止 Activity 时,只有在 Activity 实例需要重新创建的情况下,才会调用到 onSaveInstanceState(),在这个方法里面可以指定额外的状态数据到 Bunde 中。如果这个 Activity 被撤销,然后这个实例又需要被重新创建时,系统会传递在 onSaveInstanceState()中的状态数据到 onCreate()与 onRestoreInstanceState()。

通常来说,跳转到其他的 Activity 或者是点击 Home,都会导致当前的 Activity 执行 onSaveInstanceState(),因为这种情况下的 Activity 都是有可能会被撤销并且是需要保存状态以便后续恢复使用的,而从跳转的 Activity 中点击返回键回到前一个 Activity,那么跳转前的 Activity 是执行退栈的操作,所以这种情况下是不会执行 onSaveInstanceState()的,因为这个 Activity 不可能存在需要重建的操作。

(一) 保存 Activity 状态

当 Activity 开始停止,系统会调用 onSaveInstanceState(),Activity 可以用键值对的集合来保存状态信息。这个方法会默认保存 Activity 视图的状态信息,如在 EditText 组件中的文本或 ListView 的滑动位置。

为了给 Activity 保存额外的状态信息,必须实现 onSaveInstanceState() 并增加 key-value pairs 到 Bundle 对象中,例如:

```
static final String STATE_SCORE = "playerScore";
static final String STATE_LEVEL = "playerLevel";
...

@Override
public void onSaveInstanceState(Bundle savedInstanceState) {
```

```
    // Save the user's current game state
    savedInstanceState.putInt(STATE_SCORE, mCurrentScore);
    savedInstanceState.putInt(STATE_LEVEL, mCurrentLevel);

    // Always call the superclass so it can save the view hierarchy state
    super.onSaveInstanceState(savedInstanceState);
}
```

说明：必须要调用 onSaveInstanceState()方法的父类实现，这样默认的父类实现才能保存视图状态的信息。

（二）恢复 Activity 状态

当 Activity 从撤销中重建，我们可以从系统传递的 Activity 的 Bundle 中恢复保存的状态。onCreate()与 onRestoreInstanceState()回调方法都接收到了同样的 Bundle，里面包含了同样的实例状态信息。

由于 onCreate()方法会在第一次创建新的 Activity 实例和创建被撤销的实例时都会被调用，所以我们必须在尝试读取 Bundle 对象前检测它是否为 null。如果它为 null，系统则是创建一个新的 Activity 实例，而不是恢复之前被撤销的 Activity。

下面的示例演示了在 onCreate 方法里面恢复一些数据：

```
@Override
protected void onCreate(Bundle savedInstanceState) {
    super.onCreate(savedInstanceState);
        // Always call the superclass first

    // Check whether we're recreating a previously destroyed instance
    if (savedInstanceState ! = null) {
        // Restore value of members from saved state
        mCurrentScore = savedInstanceState.getInt(STATE_SCORE);
        mCurrentLevel = savedInstanceState.getInt(STATE_LEVEL);
    } else {
        // Probably initialize members with default values
        // for a new instance
    }
    ...
}
```

也可以选择实现 onRestoreInstanceState()，而不是在 onCreate 方法里面恢复数据。onRestoreInstanceState()方法会在 onStart()方法之后执行。系统仅仅会在存在需要恢复的状态信息时才会调用 onRestoreInstanceState()，因此不需要检查 Bundle 是否为 null：

```
public void onRestoreInstanceState(Bundle savedInstanceState) {
    // Always call the superclass so it can restore the view hierarchy
    super.onRestoreInstanceState(savedInstanceState);
```

```
    // Restore state members from saved instance
    mCurrentScore = savedInstanceState.getInt(STATE_SCORE);
    mCurrentLevel = savedInstanceState.getInt(STATE_LEVEL);
}
```

说明:这一方式也需要调用 onRestoreInstanceState()方法的父类实现,这样默认的父类实现才能保存视图状态的信息。

5.5 数据保存

虽然可以在 onPause()时保存一些信息以免用户的使用进度被丢失,但大多数 Android APP 仍然需要保存数据。大多数 APP 都需要保存用户的设置信息,而且有一些 APP 必须维护大量的文件信息与 DB 信息。

本小节介绍 Android 中主要的数据存储方法。

5.5.1 保存到 Preference

当有相对较小的 key-value 集合需要保存时,可以使用 SharedPreferences API。SharedPreferences 对象指向一个保存 key-value 对的文件,并为读写他们提供了简单的方法。每个 SharedPreferences 文件均由 framework 管理,它既可以是私有的,也可以是共享的。

说明:SharedPreferences APIs 仅仅提供了读写 key-value 对的功能,不要与 Preference APIs 相混淆。

(一) 获取 shared preference 文件

可以通过以下两种方法文件创建或者访问 shared preference 文件:

① getSharedPreferences()。

如果需要多个通过名称参数来区分的 shared preference 文件,名称可以通过第一个参数来指定。可在 APP 中通过任何一个 Context 执行该方法。

② getPreferences()。

当 Activity 仅需要一个 shared preference 文件时,可以使用该方法。因为该方法会检索 Activity 下默认的 shared preference 文件,并不需要提供文件名称。

下面的示例在一个 Fragment 中被执行,它是一个以 private 模式访问名为 R. string. preference_file_key 的 shared preference 文件。这种情况下,该文件仅能被我们的 APP 访问:

```
Context context = getActivity();
SharedPreferences sharedPref = context.getSharedPreferences(
getString(R.string.preference_file_key),
Context.MODE_PRIVATE);
```

应以与 APP 相关的方式为 shared preference 文件命名,且该名称应唯一。如上面示例中可将其命名为“com. example. myapp. PREFERENCE_FILE_KEY”。

当然，当 Activity 仅需要一个 shared preference 文件时，我们可以使用 getPreferences()方法：

```
SharedPreferences sharedPref =
                    getActivity().getPreferences(Context.MODE_PRIVATE);
```

说明：如果创建了一个 MODE_WORLD_READABLE 或者 MODE_WORLD_WRITEABLE 模式的 shared preference 文件，则其他任何 APP 均可通过文件名访问该文件。

（二）写 shared preference 文件

写 shared preferences 文件，应执行 edit()创建 SharedPreferences. Editor，然后通过类似 putInt()与 putString()等方法传递 keys 与 values，接着通过 commit()提交改变：

```
SharedPreferences sharedPref =
                getActivity().getPreferences(Context.MODE_PRIVATE);
SharedPreferences.Editor editor = sharedPref.edit();
editor.putInt(getString(R.string.saved_high_score), newHighScore);
editor.commit();
```

（三）读 shared preference 文件

为了从 shared preference 中读取数据，可以通过类似于 getInt()及 getString()等方法来读取。在那些方法里面，传递我们想要获取的 value 对应的 key，并提供一个默认的 value 作为查找的 key 不存在时函数的返回值。代码如下：

```
SharedPreferences sharedPref =
                getActivity().getPreferences(Context.MODE_PRIVATE);
int defaultValue =
                getResources().getInteger(R.string.saved_high_score_default);
long highScore =
                sharedPref.getInt(getString(R.string.saved_high_score), default);
```

5.5.2　保存到文件

Android 使用与其他平台类似的、基于磁盘的文件系统。本小节将描述如何在 Android 文件系统上使用 File 读写 APIs，并对 Andorid 的 file system 进行读写。

File 对象非常适合用于流式顺序数据的读写，如图片文件或是网络中交换的数据等。

（一）存储在内部还是外部

所有的 Android 设备均有两个文件存储区域："internal"与"external"。这两个名称来自早先的 Android 系统，当时大多设备都内置了不可变的内存(Internal Storage)及一个类似于 SD card(External Storage)的可卸载的存储部件。下面列出了两者的区别：

(1) Internal Storage。

① 它总是可用的。

② 这里的文件默认只能被 APP 所访问。

③ 当用户卸载 APP 的时候，系统会把 Internal Storage 内该 APP 相关的文件都清除

干净。

④ Internal Storage是我们在想确保不被用户与其他APP所访问的最佳存储区域。

(2) External Storage。

① 它并不总是可用的,因为用户有时会通过USB存储模式挂载外部存储器,当取下挂载的这部分后,就无法对其进行访问了。

② 它是大家都可以访问的,因此保存在这里的文件可能被其他程序访问。

③ 当用户卸载APP时,系统仅仅会删除External Storage根目录(getExternalFilesDir())下的相关文件。

④ External Storage是在不需要严格的访问权限,并且希望这些文件能够被其他APP所共享或者是允许用户通过电脑访问时的最佳存储区域。

说明: 尽管APP是默认被安装到Internal Storage的,但我们还是可以通过在程序的manifest文件中声明android:installLocation属性来指定程序安装到External Storage。当某个程序的安装文件很大,且用户的External Storage空间大于Internal Storage时,用户会倾向于将该程序安装到External Storage。

(二) 获取External存储的权限

为了写数据到External Storage,必须在manifest文件中请求WRITE_EXTERNAL_STORAGE权限:

```
<manifest ...>
<uses-permission android:name="android.permission.WRITE_EXTERNAL_STORAGE" />
    ...
</manifest>
```

注意: 目前,所有的应用程序都可以在不指定某个专门的权限下做读External Storage的动作。但这在以后的安卓版本中会有所改变。如果APP只需要读的权限,那么将需要声明READ_EXTERNAL_STORAGE权限。为了确保APP能持续地正常工作,我们现在在编写程序时就需要声明读的权限:

```
<manifest ...>
<uses-permission android:name="android.permission.READ_EXTERNAL_STORAGE" />
    ...
</manifest>
```

但是,如果我们的程序已经声明WRITE_EXTERNAL_STORAGE权限,那么就默认有了读的权限。对于Internal Storage,我们不需要声明任何权限,因为程序默认已经有读写程序目录下的文件的权限。

(三) 保存文件到Internal Storage

当保存文件到Internal Storage时,可以通过执行下面两个方法之一来获取合适的目录作为FILE的对象:

① getFilesDir():返回一个File,代表了APP的internal目录。

② getCacheDir():返回一个File,代表了APP的internal缓存目录。请确保这个目录下的文件能够在一旦不再需要的时候马上被删除,并对其大小进行合理限制,如1MB。系

统的内部存储空间不够时，会自行选择删除缓存文件。

可以使用 File()构造器在那些目录下创建一个新的文件，如下：

```
File file = new File(context.getFilesDir(), filename);
```

同样，也可以执行 openFileOutput()获取一个 FileOutputStream 用于写文件到 internal 目录。代码如下：

```
String filename = "myfile";
String string = "Hello world!";
FileOutputStream outputStream;

try {
  outputStream = openFileOutput(filename, Context.MODE_PRIVATE);
  outputStream.write(string.getBytes());
  outputStream.close();
} catch (Exception e) {
  e.printStackTrace();
}
```

如果需要缓存一些文件，可以使用 createTempFile()。例如，下面的方法从 URL 中抽取了一个文件名，然后再在程序的 internal 缓存目录下创建了一个以这个文件名命名的文件：

```
public File getTempFile(Context context, String url) {
    File file;
    try {
        String fileName = Uri.parse(url).getLastPathSegment();
        file = File.createTempFile(fileName, null, context.getCacheDir());
    catch (IOException e) {
        // Error while creating file
    }
    return file;
}
```

说明：APP 的 internal storage 目录以 APP 的包名作为标识存放在 Android 文件系统的特定目录下“data/data/com.example.xx”。从技术上讲，如果文件被设置为可读的，那么其他 APP 就可以读取该 internal 文件。然而，其他 APP 需要知道包名与文件名。若没有设置为可读或者可写，其他 APP 是没有办法读写的。因此我们只要使用了 MODE_PRIVATE，那么这些文件就不可能被其他 APP 所访问。

(四) 保存文件到 External Storage

因为 External Storage 可能是不可用的，因此在访问之前应对其可用性进行检查。我们可以通过执行 getExternalStorageState()来查询 External 存储的状态。若返回状态为 MEDIA_MOUNTED，则可以读写。代码如下：

```
/* Checks if external storage is available for read and write */
```

```
public boolean isExternalStorageWritable() {
    String state = Environment.getExternalStorageState();
    if (Environment.MEDIA_MOUNTED.equals(state)) {
        return true;
    }
    return false;
}

/* Checks if external storage is available to at least read */
public boolean isExternalStorageReadable() {
    String state = Environment.getExternalStorageState();
    if (Environment.MEDIA_MOUNTED.equals(state) ||
        Environment.MEDIA_MOUNTED_READ_ONLY.equals(state)) {
        return true;
    }
    return false;
}
```

因为 External Storage 对于用户与其他 APP 是可修改的，所以我们可以将其保存为下面两种类型的文件：

① public files。

这些文件对于用户与其他 APP 来说是公开的，当用户卸载 APP 时，这些文件应该保留。例如，那些被 APP 拍摄的图片或者下载的文件。

② private files。

这些文件完全被 APP 所私有，它们应该在 APP 被卸载时删除。尽管由于存储在 External Storage，那些文件从技术上而言可以被用户与其他 APP 所访问，但实际上那些文件对于其他 APP 没有任何意义。因此，当用户卸载 APP 时，系统会删除其下的 private 目录。例如，那些被 APP 下载的缓存文件。

想要将文件以 public 形式保存在 External Storage 中，应使用 getExternalStorage PublicDirectory()方法来获取一个 File 对象，该对象表示存储在 external storage 的目录。这个方法会需要带有一个特定的参数来指定这些 public 文件类型，以便于与其他 public 文件进行分类。参数类型包括 DIRECTORY_MUSIC 或者 DIRECTORY_PICTURES。代码如下：

```
public File getAlbumStorageDir(String albumName) {
    // Get the directory for the user's public pictures directory.
    File file = new File(Environment.getExternalStoragePublicDirectory(
            Environment.DIRECTORY_PICTURES), albumName);
    if (! file.mkdirs()) {
        Log.e(LOG_TAG, "Directory not created");
    }
    return file;
}
```

想要将文件以 private 形式保存在 External Storage 中，可以通过执行 getExternalFilesDir()来获取相应的目录，并且传递一个指示文件类型的参数。每一个以这种方式创建的目录都会被添加到 External Storage 封装 APP 目录下的参数文件夹下。这下面的文件会在用户卸载 APP 时被系统删除。代码如下：

```
public File getAlbumStorageDir(Context context, String albumName) {
    // Get the directory for the app's private pictures directory.
    File file = new File(context.getExternalFilesDir(
            Environment.DIRECTORY_PICTURES), albumName);
    if (! file.mkdirs()) {
        Log.e(LOG_TAG, "Directory not created");
    }
    return file;
}
```

如果刚开始的时候，没有预定义的子目录存放 APP 的文件，可以在 getExternalFilesDir()方法中传递 null。它会返回 APP 在 External Storage 下的 private 的根目录。

说明：getExternalFilesDir()方法创建的目录会在 APP 被卸载时被系统删除。如果文件想在 APP 被删除时仍然保留，应使用 getExternalStoragePublicDirectory()。

无论是使用 getExternalStoragePublicDirectory()来存储可以共享的文件，还是使用 getExternalFilesDir()来储存那些对于 APP 来说是私有的文件，有一点很重要，那就是要使用那些类似 DIRECTORY_PICTURES 的 API 的常量。这样，目录类型参数可以确保文件被系统正确地对待。例如，以 DIRECTORY_RINGTONES 类型保存的文件会被系统的 media scanner 认为是铃声而不是音乐。

（五）查询剩余空间

如果事先知道想要保存的文件大小，可以通过执行 getFreeSpace()或 getTotalSpace()来判断是否有足够的空间保存文件，避免发生 IOException。该方法提供了当前可用的空间，还有存储系统的总容量。

然而，即使通过执行 getFreeSpace()查询到有剩余容量，系统也并不能保证一定可以把文件写入进去，如果查询的剩余容量比我们的文件大小多几 MB，或者文件系统使用率还不足 90%，这样则可以继续进行写的操作，否则最好不要写进去。

说明：并没有强制要求在写文件之前去检查剩余容量。我们可以尝试先做写的动作，然后通过捕获 IOException 来判断是否出现写入异常。这种做法仅适合于事先并不知道想要写的文件确切大小的情况。例如，如果在把 PNG 图片转换成 JPEG 之前，我们并不知道最终生成的图片大小是多少。

（六）删除文件

在不需要使用某些文件的时候应删除它。删除文件最直接的方法是执行文件的 delete()方法：

```
myFile.delete();
```

如果文件是保存在 Internal Storage，我们可以通过 Context 来访问并通过执行 deleteFile()进行删除：

```
myContext.deleteFile(fileName);
```

说明：当用户卸载 APP 时，Android 系统会删除以下文件：

(1) 所有保存到 Internal storage 的文件。

(2) 所有使用 getExternalFilesDir()方法保存在 External Storage 的文件。

然而，通常来说，我们应该手动删除所有通过 getCacheDir()方法创建的缓存文件，以及那些不会再用到的文件。

5.5.3 保存到数据库

将重复或者结构化的数据(如联系人信息)等保存到 DB 是个不错的方法。在 Android 上可能会使用到的 APIs，可以从 android. database. sqlite 包中找到。

(一) 定义 Schema 与 Contract

SQL 中一个重要的概念是 schema：它是一种 DB 结构的正式声明，用于表示 database 的组成结构。schema 是从创建 DB 的 SQL 语句中生成的。

合约类(contract class)用一种系统化并且自动生成文档的方式，显示指定了 schema 样式。Contract Clsss 是一些常量的容器。它定义了 URIs、表名、列名等。这个 contract 类允许在同一个包下与其他类使用同样的常量。通过它，我们只需要在一个地方修改列名，然后这个列名就可以自动传递给整个 code。

组织 contract 类的一个方法是在类的根层级定义一些全局变量，然后为每一个 table 来创建内部类。

说明：通过实现 BaseColumns 的接口，内部类可以继承到一个名为_ID 的主键，这个对于 Android 里面的一些类似 cursor adaptor 类是很有必要的。这么做不是必须的，但这样能够使得我们的 DB 与 Android 的 framework 很好地相容。

例如，下面的例子定义了表名与该表的列名：

```
publicfinalclassFeedReaderContract {
// To prevent someone from accidentally instantiating the contract // class,give it an
            empty constructor.
public FeedReaderContract(){}

/* Inner class that defines the table contents */
publicstaticabstractclassFeedEntryimplementsBaseColumns {
publicstaticfinal String TABLE_NAME = "entry";
publicstaticfinal String COLUMN_NAME_ENTRY_ID = "entryid";
publicstaticfinal String COLUMN_NAME_TITLE = "title";
publicstaticfinal String COLUMN_NAME_SUBTITLE = "subtitle";
    ...
    }
}
```

（二）使用 SQL Helper 创建 DB

定义好了的 DB 的结构之后，就应该实现那些创建与维护 db 和 table 的方法。下面是一些典型的创建与删除 table 的语句：

```
privatestaticfinal String TEXT_TYPE = " TEXT";
privatestaticfinal String COMMA_SEP = ",";
privatestaticfinal String SQL_CREATE_ENTRIES =
"CREATE TABLE " + FeedReaderContract.FeedEntry.TABLE_NAME + " (" +
    FeedReaderContract.FeedEntry._ID +" INTEGER PRIMARY KEY," +
    FeedReaderContract.FeedEntry.COLUMN_NAME_ENTRY_ID + TEXT_TYPE + COMMA_
            SEP +
    FeedReaderContract.FeedEntry.COLUMN_NAME_TITLE + TEXT_TYPE + COMMA_
            SEP +
    ...// Any other options for the CREATE command
" )";

privatestaticfinal String SQL_DELETE_ENTRIES =
"DROP TABLE IF EXISTS " + TABLE_NAME_ENTRIES;
```

类似于保存文件到设备的 Internal Storage，Android 会将 db 保存到程序的 private 的空间。我们的数据是受保护的，因为那些区域默认是私有的，不可被其他程序所访问。

在 SQLiteOpenHelper 类中有一些很有用的 APIs。当使用这个类来做一些与 db 有关的操作时，系统会对那些有可能比较耗时的操作（如创建与更新等）在真正需要的时候才去执行，而不是在 APP 刚启动的时候就去做那些。我们所需要做的仅仅是执行 getWritableDatabase()或者 getReadableDatabase()。

要使用 SQLiteOpenHelper 类，需创建一个子类并重写 onCreate()、onUpgrade()与 onOpen()等 callback 方法。也许还需要实现 onDowngrade()，但这并不是必需的。

例如，下面是一个实现了 SQLiteOpenHelper 类的语句：

```
public class FeedReaderDbHelper extends SQLiteOpenHelper {
    // If you change the database schema, you must increment the database// version.
    public static final int DATABASE_VERSION = 1;
    public static final String DATABASE_NAME = "FeedReader.db";

    public FeedReaderDbHelper(Context context) {
        super(context, DATABASE_NAME, null, DATABASE_VERSION);
    }
    public void onCreate(SQLiteDatabase db) {
        db.execSQL(SQL_CREATE_ENTRIES);
    }
    public void onUpgrade(SQLiteDatabase db, int oldVersion, int newVersion)
            {
        // This database is only a cache for online data, so its upgrade //policy isto simply
```

```
                to discard the data and start over
        db.execSQL(SQL_DELETE_ENTRIES);
        onCreate(db);
    }
    public void onDowngrade(SQLiteDatabase db, int oldVersion, int newVersion)
            {
        onUpgrade(db, oldVersion, newVersion);
    }
}
```

为了访问db,需要实例化SQLiteOpenHelper的子类:

```
FeedReaderDbHelper mDbHelper = new FeedReaderDbHelper(getContext());
```

(三) 添加信息到DB

添加信息到DB,是通过传递一个ContentValues对象到insert()方法:

```
// Gets the data repository in write mode
SQLiteDatabase db = mDbHelper.getWritableDatabase();
// Create a new map of values, where column names are the keys
ContentValues values = new ContentValues();
values.put(FeedReaderContract.FeedEntry.COLUMN_NAME_ENTRY_ID, id);
values.put(FeedReaderContract.FeedEntry.COLUMN_NAME_TITLE, title);
values.put(FeedReaderContract.FeedEntry.COLUMN_NAME_CONTENT, content);

// Insert the new row, returning the primary key value of the new row
long newRowId;
newRowId = db.insert(
        FeedReaderContract.FeedEntry.TABLE_NAME,
        FeedReaderContract.FeedEntry.COLUMN_NAME_NULLABLE,
        values);
```

insert()方法的第一个参数是table名,第二个参数会使得系统自动将那些ContentValues没有提供数据的列填充数据为null,如果第二个参数传递的是null,那么系统则不会对那些没有提供数据的列进行填充。

(四) 从DB中读取信息

为了从DB中读取数据,需要使用query()方法,传递需要查询的条件。查询后会返回一个Cursor对象:

```
SQLiteDatabase db = mDbHelper.getReadableDatabase();

// Define a projection that specifies which columns from the database
// you will actually use after this query.
String[] projection = {
    FeedReaderContract.FeedEntry._ID,
    FeedReaderContract.FeedEntry.COLUMN_NAME_TITLE,
```

```
        FeedReaderContract.FeedEntry.COLUMN_NAME_UPDATED,
        ...
        };

    // How you want the results sorted in the resulting Cursor
    String sortOrder =
        FeedReaderContract.FeedEntry.COLUMN_NAME_UPDATED + " DESC";

    Cursor c = db.query(
        FeedReaderContract.FeedEntry.TABLE_NAME,  // The table to query
        projection,                        // The columns to return
    selection,                         // The columns for the WHERE clause
        selectionArgs,                     // The values for the WHERE clause
        null,      // don't group the rows
        null,      // don't filter by row groups
        sortOrder// The sort order
        );
```

要查询在 cursor 中的行，应调使用 cursor 的其中一个 move 方法，但必须在读取值之前调用。一般来说，应该先调用 moveToFirst()函数，将读取位置置于结果集最开始的位置。对每一行，我们可以使用 cursor 的其中一个 get 方法，如 getString()或 getLong()，获取列的值。每一个 get 方法必须传递想要获取的列的索引位置(index position)，索引位置可以通过调用 getColumnIndex()或 getColumnIndexOrThrow()获得。

下面演示如何从 course 对象中读取数据信息：

```
cursor.moveToFirst();
long itemId = cursor.getLong(
    cursor.getColumnIndexOrThrow(FeedReaderContract.FeedEntry._ID)
);
```

(五) 删除 DB 中的信息

和查询信息一样，删除数据同样需要提供一些删除标准。DB 的 API 提供了一个防止 SQL 注入的机制来创建查询与删除标准。

SQL 注入(SQL Injection)，是随着 B/S 模式应用开发的发展而出现的，当使用这种模式编写应用程序的程序员也越来越多，程序员的水平及经验也参差不齐，相当大一部分程序员在编写代码时没有对用户输入数据的合法性进行判断，使应用程序存在安全隐患。在该机制下，用户可以提交一段数据库查询代码，根据程序返回的结果，获得某些他想得知的数据，从而防止隐患发生。

该机制把查询语句划分为选项条件与选项参数两部分。选项条件定义了查询的列的特征，选项参数用于测试是否符合前面的条款。由于处理的结果不同于通常的 SQL 语句，这样可以避免 SQL 注入问题。代码如下：

```
// Define 'where' part of query.
String selection = FeedReaderContract.FeedEntry.COLUMN_NAME_ENTRY_ID +
            " LIKE ?";
```

```
// Specify arguments in placeholder order.
String[] selelectionArgs = { String.valueOf(rowId) };
// Issue SQL statement.
db.delete(table_name, mySelection, selectionArgs);
```

（六）更新数据

当需要修改DB中的某些数据时，使用update()方法。

update结合了插入与删除的语法：

```
SQLiteDatabase db = mDbHelper.getReadableDatabase();

// New value for one column
ContentValues values = new ContentValues();
values.put(FeedReaderContract.FeedEntry.COLUMN_NAME_TITLE, title);
// Which row to update, based on the ID
String selection = FeedReaderContract.FeedEntry.COLUMN_NAME_ENTRY_ID +
            " LIKE ?";
String[] selectionArgs = { String.valueOf(rowId) };

int count = db.update(
    FeedReaderDbHelper.FeedEntry.TABLE_NAME,
    values,
    selection,
    selectionArgs);
```

5.6 与其他应用的交互

一个Android APP通常都会有多个Activity。每个Activity的界面都扮演用户接口的角色，允许用户执行一些特定任务，如查看地图或者是开始拍照等。为了让用户能够从一个activity跳到另一个Activity，APP必须使用Intent来定义自己的意图。当使用startActivity()的方法且参数是Intent时，系统会使用这个Intent来定义并启动合适的APP组件。使用Intent甚至还可以让APP启动另一个APP里面的Activity。

一个Intent可以显式地用一个指定的Activity实例，指明需要启动的模块，也可以隐式地指明自己可以处理哪种类型的动作，如拍一张照等。

本小节讲解如何使用Intent与其他APP执行一些基本的交互。比如，启动另外一个APP，从其他APP接收数据，以及使得我们的APP能够响应从其他APP中发出的Intent等。

5.6.1 Intent的发送

Android中最重要的特征之一就是可以利用一个带有Action的Intent使当前APP能够跳转到其他APP。例如，如果APP有一个地址想要显示在地图上，我们并不需要在APP

里面创建一个Activity用来显示地图，而是使用Intent来发出查看地址的请求。Android系统则会启动能够显示地图的程序来呈现该地址。

我们必须使用Intent来在同一个APP的两个Activity之间进行切换。通常是定义一个显式(explicit)的Intent，它指定了需要启动组件的类名。然而，当想要唤起不同的APP来执行某个动作(如查看地图)，则必须使用隐式(implicit)的Intent。

(一) 建立隐式的Intent

Implicit Intents并不声明要启动组件的具体类名，而是声明一个需要执行的Action。这个Action指定了我们想做的事情，如查看、编辑、发送或者是获取一些东西。Intents通常会在发送Action的同时附带一些数据，如想要查看的地址或者是想要发送的邮件信息。数据的具体类型取决于我们想要创建的Intent，比如，Uri或其他规定的数据类型，或者不需要数据。

如果数据是一个Uri，会有一个简单的Intent() constructor用于定义action与data。

例如，下面是一个带有指定电话号码的Intent：

```
Uri number = Uri.parse("tel:12345678");
Intent callIntent = new Intent(Intent.ACTION_DIAL, number);
```

当app通过执行startActivity()启动这个Intent时，Phone app会使用这个电话号码来拨出电话。

下面是一些Intent的举例：

(1) 查看地图：

```
// Map point based on address
Uri location =
        Uri.parse("geo:0,0? q = 1600 + Amphitheatre + Parkway, + Mountain + View, +
        California");
// Or map point based on latitude/longitude
// Uri location = Uri.parse("geo:37.422219,-122.08364? z = 14"); // z param // is
        zoom level
Intent mapIntent = new Intent(Intent.ACTION_VIEW, location);
```

(2) 查看网页：

```
Uri webpage = Uri.parse("http://www.android.com");
Intent webIntent = new Intent(Intent.ACTION_VIEW, webpage);
```

(3) 至于一些需要extra数据的Implicit Intent，我们可以使用putExtra()方法来添加那些数据。默认情况下，系统会根据Uri数据类型来决定需要哪些合适的MIME type。如果我们没有在Intent中包含一个Uri，则通常需要使用setType()方法来指定Intent附带的数据类型。设置MIME type是为了指定应该接受这个Intent的Activity。

例如：

① 发送一个带附件的email：

```
Intent emailIntent = new Intent(Intent.ACTION_SEND);
// The intent does not have a URI, so declare the "text/plain" MIME type
```

```
emailIntent.setType(HTTP.PLAIN_TEXT_TYPE);
emailIntent.putExtra(Intent.EXTRA_EMAIL, new String[] {"jon@example.com"});
            // recipients
emailIntent.putExtra(Intent.EXTRA_SUBJECT, "Email subject");
emailIntent.putExtra(Intent.EXTRA_TEXT, "Email message text");
emailIntent.putExtra(Intent.EXTRA_STREAM,
            Uri.parse("content://path/to/email/attachment"));
// You can also attach multiple items by passing an ArrayList of Uris
```

② 创建一个日历事件：

```
Intent calendarIntent = new Intent(Intent.ACTION_INSERT, Events.CONTENT_URI);
Calendar beginTime = Calendar.getInstance().set(2012, 0, 19, 7, 30);
Calendar endTime = Calendar.getInstance().set(2012, 0, 19, 10, 30);
calendarIntent.putExtra(CalendarContract.EXTRA_EVENT_BEGIN_TIME,
            beginTime.getTimeInMillis());
calendarIntent.putExtra(CalendarContract.EXTRA_EVENT_END_TIME,
            endTime.getTimeInMillis());
calendarIntent.putExtra(Events.TITLE, "Ninja class");
calendarIntent.putExtra(Events.EVENT_LOCATION, "Secret dojo");
```

说明：在尽可能地将 Intent 定义的更加确切。例如，如果想要使用 ACTION_VIEW 的 Intent 来显示一张图片，则还应该指定 MIME type 为 image/*。这样能够阻止其他可以“查看”其他数据类型的 APP(如一个地图 APP)，被这个 Intent 叫起。

(二) 验证是否有 APP 去接收这个 Intent

尽管 Android 系统会确保每一个确定的 Intent 会被系统内置的一个 APP 接收，但是我们还是应该在触发一个 Intent 之前，验证是否有 APP 接受这个 Intent。

如果触发了一个 Intent，而没有任何一个 APP 会去接收这个 Intent，则 APP 会死掉。为验证是否有合适的 Activity 响应这个 Intent，需要执行 queryIntentActivities()来获取能够接收这个 Intent 的所有 Activity 的 List。若返回的 List 非空，那么我们才可以安全地使用这个 Intent。

例如：

```
PackageManager packageManager = getPackageManager();
List<ResolveInfo> activities = packageManager.queryIntentActivities(intent, 0);
boolean isIntentSafe = activities.size() > 0;
```

如果 isIntentSafe 为 true，那么至少有一个 APP 可以响应这个 Intent；为 false，则说明没有 APP 可以处理这个 Intent。我们必须在第一次使用之前做这个检查，若是不可行，则应该关闭这个功能；如果知道某个确切的 APP 能够处理这个 Intent，我们也可以向用户提供下载该 APP 的链接。

(三) 使用 Intent 启动 Activity

当创建好了 Intent 并且设置好了 extra 数据后，可以通过执行 startActivity() 将 Intent 发送到系统。若系统确定了多个 Activity 可以处理这个 Intent，它会显示出一个 dialog，让用户选择启动哪个APP。如果系统发现只有一个APP可以处理这个Intent,则系统将直接启动该APP。输入代码,如图5-44所示:

```
startActivity(intent);
```

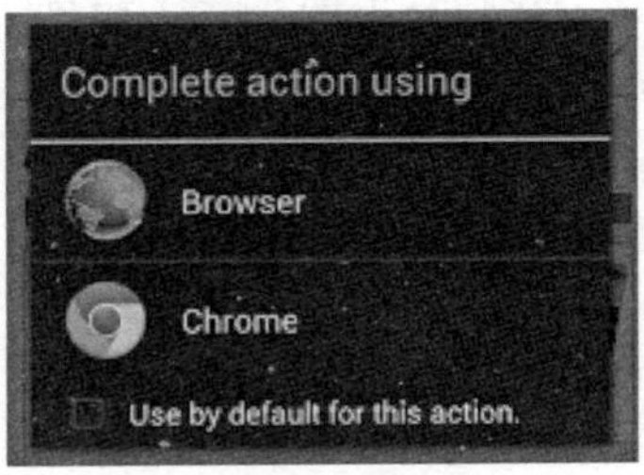

下面的语句演示了如何创建一个intent来查看地图,首先验证有APP可以接收这个intent,然后启动它:

图5-44 dialog图标

```
// Build the intent
Uri location =
        Uri.parse("geo:0,0? q = 1600 + Amphitheatre + Parkway, + Mountain + View, +
        California");
Intent mapIntent = new Intent(Intent.ACTION_VIEW, location);

// Verify it resolves
PackageManager packageManager = getPackageManager();
List<ResolveInfo> activities =
         packageManager.queryIntentActivities(mapIntent, 0);
boolean isIntentSafe = activities.size() > 0;

// Start an activity if it's safe
if (isIntentSafe) {
    startActivity(mapIntent);
}
```

5.6.2 接收Activity返回的结果

启动另外一个Activity并不一定是单向的。我们也可以启动另外一个Activity,然后接受一个返回的result。为接受result,我们需要使用startActivityForResult(),而不是startActivity()。

例如,APP可以启动一个camera程序并接受拍摄的照片作为result,或者可以启动联系人程序并获取其中联系的人的详情作为result。

当然,被启动的Activity需要指定返回的result。它需要把这个result作为另外一个Intent对象返回,之前的Activity需要在onActivityResult()的回调方法里面去接收result。

在执行startActivityForResult()时,可以使用explicit或者implicit的Intent。当启动另外一个位于的程序中的Activity时,我们应该使用explicit Intent来确保可以接收到期待的结果。

(一)启动Activity

startActivityForResult()方法中的Intent与之前介绍的并无太大差异,不过需要在这个方法里面多添加一个int类型的参数。

该Integer参数称为"request code",用于标识请求。当我们接收到result Intent时,可从回调方法里面的参数去判断这个result是否是我们想要的。

例如，下面是一个启动 Activity 来选择联系人的语句：

```
static final int PICK_CONTACT_REQUEST = 1;  // The request code
...
private void pickContact() {
Intent pickContactIntent = new Intent(Intent.ACTION_PICK,
    Uri.parse("content://contacts"));
    pickContactIntent.setType(Phone.CONTENT_TYPE); // Show user only
            //contacts w/ phone numbers
    startActivityForResult(pickContactIntent, PICK_CONTACT_REQUEST);
}
```

（二）接收 Result

当用户完成了启动 Activity 操作之后，系统会调用我们 Activity 中的 onActivityResult() 回调方法。该方法有三个参数：

(1) 通过 startActivityForResult()传递的 request code。

(2) 第二个 Activity 指定的 result code。如果操作成功返回代码是 RESULT_OK，如果没有操作成功，而是直接点击回退或者其他情形，那么返回代码是 RESULT_CANCELED。

(3) 包含了所返回 Result 数据的 Intent。

下面代码显示了如何处理 Result：

```
@Override
protected void onActivityResult(int requestCode, int resultCode,
Intent data) {
    // Check which request we're responding to
    if (requestCode == PICK_CONTACT_REQUEST) {
        // Make sure the request was successful
        if (resultCode == RESULT_OK) {
            // The user picked a contact.
            // The Intent's data Uri identifies which contact
                //was selected.
            // Do something with the contact here (bigger example below)
        }
    }
}
```

上面被返回的 Intent 使用 Uri 的形式来表示返回的联系人。

为正确处理这些 Result，我们必须了解 Result Intent 的格式。对于自己程序里面的返回 Result 是比较简单的。APP 都会有一些自己的 API 来指定特定的数据。

（三）读取联系人数据

前文处理 Result 的代码展示了如何获取联系人的返回结果，但没有说清楚如何从结果中读取数据，因为这需要更多关于 content providers 的知识。下面是一段代码，展示如何从

被选的联系人中读出电话号码：

```
@Override
protected void onActivityResult(int requestCode, int resultCode,
Intent data) {
    // Check which request it is that we're responding to
    if (requestCode == PICK_CONTACT_REQUEST) {
        // Make sure the request was successful
        if (resultCode == RESULT_OK) {
            // Get the URI that points to the selected contact
            Uri contactUri = data.getData();
            // We only need the NUMBER column, because there will
                    //be only one row in the result
            String[] projection = {Phone.NUMBER};

            // Perform the query on the contact to get the NUMBER column
            // We don't need a selection or sort order (there's
                      //only one result for the given URI)
            // CAUTION: The query() method should be called from a
                    //separate thread to avoid blocking
            // your app's UI thread. (For simplicity of the sample,
                    //this code doesn't do that.)
            // Consider using CursorLoader to perform the query.
            Cursor cursor = getContentResolver()
                    .query(contactUri, projection, null, null, null);
            cursor.moveToFirst();

            // Retrieve the phone number from the NUMBER column
            int column = cursor.getColumnIndex(Phone.NUMBER);
            String number = cursor.getString(column);

            // Do something with the phone number...
        }
    }
}
```

5.6.3　Intent 过滤

前面讲述了从一个 APP 启动另外一个 APP。但如果我们创建的 APP 的功能对别的 APP 也有用，那么在 APP 中应该做好响应的准备。例如，如果创建了一个社交 APP，可分享 messages 或者 photos 给好友，那么最好 APP 能接收 ACTION_SEND 的 Intent，这样当用户在其他 APP 触发分享功能的时候，APP 能够出现在待选对话框。

可以通过在 manifest 文件中的<activity>标签下添加<intent-filter>的属性，使其他的APP能够启动我们创建的Activity。

当APP被安装到设备上时，系统可以识别Intent Filter并把这些信息记录下来。当其他APP使用implicit Intent执行startActivity()或者startActivityForResult()时，系统会自动查找出那些可以响应该Intent的Activity。

（一）添加Intent Filter

为了尽可能确切地定义Activity能够处理的Intent，每一个Intent Filter都应该尽可能详尽地定义action与data。

若Activity中的Intent Filter满足以下Intent对象的标准，系统就能够把特定的intent发送给Activity：

① Action，是一个想要执行的动作的名称，通常是系统已经定义好的值，如ACTION_SEND或ACTION_VIEW。在Intent Filter中通过<action>指定它的值，值的类型必须为字符串，而不是API中的常量。

② Data，是Intent附带数据的描述。在Intent Filter中通过<data>指定它的值，可以使用一个或者多个属性，我们可以只定义MIME type或者是只指定URI prefix，也可以只定义一个URI scheme，或者是综合使用它们。

说明：如果不想处理URI类型的数据，那么应该指定android:mimeType属性。例如，text/plain或image/jpeg。

③ Category，提供一个附加的方法来标识这个activity能够处理的intent，通常与用户的手势或者是启动位置有关。系统支持几种不同的Categories，但是大多数都很少用到，而且，所有的implicit Intents都默认是CATEGORY_DEFAULT类型的，在Intent Filter中用<category>指定它的值。

在Intent Filter中，可以在<intent-filter>元素中定义对应的XML元素来声明Activity使用何种标准。

例如，这个有Intent Filter的Activity，当数据类型为文本或图像时会处理ACTION_SEND的intent：

```
<activity android:name="ShareActivity">
<intent-filter>
<action android:name="android.intent.action.SEND"/>
<category android:name="android.intent.category.DEFAULT"/>
<data android:mimeType="text/plain"/>
<data android:mimeType="image/*"/>
</intent-filter>
</activity>
```

每一个发送出来的Intent只会包含一个action与data类型，但处理这个Intent的Activity的<intent-filter>可以声明多个<action>、<category>与<data>。

如果任何两对action与data是互相矛盾的，就应该创建不同的Intent Filter来指定特定的action与type。

假设Activity可以处理文本与图片，无论是ACTION_SEND还是ACTION_SENDTO的Intent。在这种情况下，就必须为两个action定义两个不同的Intent Filter。因为

ACTION_SENDTO intent 必须使用 URI 类型来指定接收者使用 send 或 sendto 的地址。

例如：

```
<activity android:name="ShareActivity">
<! -- filter for sending text; accepts SENDTO action with
            sms URI schemes -->
<intent-filter>
<action android:name="android.intent.action.SENDTO"/>
<category android:name="android.intent.category.DEFAULT"/>
<data android:scheme="sms" />
<data android:scheme="smsto" />
</intent-filter>
<! -- filter for sending text or images; accepts SEND action
            and text or image data -->
<intent-filter>
<action android:name="android.intent.action.SEND"/>
<category android:name="android.intent.category.DEFAULT"/>
<data android:mimeType="image/*"/>
<data android:mimeType="text/plain"/>
</intent-filter>
</activity>
```

为接受 Implicit Intents，必须在 Intent Filter 中包含 CATEGORY_DEFAULT 的 category。startActivity() 和 startActivityForResult() 方法将所有 Intent 视为声明了 CATEGORY_DEFAULT category。如果没有在 Intent Filter 中声明 CATEGORY_DEFAULT，Activity 将无法对 Implicit Intent 作出响应。

(二) 在 Activity 中处理发送过来的 Intent

为了决定采用哪个 action，我们可以读取 Intent 的内容。

我们可以通过执行 getIntent()来获取启动 Activity 的那个 Intent。可以在 Activity 生命周期的任何时候去执行这个方法，但最好是在 onCreate()或者 onStart()里面去执行：

```
@Override
protected void onCreate(Bundle savedInstanceState) {
    super.onCreate(savedInstanceState);
    setContentView(R.layout.main);

    // Get the intent that started this activity
    Intent intent = getIntent();
    Uri data = intent.getData();

    // Figure out what to do based on the intent type
    if (intent.getType().indexOf("image/") != -1) {
        // Handle intents with image data ...
```

```
    } else if (intent.getType().equals("text/plain")) {
        // Handle intents with text ...
    }
}
```

（三）返回 Result

如果想返回一个 Result 给启动的 Activity，仅仅需要执行 setResult()，即指定一个 result code 与 result Intent。操作完成之后，用户需要返回到原来的 Activity，通过执行 finish()关闭被唤起的 Activity：

```
// Create intent to deliver some kind of result data
Intent result = new Intent("com.example.RESULT_ACTION"),
                    Uri.parse("content://result_uri");
setResult(Activity.RESULT_OK, result);
finish();
```

在这一操作中，必须指定一个 result code，通常不是 RESULT_OK 就是 RESULT_CANCELED。我们可以通过 Intent 来添加需要返回的数据。

默认的 result code 是 RESULT_CANCELED。因此，如果用户在没有完成操作之前点击了返回键，那么之前的 Activity 接收到的 result code 就是“canceled”。

如果只是纯粹想要返回一个 int 来表示某些返回的 result 数据之一，则可以设置 Result code 为任何大于 0 的数值。如果我们返回的 Result 只是一个 int，那么连 Intent 都不需要返回了，可以调用 setResult()然后只传递 result code：

```
setResult(RESULT_COLOR_RED);
finish();
```

没必要在意 Activity 是被用 startActivity()还是 startActivityForResult()方法所叫起的。系统会自动去判断该如何传递 Result，在不需要的 Result 的 case 下，Result 会被自动忽略。

5.7 Android 网络连接

5.7.1 无线连接设备

设备间除了能够在云端通信，Android 的无线 API 也允许同一局域网中的设备进行通信，甚至没有连接到网络上，而是物理上隔得很近，设备间也可以相互通信。此外，网络服务发现(Network Service Discovery，简称 NSD)可以进一步通过允许应用程序运行能相互通信的服务，去寻找附近运行相同服务的设备。把这个功能用到我们的应用中，可以提供许多功能。

一、使用网络服务发现

添加网络服务发现(Network Service Discovery)到创建的 APP 中，可以使我们的用户辨识在局域网内支持 APP 所请求的服务的设备。这种技术在点对点应用中能够提供大量

帮助，如文件共享、联机游戏等。Android 的网络服务发现 API 大大降低实现上述功能的难度。

(一) 注册 NSD 服务

注册 NSD 服务是选做的，如果我们并不需要在本地网络上广播 APP 服务，那么我们可以跳过这一步。

在局域网内注册自己服务的第一步，是创建 NsdServiceInfo 对象。此对象包含的信息能够帮助网络中的其他设备，决定是否要连接到我们所提供的服务：

```
public void registerService(int port) {
    // Create the NsdServiceInfo object, and populate it.
    NsdServiceInfo serviceInfo  = new NsdServiceInfo();

    // The name is subject to change based on conflicts
    // with other services advertised on the same network.
    serviceInfo.setServiceName("NsdChat");
    serviceInfo.setServiceType("_http._tcp.");
    serviceInfo.setPort(port);
    ....
}
```

这段代码将服务命名为“NsdChat”。该名称将对所有局域网络中使用 NSD 查找本地服务的设备可见。需要注意的是，在网络内该名称必须是独一无二的。Android 系统会自动处理冲突的服务名称。如果同时有两个名为“NsdChat”的应用，其中一个会被自动转换为类似“NsdChat(1)”这样的名称。

代码中第二个参数设置了服务类型，即指定应用使用的协议和传输层，语法是“_< protocol >._< transportlayer >”。在上面的代码中，服务使用了 TCP 协议上的 HTTP 协议。想要提供打印服务（如一台网络打印机）的应用应该将服务的类型设置为“_ipp._tcp”。

说明：互联网编号分配机构（International Assigned Numbers Authority，简称 IANA）提供用于服务发现协议（如 NSD 和 Bonjour）的官方服务种类列表。

为服务设置端口号时，应该尽量避免将其编码在代码中，以防止与其他应用产生冲突。例如，如果应用仅仅使用端口 1439，就可能与其他使用 1439 端口的应用发生冲突。解决方法是，不要编码在代码中，而是使用下一个可用的端口。不必担心其他应用无法知晓服务的端口号，因为该信息将包含在服务的广播包中。接收到广播后，其他应用将从广播包中得知服务端口号，并通过端口连接到服务上。

如果使用的是 socket，那么我们可以将端口设置为 0 来初始化 socket 到任意可用的端口：

```
public void initializeServerSocket() {
    // Initialize a server socket on the next available port.
    mServerSocket = new ServerSocket(0);
```

```
        // Store the chosen port.
        mLocalPort = mServerSocket.getLocalPort();
        ...
    }
```

现在,我们已经成功地创建了NsdServiceInfo对象,接下来要做的是实现RegistrationListener接口。该接口包含了注册在Android系统中的回调函数,其作用是通知应用程序服务注册和注销的成功或者失败:

```
    public void initializeRegistrationListener() {
      mRegistrationListener = new NsdManager.RegistrationListener() {

            @Override
            public void onServiceRegistered(NsdServiceInfo NsdServiceInfo)
    {
                // Save the service name. Android may have changed it in order//
                toresolve a conflict, so update the name you initially
                //requestedwith the name Android actually used.
                mServiceName = NsdServiceInfo.getServiceName();
            }

            @Override
            public void onRegistrationFailed(NsdServiceInfo serviceInfo,
                                                                    int errorCode) {
    // Registration failed!   Put debugging code here
                //to determine why.
            }

            @Override
            public void onServiceUnregistered(NsdServiceInfo arg0) {
                // Service has been unregistered.
                //This only happens when you call
                // NsdManager.unregisterService() and pass in this listener.
            }

            @Override
            public void onUnregistrationFailed(NsdServiceInfo serviceInfo,
                                                                    int errorCode) {
                // Unregistration failed.
                //Put debugging code here to determine why.
            }
        };
    }
```

接下来调用 registerService()方法，即可注册服务。因为该方法是异步的，所以在服务注册之后的操作都需要在 onServiceRegistered()方法中进行：

```
public void registerService(int port) {
    NsdServiceInfo serviceInfo  = new NsdServiceInfo();
    serviceInfo.setServiceName("NsdChat");
    serviceInfo.setServiceType("_http._tcp.");
    serviceInfo.setPort(port);

    mNsdManager = Context.getSystemService(Context.NSD_SERVICE);

    mNsdManager.registerService(
            serviceInfo, NsdManager.PROTOCOL_DNS_SD,
        mRegistrationListener);
}
```

(二) 发现网络中的服务

网络充斥着我们的生活。网络服务发现是让我们的应用融入这一切功能的关键。我们创建的应用需要监听网络内服务的广播，发现可用的服务，过滤无效的信息。

与注册网络服务类似，服务发现需要两步骤：一是用相应的回调函数设置发现监听器(Discover Listener)，二是调用 discoverServices()这个异步 API。

首先，实例化一个实现 NsdManager. DiscoveryListener 接口的匿名类。下列代码是一个简单的范例：

```
public void initializeDiscoveryListener() {
    // Instantiate a new DiscoveryListener
    mDiscoveryListener = new NsdManager.DiscoveryListener() {

        //  Called as soon as service discovery begins.
        @Override
        public void onDiscoveryStarted(String regType) {
            Log.d(TAG, "Service discovery started");
        }

        @Override
        public void onServiceFound(NsdServiceInfo service) {
            // A service was found!  Do something with it.
            Log.d(TAG, "Service discovery success" + service);
            if (! service.getServiceType().equals(SERVICE_TYPE)) {
                // Service type is the string containing the protocol and
                // transport layer for this service.
                Log.d(TAG, "Unknown Service Type: " +
                  service.getServiceType());
            } else if (service.getServiceName().equals(mServiceName)) {
```

```
                // The name of the service tells the user what they'd be
                // connecting to. It could be "Bob's Chat App".
                Log.d(TAG, "Same machine: " + mServiceName);
            } else if (service.getServiceName().contains("NsdChat")){
                mNsdManager.resolveService(service, mResolveListener);
            }
        }

        @Override
        public void onServiceLost(NsdServiceInfo service) {
            // When the network service is no longer available.
            // Internal bookkeeping code goes here.
            Log.e(TAG, "service lost" + service);
        }

        @Override
        public void onDiscoveryStopped(String serviceType) {
            Log.i(TAG, "Discovery stopped: " + serviceType);
        }

        @Override
        public void onStartDiscoveryFailed(String serviceType,
                                           int errorCode) {
            Log.e(TAG, "Discovery failed: Error code:" + errorCode);
            mNsdManager.stopServiceDiscovery(this);
        }
        @Override
        public void onStopDiscoveryFailed(String serviceType,
                                            int errorCode) {
            Log.e(TAG, "Discovery failed: Error code:" + errorCode);
            mNsdManager.stopServiceDiscovery(this);
        }
    };
}
```

NSD API通过使用该接口中的方法通知用户程序发现何时开始、何时失败以及何时找到可用服务和何时服务丢失(丢失意味着“不再可用”)。在上述代码中,当发现了可用的服务时,程序做了几次检查:

(1) 比较找到服务的名称与本地服务的名称,判断设备是否获得自己的(合法的)广播。

(2) 检查服务的类型,确认这个类型应用是否可以接入。

(3) 检查服务的名称,确认是否接入了正确的应用。

我们并不需要每次都检查服务名称,仅当我们想要接入特定的应用时才需要检查。例

如，应用需想与运行在其他设备上的相同应用通信。然而，如果应用仅仅想接入一台网络打印机，那么有服务类型是“_ipp._tcp”的服务就足够了。

当配置好监听器后，调用 discoverService()函数，其参数包括试图发现的服务种类、发现使用的协议以及上一步创建的监听器：

```
mNsdManager.discoverServices(
        SERVICE_TYPE, NsdManager.PROTOCOL_DNS_SD, mDiscoveryListener);
```

（三）连接到网络上的服务

当应用发现了网上可接入的服务，首先需要调用 resolveService()方法，以确定服务的连接信息，实现 NsdManager. ResolveListener 对象并将其传入 resolveService()方法，再使用这个 NsdManager. ResolveListener 对象获得包含连接信息的 NsdSerServiceInfo：

```
public void initializeResolveListener() {
    mResolveListener = new NsdManager.ResolveListener() {

        @Override
        public void onResolveFailed(NsdServiceInfo serviceInfo,
                                                      int errorCode) {
            // Called when the resolve fails.  Use the error code to debug.
            Log.e(TAG, "Resolve failed" + errorCode);
        }

        @Override
        public void onServiceResolved(NsdServiceInfo serviceInfo) {
            Log.e(TAG, "Resolve Succeeded. " + serviceInfo);

            if (serviceInfo.getServiceName().equals(mServiceName)) {
                Log.d(TAG, "Same IP.");
                return;
            }
            mService = serviceInfo;
            int port = mService.getPort();
            InetAddress host = mService.getHost();
        }
    };
}
```

当服务解析完成后，我们将获得服务的详细资料，包括其 IP 地址和端口号。此时，我们就可以创建网络连接与服务进行通讯。

（四）当程序退出时，注销服务

在应用的生命周期中，正确地开启和关闭 NSD 服务是十分关键的。在程序退出时，注销服务可以防止其他程序因为不知道服务退出而反复尝试连接的行为。另外，服务发现是一种消耗很大的操作，应该随着父Activity的暂停而停止，当用户返回该界面时再开启。因此，开发者应该重写Activity的生命周期函数，并添加按照需要开启和停止服务广播和发现的代码：

```
@Override
    protected void onPause() {
        if (mNsdHelper ! = null) {
            mNsdHelper.tearDown();
        }
        super.onPause();
    }

    @Override
    protected void onResume() {
        super.onResume();
        if (mNsdHelper ! = null) {
            mNsdHelper.registerService(mConnection.getLocalPort());
            mNsdHelper.discoverServices();
        }
    }

    @Override
    protected void onDestroy() {
        mNsdHelper.tearDown();
        mConnection.tearDown();
        super.onDestroy();
    }

    // NsdHelper's tearDown method
        public void tearDown() {
        mNsdManager.unregisterService(mRegistrationListener);
        mNsdManager.stopServiceDiscovery(mDiscoveryListener);
    }
```

二、使用Wi-Fi建立P2P连接

Wi-Fi点对点(P2P)API允许应用程序在无须连接到网络和热点的情况下，连接到附近的设备。Wi-Fi P2P技术使得应用程序可以快速发现附近的设备并与之交互。相比于蓝牙技术，Wi-Fi P2P的优势是具有较大的连接范围。

(一) 配置应用权限

使用Wi-Fi P2P技术，需要添加CHANGE_WIFI_STATE、ACCESS_WIFI_STATE以及INTERNET三种权限到应用的manifest文件。Wi-Fi P2P技术虽然不需要访问互联网，但是它会使用标准的Java socket而Java socket需要INTERNET权限。

下面是使用Wi-Fi P2P技术需要申请的权限：

```
<manifest xmlns:android="http://schemas.android.com/apk/res/android"
    package=."com.example.android.nsdchat"
```

```
    ...

<uses-permission
        android:required = "true"
        android:name = "android.permission.ACCESS_WIFI_STATE"/>
<uses-permission
        android:required = "true"
        android:name = "android.permission.CHANGE_WIFI_STATE"/>
<uses-permission
        android:required = "true"
        android:name = "android.permission.INTERNET"/>
    ...
```

(二) 设置广播接收器(BroadCast Receiver)和 P2P 管理器

首先,使用 Wi-Fi P2P 的时候,需要侦听当某个事件出现时发出的 broadcast intent。在应用中,实例化一个 IntentFilter,并将其设置为侦听下列事件:

(1) WIFI_P2P_STATE_CHANGED_ACTION:指示 Wi-Fi P2P 是否开启。

(2) WIFI_P2P_PEERS_CHANGED_ACTION:代表对等节点列表发生了变化。

(3) WIFI_P2P_CONNECTION_CHANGED_ACTION:表明 Wi-Fi P2P 的连接状态发生了改变。

(4) WIFI_P2P_THIS_DEVICE_CHANGED_ACTION:指示设备的详细配置发生了变化。

代码如下:

```
private final IntentFilter intentFilter = new IntentFilter();
...
@Override
public void onCreate(Bundle savedInstanceState) {
    super.onCreate(savedInstanceState);
    setContentView(R.layout.main);

    //  Indicates a change in the Wi-Fi P2P status.
    intentFilter.addAction(WifiP2pManager.WIFI_P2P_STATE
                                        _CHANGED_ACTION);

    // Indicates a change in the list of available peers.
    intentFilter.addAction(WifiP2pManager.WIFI_P2P_PEERS
                                        _CHANGED_ACTION);

    // Indicates the state of Wi-Fi P2P connectivity has changed.
    intentFilter.addAction(WifiP2pManager.WIFI_P2P_CONNECTION
                                        _CHANGED_ACTION);

    // Indicates this device's details have changed.
```

```
    intentFilter.addAction(WifiP2pManager.WIFI_P2P_THIS
                                        _DEVICE_CHANGED_ACTION);

    ...
}
```

其次，在 onCreate()方法的最后，需要获得 WifiPpManager 的实例，并调用它的 initialize()方法。该方法将返回 WifiP2pManager. Channel 对象。创建的应用将在后面使用该对象连接 Wi-Fi P2P 框架。代码如下：

```
@Override
Channel mChannel;
public void onCreate(Bundle savedInstanceState) {
    ....
    mManager = (WifiP2pManager) getSystemService(Context.WIFI_P2P_SERVICE);
mChannel = mManager.initialize(this, getMainLooper(), null);
}
```

再次，创建一个新的 BroadcastReceiver 类侦听系统中 Wi-Fi P2P 状态的变化。在 onReceive() 方法中，加入对上述四种不同 P2P 状态变化的处理。代码如下：

```
@Override
    public void onReceive(Context context, Intent intent) {
        String action = intent.getAction();
        if (WifiP2pManager.WIFI_P2P_STATE_CHANGED_ACTION.equals(action)) {
            // Determine if Wifi P2P mode is enabled or not, alert
            // the Activity.
            int state = intent.getIntExtra(WifiP2pManager.EXTRA_WIFI_STATE, -1);
            if (state = = WifiP2pManager.WIFI_P2P_STATE_ENABLED) {
                activity.setIsWifiP2pEnabled(true);
            } else {
                activity.setIsWifiP2pEnabled(false);
            }
        } else if (WifiP2pManager.WIFI_P2P_PEERS_CHANGED_ACTION.equals(action))
        {

            // The peer list has changed!   We should probably do something
            // aboutthat.
        } else if
      (WifiP2pManager.WIFI_P2P_CONNECTION_CHANGED_ACTION.equals(action)) {

          // Connection state changed!   We should probably do something
          // aboutthat.
        } else if
```

```
(WifiP2pManager.WIFI_P2P_THIS_DEVICE_CHANGED_ACTION.equals(action)) {
        DeviceListFragment fragment = (DeviceListFragment)
        activity.getFragmentManager()
                .findFragmentById(R.id.frag_list);
        fragment.updateThisDevice((WifiP2pDevice)
        intent.getParcelableExtra(
                WifiP2pManager.EXTRA_WIFI_P2P_DEVICE));
    }
}
```

最后，在主Activity开启时，加入注册Intent Filter和broadcast receiver的代码，并在Activity暂停或关闭时，注销它们。上述做法最好放在onResume()和onPause()方法中。代码如下：

```
/** register the BroadcastReceiver with the intent values
to be matched */
    @Override
    public voidonResume() {
        super.onResume();
        receiver = new WiFiDirectBroadcastReceiver(mManager, mChannel, this);
        registerReceiver(receiver, intentFilter);
    }

    @Override
    public void onPause() {
        super.onPause();
        unregisterReceiver(receiver);
    }
```

(三) 初始化对等节点发现(Peer Discovery)

调用discoverPeers()可以搜寻附近带有Wi-Fi P2P的设备。该方法需要进行以下操作：

(1) 调用WifiP2pManager的initialize()获得WifiP2pManager.Channel对象。

(2) 调用一个对WifiP2pManager.ActionListener接口的实现，包括了当系统成功和失败发现所调用的方法。

代码如下：

```
mManager.discoverPeers(mChannel, new WifiP2pManager
.ActionListener() {

        @Override
        public void onSuccess() {
// Code for when the discovery initiation is successful goes here.
// No services have actually been discovered yet, so this method
```

```
// can often be left blank.   Code for peer discovery goes in the
// onReceive method, detailed below.
        }

        @Override
        public void onFailure(int reasonCode) {
            // Code for when the discovery initiation fails goes here.
            // Alert the user that something went wrong.
        }
});
```

要注意的是，这仅仅表示对 Peer 发现完成初始化。discoverPeers()方法开启了发现过程并且立即返回。系统会通过调用 WifiP2pManager. ActionListener 中的方法，通知应用对等节点发现过程初始化是否正确。同时，对等节点发现过程本身仍然继续运行，直到一条连接或者一个 P2P 小组建立。

（四）获取对等节点列表

在完成对等节点发现过程的初始化后，我们需要进一步获取附近的对等节点列表。

第一步，实现 WifiP2pManager. PeerListListener 接口。该接口提供了 Wi-Fi P2P 框架发现的对等节点信息。

下列代码实现了相应功能：

```
private List peers = new ArrayList();
...

private PeerListListener peerListListener = new PeerListListener() {
    @Override
    public void onPeersAvailable(WifiP2pDeviceList peerList) {

        // Out with the old, in with the new.
        peers.clear();
        peers.addAll(peerList.getDeviceList());

        // If an AdapterView is backed by this data, notify it
        // of the change. For instance, if you have a ListView of
        //availablepeers, trigger an update.
        ((WiFiPeerListAdapter)getListAdapter()).notifyDataSetChanged();
        if (peers.size() == 0) {
            Log.d(WiFiDirectActivity.TAG, "No devices found");
            return;
        }
    }
}
```

第二步，完善 Broadcast Receiver 的 onReceiver()方法。

当收到 WIFI_P2P_PEERS_CHANGED_ACTION 事件时，调用 requestPeer()方法获

取对等节点列表。我们需要将 WifiP2pManager. PeerListListener 传递给 receiver。常用方法是在 broadcast receiver 的构造函数中,将对象作为参数传入:

```
public void onReceive(Context context, Intent intent) {
...
else if (WifiP2pManager.WIFI_P2P_PEERS_CHANGED_ACTION.equals(action)) {

    // Request available peers from the wifi p2p manager. This is an
    // asynchronous call and the calling activity is notified with a
    // callback on PeerListListener.onPeersAvailable()
    if (mManager ! = null) {
        mManager.requestPeers(mChannel, peerListListener);
    }
    Log.d(WiFiDirectActivity.TAG, "P2P peers changed");
}...
}
```

第三步,通过一个带有 WIFI_P2P_PEERS_CHANGED_ACTION action 的 intent 触发应用对 Peer 列表的更新。

(五) 连接一个对等节点

为了连接到一个对等节点,我们需要创建一个新的 WifiP2pConfig 对象,并将要连接的设备信息从表示我们想要连接设备的 WifiP2pDevice 拷贝到其中。然后调用 connect()方法。代码如下:

```
@Override
public void connect() {
    // Picking the first device found on the network.
    WifiP2pDevice device = peers.get(0);

    WifiP2pConfig config = new WifiP2pConfig();
    config.deviceAddress = device.deviceAddress;
    config.wps.setup = WpsInfo.PBC;

    mManager.connect(mChannel, config, new ActionListener() {

        @Override
        public void onSuccess() {
            // WiFiDirectBroadcastReceiver will notify us.
            // Ignore for now.
        }

        @Override
        public void onFailure(int reason) {
            Toast.makeText(WiFiDirectActivity.this, "Connect failed.
```

```
                Retry.",Toast.LENGTH_SHORT).show();
        }
    });
}
```

本段代码中的 WifiP2pManager. ActionListener 实现仅能通知我们初始化的成功或失败。接下来，要监听连接状态的变化，实现 WifiP2pManager. ConnectionInfoListener 接口。接口中的 onConnectionInfoAvailable()回调函数，会在连接状态发生改变时通知应用程序。当有多个设备同时试图连接到一台设备时，如多人游戏或者聊天群，这一台设备将被指定为“群主”。代码如下：

```
@Override
public void onConnectionInfoAvailable(final WifiP2pInfo info) {

    // InetAddress from WifiP2pInfo struct.
    InetAddress groupOwnerAddress =
            info.groupOwnerAddress.getHostAddress());

    // After the group negotiation, we can determine the group owner.
    if (info.groupFormed && info.isGroupOwner) {
        // Do whatever tasks are specific to the group owner.
        // One common case is creating a server thread and accepting
        // incoming connections.
    } else if (info.groupFormed) {
        // The other device acts as the client. In this case,
        // you'll want to create a client thread that connects to the// groupowner.
    }
}
```

此时，回头继续完善 broadcast receiver 的 onReceive()方法，并修改 WIFI_P2P_CONNECTION_CHANGED_ACTION intent 的监听部分的代码。当接收到该 Intent 时，调用 requestConnectionInfo()方法。此方法为异步，所以结果将会被我们提供的 WifiP2pManager. ConnectionInfoListener 所获取。代码如下：

```
...
    } else if
(WifiP2pManager.WIFI_P2P_CONNECTION_CHANGED_ACTION.equals(action)) {
        if (mManager == null) {
            return;
        }

        NetworkInfo networkInfo = (NetworkInfo) intent
.getParcelableExtra(WifiP2pManager.EXTRA_NETWORK_INFO);
```

```
        if (networkInfo.isConnected()) {

            // We are connected with the other device, request
            // connectioninfo to find group owner IP

            mManager.requestConnectionInfo(mChannel,
                    connectionListener);
        }
        ...
```

三、使用 WiFi P2P 服务发现

在前文中我们介绍了如何在局域网中发现已连接到网络的服务。然而，即使在不接入网络的情况下，Wi-Fi P2P 服务发现也可以使应用直接发现附近的设备，并且我们也可以向外公布自己设备上的服务。这样，设备就可以在没有局域网或者网络热点的情况下，在应用间进行通信。

（一）配置 Manifest

使用 Wi-Fi P2P 技术，需要添加 CHANGE_WIFI_STATE、ACCESS_WIFI_STATE 以及 INTERNET 三种权限到应用的 manifest 文件。虽然 Wi-Fi P2P 技术不需要访问互联网，但是它会使用 Java 中的标准 socket，而使用 socket 需要具有 INTERNET 权限，这也是 Wi-Fi P2P 技术需要申请该权限的原因。代码如下：

```
<manifest xmlns:android="http://schemas.android.com/apk/res/android"
    package="com.example.android.nsdchat"
    ......

<uses-permission
        android:required="true"
        android:name="android.permission.ACCESS_WIFI_STATE"/>
<uses-permission
        android:required="true"
        android:name="android.permission.CHANGE_WIFI_STATE"/>
<uses-permission
        android:required="true"
        android:name="android.permission.INTERNET"/>
    ......
```

（二）添加本地服务

如果我们想提供一个本地服务，就需要在服务发现框架中注册该服务。当本地服务被成功注册，系统将自动回复所有来自附近的服务发现请求。

需要以下创建本地服务：

① 新建 WifiP2pServiceInfo 对象。

② 加入相应服务的详细信息。

③ 调用 addLocalService()为服务发现注册本地服务。

代码如下：

```
private void startRegistration() {
    // Create a string map containing information about your service.
    Map record = new HashMap();
    record.put("listenport", String.valueOf(SERVER_PORT));
    record.put("buddyname", "John Doe" + (int) (Math.random() *
                        1000));
    record.put("available", "visible");

    // Service information.  Pass it an instance name, service type
    // _protocol._transportlayer, and the map containinginformation
     // other devices will want once they connect to this one.
    WifiP2pDnsSdServiceInfo serviceInfo =
            WifiP2pDnsSdServiceInfo.newInstance("_test",
                                    "_presence._tcp", record);

    // Add the local service, sending the service info, network channel,
    // and listener that will be used to indicate success or failure
    //ofthe request.
    mManager.addLocalService(channel, serviceInfo, new
                                    ActionListener() {
        @Override
        public void onSuccess() {
            // Command successful! Code isn't necessarily needed here,
            // Unless you want to update the UI or add logging statements.
        }

        @Override
        public void onFailure(int arg0) {
// Command failed. Check for P2P_UNSUPPORTED, ERROR, or BUSY
        }
    });
}
```

（三）发现附近的服务

Android使用回调函数通知应用程序附近可用的服务，因此首先要做的是设置这些回调函数。新建一个WifiP2pManager. DnsSdTxtRecordListener实例监听收到的记录(record)。这些记录可以是来自其他设备的广播。当收到记录时，将其中的设备地址和其他相关信息拷贝到当前方法之外的外部数据结构中，供以后使用。假设记录包含一个带有用户身份的"buddyname"域(field)，代码如下：

```
final HashMap<String, String> buddies = new HashMap<String, String>();
...
```

```
private void discoverService() {
    DnsSdTxtRecordListener txtListener = new DnsSdTxtRecordListener() {
        @Override
        /* Callback includes:
         * fullDomain: full domain name: e.g "printer._ipp._tcp.local."
         * record: TXT record dta as a map of key/value pairs.
         * device: The device running the advertised service.
         */

        public void onDnsSdTxtRecordAvailable(
                String fullDomain, Map record, WifiP2pDevice device) {
                Log.d(TAG, "DnsSdTxtRecord available -" +
                                        record.toString());
                buddies.put(device.deviceAddress,
                                record.get("buddyname"));
            }
        };
    ...
}
```

接下来创建 WifiP2pManager. DnsSdServiceResponseListener 对象，用来获取服务的信息。这个对象将接收服务的实际描述以及连接信息。上一段代码构建了一个包含设备地址和“buddyname”键值对的 Map 对象。

WifiP2pManager. DnsSdServiceResponseListener 对象使用这些配对信息将 DNS 记录和对应的服务信息对应起来。当上述两个 listener 构建完成后，调用 setDnsSdResponseListeners()将他们加入 WifiP2pManager。代码如下：

```
private void discoverService() {
...

DnsSdServiceResponseListener servListener = new
DnsSdServiceResponseListener() {
    @Override
    public void onDnsSdServiceAvailable(String instanceName,
            String registrationType,
            WifiP2pDevice resourceType) {

            // Update the device name with the human-friendly version
           // fromthe DnsTxtRecord, assuming one arrived.
            resourceType.deviceName = buddies
.containsKey(resourceType.deviceAddress) ?
                buddies.get(resourceType.deviceAddress)
                : resourceType.deviceName;
```

```
                // Add to the custom adapter defined specifically for
                // showing wifi devices.
                WiFiDirectServicesList fragment =
                        (WiFiDirectServicesList) getFragmentManager()
                        .findFragmentById(R.id.frag_peerlist);
                WiFiDevicesAdapter adapter =
                        ((WiFiDevicesAdapter)fragment.getListAdapter();

                adapter.add(resourceType);
                adapter.notifyDataSetChanged();
                Log.d(TAG, "onBonjourServiceAvailable " + instanceName);
            }
        };
        mManager.setDnsSdResponseListeners(channel, servListener, txtListener);
        ...
    }
```

现在，调用 addServiceRequest()创建服务请求。这个方法也需要一个 Listener 报告请求成功与失败。代码如下：

```
serviceRequest = WifiP2pDnsSdServiceRequest.newInstance();
        mManager.addServiceRequest(channel,
                serviceRequest,
            new ActionListener() {
                @Override
                public void onSuccess() {
                    // Success!
                }

                @Override
                public void onFailure(int code) {
                    // Command failed.  Check for P2P_UNSUPPORTED,
                        //ERROR, or BUSY
                }
            });
```

最后调用 discoverServices()。代码如下：

```
mManager.discoverServices(channel, new ActionListener() {

            @Override
            public void onSuccess() {
                // Success!
            }
```

```
        @Override
        public void onFailure(int code) {
            // Command failed.  Check for P2P_UNSUPPORTED,
            //ERROR, or BUSY
            if (code == WifiP2pManager.P2P_UNSUPPORTED) {
                Log.d(TAG, "P2P isn't supported on this device.");
            else if(...)
                ...
        }
    });
```

如果所有部分都配置正确，我们应该就能看到正确的结果了；如果遇到了问题，可以查看 WifiP2pManager. ActionListener 中的回调函数。它们能够指示操作是否成功。我们可以将 debug 的代码放置在 onFailure()中来诊断问题。其中的一些错误码(Error Code)也能为我们带来一些启发。

下面是一些常见的错误：

(1) P2P_UNSUPPORTED：当前的设备不支持 Wi-Fi P2P。

(2) BUSY：系统忙，无法处理当前请求。

(3) ERROR：内部错误导致操作失败。

5.7.2 执行网络操作

一、连接到网络

本小节讲述如何实现一个简单的连接到网络的程序。它提供了一些我们在创建基本的网络连接程序时，应该遵循的示例。

想要执行本课的网络操作，首先需要在程序的 manifest 文件中添加以下权限：

```
<uses-permission android:name="android.permission.INTERNET" />
<uses-permission android:name="android.permission.ACCESS_NETWORK_STATE" />
```

大多数连接网络的 Android APP 会使用 HTTP 来发送与接收数据。Android 提供了两种 HTTP clients：HttpURLConnection 与 Apache HttpClient。二者均支持 HTTPS、流媒体上传和下载、可配置的超时、IPv6 与连接池(connection pooling)。对于 Android 2.3 或更高的版本，推荐使用 HttpURLConnection。

(一) 检查网络连接

在创建的 APP 尝试连接网络之前，应通过函数 getActiveNetworkInfo()和 isConnected()检测当前网络是否可用，因为设备可能不在网络覆盖范围内，或者用户可能关闭 Wi-Fi 与移动网络连接。代码如下：

```
public void myClickHandler(View view) {
    ...
    ConnectivityManager connMgr = (ConnectivityManager)
        getSystemService(Context.CONNECTIVITY_SERVICE);
    NetworkInfo networkInfo = connMgr.getActiveNetworkInfo();
```

```
    if (networkInfo ! = null && networkInfo.isConnected()) {
        // fetch data
    } else {
        // display error
    }
    ...
}
```

（二）在一个单独的线程中执行网络操作

网络操作会遇到不可预期的延迟。为了避免造成不好的用户体验，一般在UI线程之外、单独的线程中执行网络操作。AsyncTask类提供了简便的方式来处理这个问题。在下面的代码示例中，myClickHandler()方法会执行 new DownloadWebpageTask(). execute (stringUrl)。DownloadWebpageTask是AsyncTask的子类，它实现了下面两个方法：

(1) doInBackground()执行downloadUrl()方法。它以网页的URL作为参数，调用方法downloadUrl()获取并处理网页返回的数据。执行完毕后，返回一个结果字符串。

(2) onPostExecute()方法。它接收结果字符串并把字符串显示到UI上。

```
public class HttpExampleActivity extends Activity {
    private static final String DEBUG_TAG = "HttpExample";
    private EditText urlText;
    private TextView textView;

    @Override
    public void onCreate(Bundle savedInstanceState) {
        super.onCreate(savedInstanceState);
        setContentView(R.layout.main);
        urlText = (EditText) findViewById(R.id.myUrl);
        textView = (TextView) findViewById(R.id.myText);
    }

    // When user clicks button, calls AsyncTask.
    // Before attempting to fetch the URL, makes sure that there is
      //a network connection.
    public void myClickHandler(View view) {
        // Gets the URL from the UI's text field.
        String stringUrl = urlText.getText().toString();
        ConnectivityManager connMgr = (ConnectivityManager)
            getSystemService(Context.CONNECTIVITY_SERVICE);
        NetworkInfo networkInfo = connMgr.getActiveNetworkInfo();
        if (networkInfo ! = null && networkInfo.isConnected()) {
            new DownloadWebpageText().execute(stringUrl);
        } else {
            textView.setText("No network connection available.");
```

```
        }
    }

    // Uses AsyncTask to create a task away from the main UI thread.//This task takes
    aURL string and uses it to create an HttpUrl
    //Connection. Once the connectionhas been established, the //AsyncTask downloads
    the contents of the webpage asan InputStream.
    // Finally, the InputStream is converted into a string, which is
    // displayed in the UI by the AsyncTask's onPostExecute method.
    private class DownloadWebpageText extends AsyncTask {
        @Override
        protected String doInBackground(String... urls) {

            // params comes from the execute() call: params[0] is the url.
            try {
                return downloadUrl(urls[0]);
            } catch (IOException e) {
                return "Unable to retrieve web page. URL may be invalid.";
            }
        }
        // onPostExecute displays the results of the AsyncTask.
        @Override
        protected void onPostExecute(String result) {
            textView.setText(result);
       }
    }
    ...
}
```

上面这段代码的事件顺序如下：

① 当用户点击按钮时调用 myClickHandler()，APP 将指定的 URL 传给 AsyncTask 的子类 DownloadWebpageTask。

② AsyncTask 的 doInBackground()方法调用 downloadUrl()方法。

③ downloadUrl()方法以一个 URL 字符串作为参数，并用它创建一个 URL 对象。

④ 这个 URL 对象被用来创建一个 HttpURLConnection。

⑤ 一旦建立连接，HttpURLConnection 对象将获取网页的内容并得到一个 InputStream。

⑥ InputStream 被传给 readIt()方法，该方法将流转换成字符串。

⑦ 最后，AsyncTask 的 onPostExecute()方法将字符串展示在 main activity 的 UI 上。

（三）连接并下载数据

在执行网络交互的线程里面，我们可以使用 HttpURLConnection 来执行一个 GET 类型的操作并下载数据。在调用 connect()之后，我们可以通过调用 getInputStream()来得到一个包含数据的 InputStream 对象。

在下面的代码示例中，doInBackground()方法会调用 downloadUrl()。downloadUrl()方法使用给予的 URL，通过 HttpURLConnection 连接到网络。建立连接后，APP 就会使用 getInputStream()来获取包含数据的 InputStream。代码如下：

```
// Given a URL, establishes an HttpUrlConnection and retrieves
// the web page content as a InputStream, which it returns as
// a string.
private String downloadUrl(String myurl) throws IOException {
    InputStream is = null;
    // Only display the first 500 characters of the retrieved
    // web page content.
    int len = 500;

    try {
        URL url = new URL(myurl);
        HttpURLConnection conn = (HttpURLConnection)
                url.openConnection();
        conn.setReadTimeout(10000 /* milliseconds */);
        conn.setConnectTimeout(15000 /* milliseconds */);
        conn.setRequestMethod("GET");
        conn.setDoInput(true);
        // Starts the query
        conn.connect();
        int response = conn.getResponseCode();
        Log.d(DEBUG_TAG, "The response is: " + response);
        is = conn.getInputStream();

        // Convert the InputStream into a string
        String contentAsString = readIt(is, len);
        return contentAsString;

    // Makes sure that the InputStream is closed after the app is
    // finished using it.
    } finally {
        if (is != null) {
            is.close();
        }
    }
}
```

getResponseCode()会返回连接的状态码(status code)。这是一种获知额外网络连接信息的有效方式。其中，状态码是 200 则意味着连接成功。

（四）将输入流(InputStream)转换为字符串

InputStream是一种可读的byte数据源。如果我们获得了一个InputStream,通常会需要对其进行解码(decode)或者转换为目标数据类型。例如,如果我们是在下载图片数据,那么可能需要像下面这样解码并展示它：

```
InputStream is = null;
...
Bitmap bitmap = BitmapFactory.decodeStream(is);
ImageView imageView = (ImageView) findViewById(R.id.image_view);
imageView.setImageBitmap(bitmap);
```

在上面的代码中,InputStream包含的是网页的文本内容。下面会演示如何把InputStream转换为字符串,以便显示在UI上。代码如下：

```
// Reads an InputStream and converts it to a String.
public String readIt(InputStream stream, int len) throws IOException,
                                        UnsupportedEncodingException {
    Reader reader = null;
    reader = new InputStreamReader(stream, "UTF-8");
    char[] buffer = new char[len];
    reader.read(buffer);
    return new String(buffer);
}
```

二、管理网络的使用情况

如果应用程序需要执行大量网络操作,那么应该提供用户设置选项,来允许用户控制应用程序的数据偏好。例如,同步数据的频率、是否只在连接到Wi-Fi才进行下载与上传操作、是否在漫游时使用套餐数据流量等。

（一）检查设备的网络连接

设备可以有许多种网络连接。本书主要关注使用Wi-Fi或移动网络连接的情况。通常Wi-Fi是比较快的,我们会选择让APP在连接到Wi-Fi时去获取大量的数据。

在执行网络操作之前,应当检查设备当前连接的网络连接信息。这样可以防止应用程序在无意间连接使用了非意向的网络频道。如果网络连接不可用,那么应用程序也应该作出响应。为了检测网络连接,我们需要使用到下面两个类：

(1) ConnectivityManager:它会回答关于网络连接的查询结果,并在网络连接改变时通知应用程序。

(2) NetworkInfo:描述一个给定类型(就本节而言是移动网络或Wi-Fi)的网络接口状态。

下面这段代码检查了Wi-Fi与移动网络的网络连接。它检查了这些网络接口是否可用及是否已连接：

```
private static final String DEBUG_TAG = "NetworkStatusExample";
...
ConnectivityManager connMgr = (ConnectivityManager)
```

```
        getSystemService(Context.CONNECTIVITY_SERVICE);
NetworkInfo networkInfo =
    connMgr.getNetworkInfo(ConnectivityManager.TYPE_WIFI);
boolean isWifiConn = networkInfo.isConnected();
networkInfo = connMgr.getNetworkInfo(ConnectivityManager.TYPE_MOBILE);
boolean isMobileConn = networkInfo.isConnected();
Log.d(DEBUG_TAG, "Wifi connected: " + isWifiConn);
Log.d(DEBUG_TAG, "Mobile connected: " + isMobileConn);
```

请注意，我们不应该仅仅靠网络是否可用来作出决策。由于 isConnected()能够处理片状移动网络(flaky mobile networks)、飞行模式和受限制的后台数据等情况，所以我们应该在执行网络操作前检查 isConnected()。

下面是一段更简洁地检查网络是否可用的代码。getActiveNetworkInfo()方法返回一个 NetworkInfo 实例，它表示可以找到的第一个已连接的网络接口，如果返回 null，则表示没有可连接的网络接口，也意味着网络连接不可用：

```
public boolean isOnline() {
    ConnectivityManager connMgr = (ConnectivityManager)
            getSystemService(Context.CONNECTIVITY_SERVICE);
    NetworkInfo networkInfo = connMgr.getActiveNetworkInfo();
    return (networkInfo != null && networkInfo.isConnected());
}
```

（二）管理网络的使用情况

我们可以实现一个偏好设置的 Activity，使用户能直接设置程序对网络资源的使用情况。例如：

(1) 可以允许用户仅在连接到 Wi-Fi 时上传视频。

(2) 可以根据诸如网络可用、时间间隔等条件来选择是否做同步的操作。

写一个支持连接网络和管理网络使用的 APP，manifest 里需要有正确的权限和 Intent Filter。

(3) manifest 文件里包括下面的权限：

① android. permission. INTERNET——允许应用程序打开网络套接字。

② android. permission. ACCESS_NETWORK_STATE——允许应用程序访问网络连接信息。

(4) 可以为 ACTION_MANAGE_NETWORK_USAGE action(Android 4.0 中引入)声明 intent filter，表示应用定义了一个提供控制数据使用情况选项的 Activity。ACTION_MANAGE_NETWORK_USAGE 显示管理指定应用程序网络数据使用情况的设置。当 APP 有一个允许用户控制网络使用情况的设置 Activity 时，我们应该为 Activity 声明这个 intent filter。在下面的示例应用中，这个 action 被 SettingsActivity 类处理，它提供了偏好设置 UI 来让用户决定何时进行下载。代码如下：

```
<?xml version="1.0" encoding="utf-8"?>
<manifest xmlns:android="http://schemas.android.com/apk/res/android"
```

```
    package="com.example.android.networkusage"
    ...>

<uses-sdk android:minSdkVersion="4"
          android:targetSdkVersion="14" />

<uses-permission android:name="android.permission.INTERNET" />
<uses-permission android:name="android.permission.ACCESS_NETWORK_STATE" />

<application
      ...>
      ...
<activity android:label="SettingsActivity" android:name=".SettingsActivity">
<intent-filter>
<action
            android:name="android.intent.action.MANAGE_NETWORK_USAGE" />
<category android:name="android.intent.category.DEFAULT" />
</intent-filter>
</activity>
</application>
</manifest>
```

（三）实现一个首选项 Activity

正如上面 manifest 片段中看到的那样，SettingsActivity 有一个 ACTION_MANAGE_NETWORK_USAGE action 的 intent filter。SettingsActivity 是 PreferenceActivity 的子类，它展示一个偏好设置页面让用户指定以下内容：

① 是否显示每个 XML 提要条目的总结，或者只是每个条目的一个链接。

② 是否在网络连接可用时下载 XML 提要，或者仅仅在 Wi-Fi 下下载。

下面是 SettingsActivity。它实现了 OnSharedPreferenceChangeListener。当用户改变了他的偏好，就会触发 onSharedPreferenceChanged()，这个方法会设置 refreshDisplay 为 true(这里的变量存在于自己定义的 activity)。这会使得当用户返回到 main activity 的时候进行刷新：

```
public class SettingsActivity extends PreferenceActivity implements
  OnSharedPreferenceChangeListener {

    @Override
    protected void onCreate(Bundle savedInstanceState) {
        super.onCreate(savedInstanceState);

        // Loads the XML preferences file
        addPreferencesFromResource(R.xml.preferences);
    }
```

```
    @Override
    protected void onResume() {
        super.onResume();

        // Registers a listener whenever a key changes
        getPreferenceScreen().getSharedPreferences()
            .registerOnSharedPreferenceChangeListener(this);
    }

    @Override
    protected void onPause() {
        super.onPause();

       // Unregisters the listener set in onResume().
       // It's best practice to unregister listeners when your app
       // isn't using them to cut down on
       // unnecessary system overhead. You do this in onPause().
       getPreferenceScreen().getSharedPreferences()
            .unregisterOnSharedPreferenceChangeListener(this);
    }

    // When the user changes the preferences selection,
    // onSharedPreferenceChanged() restarts the main activity as a new
    // task. Sets the the refreshDisplay flag to "true" to indicate that
    // the main activity should update its display.
    // The main activity queries the PreferenceManager to get the latest
    // settings.

    @Override
    public void onSharedPreferenceChanged(SharedPreferences
            sharedPreferences, String key) {
        // Sets refreshDisplay to true so that when the user returns
        //to the mainactivity, the display refreshes to reflect
        //the new settings.
        NetworkActivity.refreshDisplay = true;
    }
}
```

(四) 响应偏好设置的改变

当用户在设置界面改变了偏好,通常都会对APP的行为产生影响。在下面的代码示例中,APP会在onStart()方法中检查偏好设置。如果设置的类型与当前设备的网络连接类型相一致,那么程序就会下载数据并刷新显示。假设设置是“Wi-Fi”并且设备连接了Wi-Fi,代码如下:

```
public class NetworkActivity extends Activity {
    public static final String WIFI = "Wi-Fi";
    public static final String ANY = "Any";
    private static final String URL =
  "http://stackoverflow.com/feeds/tag? tagnames=android&sort=newest";

    // Whether there is a Wi-Fi connection.
    private static boolean wifiConnected = false;
    // Whether there is a mobile connection.
    private static boolean mobileConnected= false;
    // Whether the display should be refreshed.
    public static boolean refreshDisplay = true;

    // The user's current network preference setting.
    public static String sPref = null;

    // The BroadcastReceiver that tracks network connectivity changes.
    private NetworkReceiver receiver = new NetworkReceiver();

    @Override
    public void onCreate(Bundle savedInstanceState) {
        super.onCreate(savedInstanceState);

// Registers BroadcastReceiver to track network connection changes.
        IntentFilter filter = new
            IntentFilter(ConnectivityManager.CONNECTIVITY_ACTION);
        receiver = new NetworkReceiver();
        this.registerReceiver(receiver, filter);
    }

    @Override
    public void onDestroy() {
        super.onDestroy();
        // Unregisters BroadcastReceiver when app is destroyed.
        if (receiver ! = null) {
            this.unregisterReceiver(receiver);
        }
    }

    // Refreshes the display if the network connection and the
    // pref settings allow it.

    @Override
    public void onStart () {
```

```
        super.onStart();

        // Gets the user's network preference settings
        SharedPreferences sharedPrefs =
            PreferenceManager.getDefaultSharedPreferences(this);

        // Retrieves a string value for the preferences. The second//parameter is the
        default value to use if a preference
        //value is not found.
        sPref = sharedPrefs.getString("listPref", "Wi-Fi");

        updateConnectedFlags();

        if(refreshDisplay){
            loadPage();
        }
    }

    // Checks the network connection and sets the wifiConnected and
   // mobileConnectedvariables accordingly.
    public void updateConnectedFlags() {
        ConnectivityManager connMgr = (ConnectivityManager)
                getSystemService(Context.CONNECTIVITY_SERVICE);

        NetworkInfo activeInfo = connMgr.getActiveNetworkInfo();
        if (activeInfo != null && activeInfo.isConnected()) {
            wifiConnected = activeInfo.getType() ==
    ConnectivityManager.TYPE_WIFI;
            mobileConnected = activeInfo.getType() ==
                    ConnectivityManager.TYPE_MOBILE;
        } else {
            wifiConnected = false;
            mobileConnected = false;
        }
    }


    public void loadPage() {
        if (((sPref.equals(ANY)) && (wifiConnected || mobileConnected))
                || ((sPref.equals(WIFI)) && (wifiConnected))) {
            // AsyncTask subclass
            new DownloadXmlTask().execute(URL);
        } else {
            showErrorPage();
        }
```

```
    }
...

}
```

（五）检测网络连接变化

当设备网络连接改变时，NetworkReceiver会监听到CONNECTIVITY_ACTION，这时需要判断当前网络连接类型并设置好wifiConnected与mobileConnected。这样做的结果是下次用户回到APP时，APP只会下载最新返回的结果。

如果NetworkActivity.refreshDisplay被设置为true，APP会更新显示。

我们需要控制好BroadcastReceiver的使用，不必要的声明注册会浪费系统资源。应用在onCreate()中注册BroadcastReceiver NetworkReceiver，在onDestroy()中销毁它，这样做会比在manifest里面声明<receiver>更简便。当我们在manifest里面声明一个<receiver>，程序就可以在任何时候被唤醒，即便我们已经好几个星期没有运行这个程序。而通过前面的办法注册NetworkReceiver，可以确保用户离开应用之后，应用不会被唤起。如果我们确实要在manifest中声明<receiver>，且确保知道何时需要使用它，那么可以在合适的地方使用setComponentEnabledSetting()来开启或者关闭它。

下面是NetworkReceiver的代码：

```
public class NetworkReceiver extends BroadcastReceiver {

@Override
public void onReceive(Context context, Intent intent) {
    ConnectivityManager conn =  (ConnectivityManager)
        context.getSystemService(Context.CONNECTIVITY_SERVICE);
    NetworkInfo networkInfo = conn.getActiveNetworkInfo();

    // Checks the user prefs and the network connection. Based on the
    // result, decides whether
    // to refresh the display or keep the current display.
    // If the userpref is Wi-Fi only, checks to see if the device has
    //a Wi-Fi connection.
    if (WIFI.equals(sPref) && networkInfo ! = null &&
            networkInfo.getType() = = ConnectivityManager.TYPE_WIFI) {
        // If device has its Wi-Fi connection, sets refreshDisplay
        // to true. This causes the display to be refreshed when the user
        // returns to the app.
        refreshDisplay = true;
        Toast.makeText(context, R.string.wifi_connected,
            Toast.LENGTH_SHORT).show();

    // If the setting is ANY network and there is a network connection
    // (which by process of elimination would be mobile),
```

```
        // sets refreshDisplay to true.
    } else if (ANY.equals(sPref) && networkInfo ! = null) {
        refreshDisplay = true;

    // Otherwise, the app can't download content--either because
    // there is no networkconnection (mobile or Wi-Fi),
    // or because the pref setting is WIFI, and there
    // is no Wi-Fi connection. Sets refreshDisplay to false.
    } else {
        refreshDisplay = false;
        Toast.makeText(context, R.string.lost_connection,
                Toast.LENGTH_SHORT).show();
    }
}
```

三、解析 XML 数据

Extensible Markup Language(XML)是一组将文档编码成机器可读形式的规则，也是一种在网络上共享数据的普遍格式。频繁更新内容的网站，比如，新闻网站或者博客，经常会提供 XML 提要(XML feed)来使得外部程序可以跟上内容的变化。下载与解析 XML 数据是网络连接相关 APP 的一个常见功能。

(一) 选择一个 Parser

这里推荐使用 XmlPullParser，它是 Android 上一个高效且可维护的解析 XML 的方法。Android 上有这个接口的两种实现方式：

① KXmlParser，通过 XmlPullParserFactory. newPullParser()得到。

② ExpatPullParser，通过 Xml. newPullParser()得到。

(二) 分析 Feed

解析一个 Feed 的第一步是决定我们需要获取的字段。这样，解析器便去抽取出那些需要的字段而忽视其他的字段。

下面的 XML 片段是 APP 中解析的 Feed 的片段：

```
<? xml version="1.0" encoding="utf-8"? >
    <feed xmlns="http://www.w3.org/2005/Atom"
      xmlns:creativeCommons="http://backend.userland.com/"
      creativeCommonsRssModule" ...">
    <title type="text">newest questions tagged android - Stack Overflow</title>
    ...
    <entry>
        ...
    </entry>
    <entry>
    <id>http://stackoverflow.com/q/9439999</id>
    <re:rank scheme="http://stackoverflow.com">0</re:rank>
    <title type="text">Where is my data file? </title>
```

```
<category scheme="http://stackoverflow.com/feeds/tag? tagnames=
          android&sort=newest/tags" term="android"/>
<category scheme="http://stackoverflow.com/feeds/tag? tagnames=
          android&sort=newest/tags" term="file"/>
<author>
<name>cliff2310</name>
<uri>http://stackoverflow.com/users/1128925</uri>
</author>
<link rel="alternate" href="http://stackoverflow.com/questions/9439999/
          where-is-my-data-file" />
<published>2012-02-25T00:30:54Z</published>
<updated>2012-02-25T00:30:54Z</updated>
<summary type="html">
<p>I have an Application that requires a data file...</p>

</summary>
</entry>
<entry>
    ...
</entry>
...
</feed>
```

（三）实例化 Parser

接下来就是实例化一个 parser 并开始解析的操作。在下面的片段中，一个 parser 被初始化来处理名称空间，并且将 InputStream 作为输入。它通过调用 nextTag()开始解析，并调用 readFeed()方法，readFeed()方法会提取并处理 APP 需要的数据：

```
public class StackOverflowXmlParser {
    // We don't use namespaces
    private static final String ns = null;

    public List parse (InputStream in) throws
                    XmlPullParserException, IOException {
        try {
            XmlPullParser parser = Xml.newPullParser();
            parser.setFeature(XmlPullParser.FEATURE_PROCESS
                                        _NAMESPACES, false);
            parser.setInput(in, null);
            parser.nextTag();
            return readFeed(parser);
        } finally {
            in.close();
        }
```

```
    }
...
}
```

（四）读取 Feed

readFeed()方法实际的工作是处理 Feed 的内容。它寻找一个“entry”的标签作为递归处理整个 Feed 的起点。readFeed()方法会跳过不是 entry 的标签。当整个 Feed 都被递归处理后，readFeed()会返回一个从 Feed 中提取的包含了 entry 标签内容（包括里面的数据成员）的 List。然后这个 List 成为 parser 的返回值。代码如下：

```
private List readFeed(XmlPullParser parser) throws
                XmlPullParserException, IOException {
    List entries = new ArrayList();

    parser.require(XmlPullParser.START_TAG, ns, "feed");
    while (parser.next() != XmlPullParser.END_TAG) {
        if (parser.getEventType() != XmlPullParser.START_TAG) {
            continue;
        }
        String name = parser.getName();
        // Starts by looking for the entry tag
        if (name.equals("entry")) {
            entries.add(readEntry(parser));
        } else {
            skip(parser);
        }
    }
    return entries;
}
```

（五）解析 XML

解析 XML Feed 的步骤如下：

(1) 判断出应用中想要的标签。下面的例子抽取了 entry 标签与它的内部标签 title、link 和 summary 中的数据。

(2) 创建下面的方法：

第一，为每一个我们想要获取的标签创建一个“read”方法。例如，readEntry()，readTitle()等。解析器从输入流中读取标签。当读取到 entry、title、link 或者 summary 标签时，它会为那些标签调用相应的方法。否则，跳过这个标签。

第二，为每一个不同的标签创建提取数据的方法和使 parser 继续解析下一个标签的方法。例如：

① 对于 title 和 summary 标签，解析器调用 readText()。这个方法通过调用 parser.getText()来获取数据。

② 对于 link 标签，解析器先判断这个 link 是否是我们想要的类型，然后再使用 parser.

getAttributeValue()来获取 link 标签的值。

③ 对于 entry 标签，解析器调用 readEntry()。这个方法解析 entry 的内部标签并返回一个带有 title、link 和 summary 数据成员的 Entry 对象。

(3) 一个递归的辅助方法：skip()。关于这部分的讨论，请查看下面“(六)跳过不关心的标签”的内容。

下面的代码演示了如何解析 entries、titles、links 与 summaries：

```
public static class Entry {
    public final String title;
    public final String link;
    public final String summary;

    private Entry(String title, String summary, String link) {
        this.title = title;
        this.summary = summary;
        this.link = link;
    }
}

// Parses the contents of an entry. If it encounters a title, summary,//or link tag, hands
them offto their respective "read"
//methods for processing. Otherwise, skips the tag.
private Entry readEntry(XmlPullParser parser) throws
                        XmlPullParserException, IOException {
    parser.require(XmlPullParser.START_TAG, ns, "entry");
    String title = null;
    String summary = null;
    String link = null;
    while (parser.next() ! = XmlPullParser.END_TAG) {
        if (parser.getEventType() ! = XmlPullParser.START_TAG) {
            continue;
        }
        String name = parser.getName();
        if (name.equals("title")) {
            title = readTitle(parser);
        } else if (name.equals("summary")) {
            summary = readSummary(parser);
        } else if (name.equals("link")) {
            link = readLink(parser);
        } else {
            skip(parser);
        }
    }
```

```
        return new Entry(title, summary, link);
    }

    // Processes title tags in the feed.
    private String readTitle(XmlPullParser parser) throws
                IOException, XmlPullParserException {
        parser.require(XmlPullParser.START_TAG, ns, "title");
        String title = readText(parser);
        parser.require(XmlPullParser.END_TAG, ns, "title");
        return title;
    }

    // Processes link tags in the feed.
    private String readLink(XmlPullParser parser)
                throws IOException, XmlPullParserException {
        String link = "";
        parser.require(XmlPullParser.START_TAG, ns, "link");
        String tag = parser.getName();
        String relType = parser.getAttributeValue(null, "rel");
        if (tag.equals("link")) {
            if (relType.equals("alternate")){
                link = parser.getAttributeValue(null, "href");
                parser.nextTag();
            }
        }
        parser.require(XmlPullParser.END_TAG, ns, "link");
        return link;
    }

    // Processes summary tags in the feed.
    private String readSummary(XmlPullParser parser)
                throws IOException, XmlPullParserException {
        parser.require(XmlPullParser.START_TAG, ns, "summary");
        String summary = readText(parser);
        parser.require(XmlPullParser.END_TAG, ns, "summary");
        return summary;
    }

    // For the tags title and summary, extracts their text values.
    private String readText(XmlPullParser parser)
                throws IOException, XmlPullParserException {
        String result = "";
        if (parser.next() == XmlPullParser.TEXT) {
```

```
            result = parser.getText();
            parser.nextTag();
        }
        return result;
    }
    ...
}
```

（六）跳过不关心的标签

上面描述的XML解析步骤中，有一步是跳过不关心的标签，下面演示解析器的skip()方法：

```
private void skip(XmlPullParser parser)
        throws XmlPullParserException, IOException {
    if (parser.getEventType() ! = XmlPullParser.START_TAG) {
        throw new IllegalStateException();
    }
    int depth = 1;
    while (depth ! = 0) {
        switch (parser.next()) {
        case XmlPullParser.END_TAG:
            depth--;
            break;
        case XmlPullParser.START_TAG:
            depth+ +;
            break;
        }
    }
}
```

下面解释这个方法如何工作：

(1) 如果当前事件不是一个START_TAG，抛出异常。

(2) 它消耗掉START_TAG以及接下来的所有内容，包括与开始标签配对的END_TAG。

(3) 为了保证方法在遇到正确的END_TAG时停止，而不是在最开始的START_TAG后面的第一个标签停止，方法应随时记录嵌套深度。

因此，如果目前的标签有子标签，那么直到解析器已经处理了所有位于START_TAG与对应的END_TAG之间的事件之前，depth的值不会为0。例如，假设解析器有2个子标签<name>与<uri>，跳过<author>标签的操作步骤如下：

① 第一次循环，在<author>之后parser遇到的第一个标签是<name>标签的START_TAG。depth值变为2。

② 第二次循环，parser遇到的下一个标签是END_TAG </name>。depth值变为1。

③ 第三次循环，parser遇到的下一个标签是START_TAG <uri>。depth值变为2。

④ 第四次循环，parser遇到的下一个标签是END_TAG </uri>。depth值变为1。

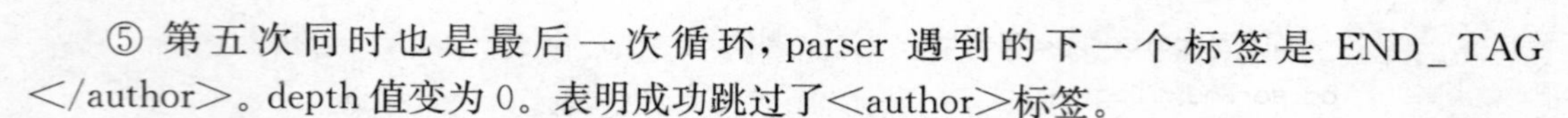

⑤ 第五次同时也是最后一次循环，parser 遇到的下一个标签是 END_TAG </author>。depth 值变为 0。表明成功跳过了<author>标签。

(七) 使用 XML 数据

以下例子程序是在 AsyncTask 中获取与解析 XML 数据。

在下面示例代码中，loadPage()方法做了下面的事情：

(1) 初始化一个带有 URL 地址的字符串变量，用来订阅 XML feed。

(2) 用户设置与网络连接都允许，调用 new DownloadXmlTask(). execute(url)。这会初始化一个新的 DownloadXmlTask 对象(AsyncTask 的子类)并且开始执行它的 execute ()方法，这个方法会下载并解析 feed，并返回展示在 UI 上的字符串。

```
public class NetworkActivity extends Activity {
    public static final String WIFI = "Wi-Fi";
    public static final String ANY = "Any";
    private static final String URL =
    "http://stackoverflow.com/feeds/tag? tagnames= android&sort=newest";

    // Whether there is a Wi-Fi connection.
    private static boolean wifiConnected = false;
    // Whether there is a mobile connection.
    private static boolean mobileConnected = false;
    // Whether the display should be refreshed.
    public static boolean refreshDisplay = true;
    public static String sPref = null;

    ...

    // Uses AsyncTask to download the XML feed from
    // stackoverflow.com.
    public void loadPage() {

        if((sPref.equals(ANY)) && (wifiConnected ||
                        mobileConnected)) {
            new DownloadXmlTask().execute(URL);
        }
        else if ((sPref.equals(WIFI)) && (wifiConnected)) {
            new DownloadXmlTask().execute(URL);
        } else {
            // show error
        }
    }
```

下面展示的是 AsyncTask 的子类，DownloadXmlTask，实现了 AsyncTask 的如下方法：

（1）doInBackground()执行 loadXmlFromNetwork()方法。它以 Feed 的 URL 作为参数。loadXmlFromNetwork()获取并处理 Feed。当它完成时，返回一个结果字符串。

（2）onPostExecute()接收返回的字符串并将其展示在 UI 上。

```
private class DownloadXmlTask extends AsyncTask<String, Void,
String> {
    @Override
    protected String doInBackground(String... urls) {
        try {
            return loadXmlFromNetwork(urls[0]);
        } catch (IOException e) {
            return
            getResources().getString(R.string.connection_error);
        } catch (XmlPullParserException e) {
            return getResources().getString(R.string.xml_error);
        }
    }

    @Override
    protected void onPostExecute(String result) {
        setContentView(R.layout.main);
        // Displays the HTML string in the UI via a WebView
        WebView myWebView = (WebView) findViewById(R.id.webview);
        myWebView.loadData(result, "text/html", null);
    }
}
```

下面是 DownloadXmlTask 中调用的 loadXmlFromNetwork()方法做的事情：

（1）实例化一个 StackOverflowXmlParser。它同样创建一个 Entry 对象(entries)的 List，和 title，url，summary，来保存从 XML Feed 中提取的值。

（2）调用 downloadUrl()，它会获取 Feed，并将其作为 InputStream 返回。

（3）使用 StackOverflowXmlParser 解析 InputStream。

StackOverflowXmlParser 用从 Feed 中获取的数据填充 entries 的 List。

（4）处理 entries 的 List，并将 Feed 数据与 HTML 标记结合起来。

（5）返回一个 HTML 字符串，AsyncTask 的 onPostExecute()方法会将其展示在 main activity 的 UI 上。

```
// Uploads XML from stackoverflow.com, parses it, and combines it with
// HTML markup. Returns HTML string.
   private String loadXmlFromNetwork(String urlString)
    throws XmlPullParserException, IOException {
    InputStream stream = null;
    // Instantiate the parser
```

```
StackOverflowXmlParser stackOverflowXmlParser =
                          new StackOverflowXmlParser();
List<Entry> entries = null;
String title = null;
String url = null;
String summary = null;
Calendar rightNow = Calendar.getInstance();
DateFormat formatter = new SimpleDateFormat("MMM dd h:mmaa");

// Checks whether the user set the preference to include
// summary text
SharedPreferences sharedPrefs =
    PreferenceManager.getDefaultSharedPreferences(this);
boolean pref = sharedPrefs.getBoolean("summaryPref", false);

StringBuilder htmlString = new StringBuilder();
htmlString.append("<h3>" +
    getResources().getString(R.string.page_title) + "</h3>");
htmlString.append("<em>" +
    getResources().getString(R.string.updated) + " " +
        formatter.format(rightNow.getTime()) + "</em>");

try {
    stream = downloadUrl(urlString);
    entries = stackOverflowXmlParser.parse(stream);
// Makes sure that the InputStream is closed after the app is
// finished using it.
} finally {
    if (stream != null) {
        stream.close();
    }
}

// StackOverflowXmlParser returns a List (called "entries")
// of Entry objects.
// Each Entry object represents a single post in the XML feed.
// This section processes the entries list to combine each entry
// with HTML markup.
// Each entry is displayed in the UI as a link that optionally
// includesa text summary.
for (Entry entry : entries) {
    htmlString.append("<p><a href='");
    htmlString.append(entry.link);
```

```
            htmlString.append("'>" + entry.title + "</a></p>");
            // If the user set the preference to include summary text,
            // adds it to the display.
            if (pref) {
                htmlString.append(entry.summary);
            }
        }
        return htmlString.toString();
}

// Given a string representation of a URL, sets up a connection and
//gets an input stream.
【关于 Timeout 具体应该设置多少,可以借鉴这里的数据,当然前提是一般情况下】
// Given a string representation of a URL, sets up a connection and
//getsan input stream.
private InputStream downloadUrl(String urlString)
        throws IOException {
    URL url = new URL(urlString);
    HttpURLConnection conn = (HttpURLConnection)
                                    url.openConnection();
    conn.setReadTimeout(10000 /* milliseconds */);
    conn.setConnectTimeout(15000 /* milliseconds */);
    conn.setRequestMethod("GET");
    conn.setDoInput(true);
    // Starts the query
    conn.connect();
    return conn.getInputStream();
}
```

5.7.3　使用 Sync Adapter 传输数据

如果应用允许 Android 设备和网络服务器之间进行数据同步,那么它无疑将变得更加实用,更加吸引用户的注意。例如,将数据传输到服务器可以实现数据的备份,此外,从服务器获取数据可以让用户随时随地都能使用 APP。有时候,用户可能会觉得在线编辑他们的数据并将其发送到设备上,会是一件很方便的事情;或者他们有时会希望将收集到的数据上传到一个统一的存储区域中。

尽管我们可以设计一套自己的系统来实现应用中的数据传输,但我们也可以使用 Android 的同步适配器框架(Android's Sync Adapter Framework)。该框架可以用来帮助管理数据,自动传输数据,以及协调不同应用间的同步问题。当使用这个框架时,我们可以利用它的一些特性,而这些特性可能是我们自己设计的传输方案中所没有的:

(1) 插件架构(Plug-in Architecture):允许我们以可调用组件的形式,将传输代码添加到系统中。

(2) 自动执行(Automated Execution):允许我们基于不同的准则自动地执行数据传输,比如:当数据变更时,或者每隔固定一段时间,亦或者每天,来自动执行一次数据传输。另外,系统会自动把当前无法执行的传输添加到一个队列中,并且在合适的时候运行它们。

(3) 自动网络监测(Automated Network Checking):系统只在有网络连接的时候才会运行数据传输。

(4) 提升电池使用效率:允许我们将所有的数据传输任务统一地进行一次性批量传输,这样多个数据传输任务会在同一段时间内运行。应用的数据传输任务也会和其他应用的传输任务相结合,并一起传输。这样做可以减少系统连接网络的次数,进而减少电量的使用。

(5) 账户管理和授权:如果应用需要用户登录授权,那么我们可以将账户管理和授权的功能集成到数据传输组件中。

本小节讲述了如何创建一个 Sync Adapter,如何创建一个绑定了 Sync Adapter 的服务(Service),如何提供其他组件来帮助我们将 Sync Adapter 集成到框架中,以及如何通过不同的方法来运行 Sync Adapter。

注意: Sync Adapter 是异步执行的,它可以定期且有效地传输数据,但在实时性上一般难以满足要求。如果想要实时传输数据,那么应该在 AsyncTask 或 IntentService 中完成这一任务。

一、创建 Stub 授权器

Sync Adapter 框架假定我们的 Sync Adapter 在同步数据时,设备存储端关联了一个账户,且服务器端需要进行登录验证。因此,我们需要提供一个叫做授权器(Authenticator)的组件作为 Sync Adapter 的一部分。该组件会集成在 Android 账户及认证框架中,并提供一个标准的接口来处理用户凭据,如登录信息。

即使应用不使用账户,我们仍然需要提供一个授权器组件。在这种情况下,授权器所处理的信息将被忽略,所以我们需要一个提供包含了方法存根(Stub Method)的授权器组件。同时我们需要提供一个绑定 Service,来允许 Sync Adapter 框架调用授权器的方法。

(一) 添加一个 Stub 授权器组件

要在应用中添加一个 Stub 授权器,首先我们需要创建一个继承 AbstractAccountAuthenticator 的类,在所有需要重写的方法中,我们不进行任何处理,仅返回 null 或者抛出异常。

下面的代码片段是一个 Stub 授权器的例子:

```
/*
 * Implement AbstractAccountAuthenticator and stub out all
 * of its methods
 */
public class Authenticator extends AbstractAccountAuthenticator {
    // Simple constructor
    public Authenticator(Context context) {
        super(context);
    }
```

```
// Editing properties is not supported
@Override
public Bundle editProperties(
        AccountAuthenticatorResponse r, String s) {
    throw new UnsupportedOperationException();
}
// Don't add additional accounts
@Override
public Bundle addAccount(
        AccountAuthenticatorResponse r,
        String s,
        String s2,
        String[] strings,
        Bundle bundle) throws NetworkErrorException {
    return null;
}
// Ignore attempts to confirm credentials
@Override
public Bundle confirmCredentials(
        AccountAuthenticatorResponse r,
        Account account,
        Bundle bundle) throws NetworkErrorException {
    return null;
}
// Getting an authentication token is not supported
@Override
public Bundle getAuthToken(
        AccountAuthenticatorResponse r,
        Account account,
        String s,
        Bundle bundle) throws NetworkErrorException {
    throw new UnsupportedOperationException();
}
// Getting a label for the auth token is not supported
@Override
public String getAuthTokenLabel(String s) {
    throw new UnsupportedOperationException();
}
// Updating user credentials is not supported
@Override
public Bundle updateCredentials(
        AccountAuthenticatorResponse r,
        Account account,
```

```
            String s, Bundle bundle) throws NetworkErrorException {
        throw new UnsupportedOperationException();
    }
    // Checking features for the account is not supported
    @Override
    public Bundle hasFeatures(
        AccountAuthenticatorResponse r,
        Account account, String[] strings) throws NetworkErrorException {
        throw new UnsupportedOperationException();
    }
}
```

（二）将授权器绑定到框架

为了让 Sync Adapter 框架可以访问我们的授权器，我们必须为它创建一个绑定服务。这一服务会提供一个 Android Binder 对象，允许框架调用我们的授权器，并且在授权器和框架间传递数据。

因为框架会在它第一次需要访问授权器时启动该 Service，所以我们也可以使用该服务来实例化授权器。具体而言，我们需要在服务的 Service. onCreate()方法中调用授权器的构造函数。

下面的代码样例展示了如何定义绑定 Service：

```
/**
* A bound Service that instantiates the authenticator
* when started.
*/
public class AuthenticatorService extends Service {
    ...
    // Instance field that stores the authenticator object
    private Authenticator mAuthenticator;
    @Override
    public void onCreate() {
        // Create a new authenticator object
        mAuthenticator = new Authenticator(this);
    }
    /*
     * When the system binds to this Service to make the RPC call
     * return the authenticator's IBinder.
     */
    @Override
    public IBinder onBind(Intent intent) {
        return mAuthenticator.getIBinder();
    }
}
```

(三) 添加授权器的元数据(Metadata)文件

若要将授权器组件集成到Sync Adapter框架和账户框架中，我们需要为这些框架提供带有描述组件信息的元数据。该元数据声明了我们为Sync Adapter创建的账户类型以及系统所显示的UI元素(如果希望用户可以看到我们创建的账户类型)。在我们的项目目录/res/xml/下，将元数据声明于一个XML文件中。我们可以自己为该文件按命名，通常我们将它命名为authenticator. xml。

在这个XML文件中，包含了一个<account-authenticator>标签，它有下列一些属性。

1. android:accountType

Sync Adapter框架要求每一个适配器都有一个域名形式的账户类型。框架会将它作为Sync Adapter内部标识的一部分。如果服务端需要登录，账户类型会和账户一起被发送到服务端作为登录凭据的一部分。

如果服务端不需要登录，我们仍然需要提供一个账户类型(该属性的值用我们能控制的一个域名即可)。虽然框架会使用它来管理Sync Adapter，但该属性的值不会被发送到服务端。

2. android:icon

它指向一个包含图标的Drawable资源。如果在res/xml/syncadapter. xml中通过指定android:userVisible="true"让Sync Adapter可见，那么我们必须提供图标资源。它会在系统的设置中的账户(Accounts)这一栏内显示。

3. android:smallIcon

它指向一个包含微小版本图标的Drawable资源。当屏幕尺寸较小时，这一资源可能会替代android:icon中所指定的图标资源。

4. android:label

它指明了用户账户类型的本地化字符串。如果在res/xml/syncadapter. xml中通过指定android:userVisible="true"让Sync Adapter可见，那么我们需要提供该字符串。它会在系统的设置中的账户这一栏内显示，其位置就在我们为授权器定义的图标旁边。

下面的代码样例展示了我们之前为授权器创建的XML文件：

```
<?xml version="1.0" encoding="utf-8"?>
<account-authenticator
        xmlns:android="http://schemas.android.com/apk/res/android"
        android:accountType="example.com"
        android:icon="@drawable/ic_launcher"
        android:smallIcon="@drawable/ic_launcher"
        android:label="@string/app_name"/>
```

(四) 在Manifest文件中声明授权器

在之前的步骤中，我们已经创建了一个绑定服务，将授权器和Sync Adapter框架连接了起来。为了让系统可以识别该服务，我们需要在Manifest文件中添加<service>标签，将它作为<application>的子标签：

```
<service
android:name="com.example.android.syncadapter.AuthenticatorService">
```

```
<intent-filter>
<actionandroid:name="android.accounts.AccountAuthenticator"/>
</intent-filter>
<meta-data
        android:name="android.accounts.AccountAuthenticator"
        android:resource="@xml/authenticator" />
</service>
```

<intent-filter>标签配了可以被 android. accounts. AccountAuthenticator 这个 Action 所激活的过滤器，这一 Intent 会在系统要运行授权器时由系统发出。当过滤器被激活后，系统会启动 AuthenticatorService，即之前用来封装授权器的 Service。

<meta-data>标签声明了授权器的元数据。android:name 属性将元数据和授权器框架连接起来。android:resource 指定了我们之前所创建的授权器元数据文件的名字。

除了授权器之外，Sync Adapter 框架也需要一个 Content Provider。

二、创建 Stub Content Provider

Sync Adapter 框架是设计成用来和设备数据一起工作的，而这些设备数据应该被灵活且安全的 Content Provider 框架管理。因此，Sync Adapter 框架需要为它的本地数据定义 ContentProvider。如果 Sync Adapter 框架去运行 Sync Adapter，而应用没有一个 Content Provider 的话，那么 Sync Adapter 将会崩溃。

如果我们正在开发一个新的应用，它将数据从服务器传输到一台设备上，那么我们要考虑将本地数据存储于 Content Provider 中。除了它对于 Sync Adapter 的重要性之外，Content Provider 还可以提供许多安全上的好处，更何况它是专门为了在 Android 设备上处理数据存储而设计的。

然而，如果我们已经通过别的形式来存储本地数据，那么我们仍然可以使用 Sync Adapter 来处理数据传输。为了满足 Sync Adapter 框架对于 Content Provider 的要求，我们可以在应用中添加一个 Stub Content Provider。一个 Stub Content Provider 虽然可以实现 Content Provider 类，但是所有的方法都会返回 null 或者 0。如果我们添加了一个 Stub Content Provider，那么无论数据存储机制是什么，我们都可以使用 Sync Adapter 来传输数据。

如果在应用中已经有了一个 Content Provider，那么我们就不需要创建 Stub Content Provider 了。如果还没有创建 Content Provider，这里将讲述如何通过添加一个 Stub Content Provider，将 Sync Adapter 添加到框架中。

（一）添加一个 Stub Content Provider

要为应用创建一个 Stub Content Provider，首先要继承 ContentProvider 类，并且在所有需要重写的方法中，我们一律不进行任何处理而是直接返回。下面的代码片段展示了我们应该如何创建一个 Stub Content Provider：

```
/*
 * Define an implementation of ContentProvider that stubs out
 * all methods
 */
```

```
public class StubProvider extends ContentProvider {
    /*
     * Always return true, indicating that the
     * provider loaded correctly.
     */
    @Override
    public boolean onCreate() {
        return true;
    }
    /*
     * Return an empty String for MIME type
     */
    @Override
    public String getType() {
      return new String();
    }
    /*
     * query() always returns no results
     *
     */
    @Override
    public Cursor query(
            Uri uri,
            String[] projection,
            String selection,
            String[] selectionArgs,
            String sortOrder) {
        return null;
    }
    /*
     * insert() always returns null (no URI)
     */
    @Override
    public Uri insert(Uri uri, ContentValues values) {
        return null;
    }
    /*
     * delete() always returns "no rows affected" (0)
     */
    @Override
    public int delete(Uri uri, String selection, String[] selectionArgs) {
        return 0;
    }
```

```
    /*
     * update() always returns "no rows affected" (0)
     */
    public int update(
            Uri uri,
            ContentValues values,
            String selection,
            String[] selectionArgs) {
        return 0;
    }
}
```

（二）在 manifest 清单文件中声明 provider

Sync Adapter 框架会通过查看应用的 manifest 文件中是否声明了 provider，来验证应用是否使用了 Content Provider。为了在 manifest 清单文件中声明 Stub ContentProvider，需要添加一个<provider>标签，并让它拥有下列属性字段：

```
android:name="com.example.android.datasync.provider.StubProvider"
```

上述代码指定实现 Stub Content Provider 类的完整包名。

```
android:authorities="com.example.android.datasync.provider"
```

上述代码指定 Stub Content Provider 的 URI Authority。用应用的包名加上字符串“.provider”作为该属性字段的值。虽然我们在这里向系统声明了 Stub Content Provider，但是不会尝试访问 Provider 本身。

```
android:exported="false"
```

该代码确定其他应用是否可以访问 Content Provider。对于 Stub Content Provider 而言，由于没有让其他应用访问该 Provider 的必要，所以我们将该值设置为 false。该值并不会影响 Sync Adapter 框架和 Content Provider 之间的交互。

```
android:syncable="true"
```

该代码指明 Provider 是可同步的。如果将这个值设置为 true，那么将不需要在代码中调用 setIsSyncable()。这一标识将会允许 Sync Adapter 框架和 ContentProvider 进行数据传输，但是仅仅在我们显式地执行相关调用时，这一传输才会进行。

下面的代码片段展示了我们应该如何将<provider>标签添加到应用的 manifest 清单文件中：

```
<manifest xmlns:android="http://schemas.android.com/apk/res/android"
    package="com.example.android.network.sync.BasicSyncAdapter"
    android:versionCode="1"
    android:versionName="1.0" >
<application
        android:allowBackup="true"
```

```
        android:icon="@drawable/ic_launcher"
        android:label="@string/app_name"
        android:theme="@style/AppTheme" >
    ...
<provider
        android:name="com.example.android.datasync.provider.StubProvider"
        android:authorities="com.example.android.datasync.provider"
        android:exported="false"
        android:syncable="true"/>
    ...
</application>
</manifest>
```

三、创建 Sync Adpater

设备和服务器之间执行数据传输的代码会封装在应用的 Sync Adapter 组件中。Sync Adapter 框架会基于我们的调度和触发操作，运行 Sync Adapter 组件中的代码。要将同步适配组件添加到应用当中，我们需要添加下列部件：

(1) Sync Adapter 类：将我们的数据传输代码封装到一个与 Sync Adapter 框架兼容的接口当中。

(2) 绑定 Service：通过一个绑定服务，允许 Sync Adapter 框架运行 Sync Adapter 类中的代码。

(3) Sync Adapter 的 XML 元数据文件：该文件包含了有关 Sync Adapter 的信息。框架会根据该文件确定应该如何加载并调度数据传输任务。

(4) 应用 manifest 清单文件的声明：需要在应用的 manifest 清单文件中声明绑定服务；同时还需要指出 Sync Adapter 的元数据。

(一) 创建一个 Sync Adapter 类

1. 继承 Sync Adapter 基类：AbstractThreadedSyncAdapter

要创建 Sync Adapter 组件，首先继承 AbstractThreadedSyncAdapter，然后编写它的构造函数。与使用 Activity. onCreate()配置 Activity 时一样，每次我们重新创建 Sync Adapter 组件的时候，使用构造函数执行相关的配置。例如，如果我们的应用使用一个 Content Provider 来存储数据，那么使用构造函数来获取一个 ContentResolver 实例。由于从 Android 3.0 开始添加了第二种形式的构造函数，来支持 parallelSyncs 参数，所以我们需要创建两种形式的构造函数来保证兼容性。

下面的代码展示了如何实现 AbstractThreadedSyncAdapter 和它的构造函数：

```
/**
 * Handle the transfer of data between a server and an
 * app, using the Android sync adapter framework.
 */
public class SyncAdapter extends AbstractThreadedSyncAdapter {
    ...
    // Global variables
```

```
// Define a variable to contain a content resolver instance
ContentResolver mContentResolver;
/**
 * Set up the sync adapter
 */
public SyncAdapter(Context context, boolean autoInitialize) {
    super(context, autoInitialize);
    /*
     * If your app uses a content resolver, get an instance of it
     * from the incoming Context
     */
    mContentResolver = context.getContentResolver();
}
...
/**
 * Set up the sync adapter. This form of the
 * constructor maintains compatibility with Android 3.0
 * and later platform versions
 */
public SyncAdapter(
        Context context,
        boolean autoInitialize,
        boolean allowParallelSyncs) {
    super(context, autoInitialize, allowParallelSyncs);
    /*
     * If your app uses a content resolver, get an instance of it
     * from the incoming Context
     */
    mContentResolver = context.getContentResolver();
    ...
}
```

2. *在 onPerformSync()中添加数据传输代码*

Sync Adapter 组件并不会自动地执行数据传输。它对我们的数据传输代码进行封装，使得 Sync Adapter 框架可以在后台执行数据传输，而不会牵连到我们的应用。当框架同步应用数据时，会调用我们所实现的 onPerformSync()方法。

为了便于将数据从应用程序转移到 Sync Adapter 组件中，Sync Adapter 框架调用 onPerformSync()，它具有下面的参数：

(1) Account：该 Account 对象与触发 Sync Adapter 的事件相关联。如果服务端不需要使用账户，那么我们不需要使用这个对象内的信息。

(2) Extras：一个 Bundle 对象，它包含了一些标识，这些标识由触发 Sync Adapter 的事件所发送。

(3) Authority：系统中某个 Content Provider 的 Authority。应用必须要有访问它的权限。通常，该 Authority 对应于应用的 Content Provider。

(4) Content Provider Client：Content Provider Client 针对由 Authority 参数所指向的 Content Provider。Content Provider Client 是一个 Content Provider 的轻量级共有接口。它的基本功能和 Content Resolver 一样。如果我们正在使用 Content Provider 来存储应用数据，那么我们可以利用它连接 Content Provider。反之，则将其忽略。

(5) Sync Result：一个 Sync Result 对象，我们可以使用它将信息发送给 Sync Adapter 框架。

下面的代码片段展示了 onPerformSync()函数的整体结构：

```
/*
 * Specify the code you want to run in the sync adapter. The entire
 * sync adapter runs in a background thread, so you don't have to
 * set up your own background processing.
 */
@Override
public void onPerformSync(
        Account account,
        Bundle extras,
        String authority,
        ContentProviderClient provider,
        SyncResult syncResult) {
/*
 * Put the data transfer code here.
 */
...
}
```

虽然实际的 onPerformSync()实现是要根据应用数据的同步需求以及服务器的连接协议来制定，但是我们的实现只需要执行一些常规任务：

① 连接到一个服务器。

尽管我们可以假定在开始传输数据时，已经获取到了网络连接，但是 Sync Adapter 框架并不会自动地连接到一个服务器。

② 下载和上传数据。

Sync Adapter 不会自动执行数据传输。如果我们想要从服务器下载数据并将它存储到 Content Provider 中，我们必须提供请求数据，下载数据和将数据插入到 Provider 中的代码。类似地，如果我们想把数据发送到服务器，我们需要从一个文件，数据库或者 Provider 中读取数据，并且发送必需的上传请求。同时我们还需要处理在执行数据传输时所发生的网络错误。

③ 处理数据冲突或者确定当前数据的状态。

Sync Adapter 不会自动地解决服务器数据与设备数据之间的冲突。同时，它也不会自动检测服务器上的数据是否比设备上的数据要新，反之亦然。因此，我们必须自己提供处理这些状况的算法。

④ 清理。

在数据传输的尾声，记得要关闭网络连接，清除临时文件和缓存。

注意：Sync Adapter 框架会在一个后台线程中执行 onPerformSync()方法，所以我们不需要配置后台处理任务。

除了和同步相关的任务之外，我们还应该尝试将一些周期性的网络相关的任务合并起来，并将它们添加到 onPerformSync()中。将所有网络任务集中到该方法内处理，可以减少由启动和停止网络接口所造成的电量损失。

(二) 将 Sync Adapter 绑定到框架上

现在，我们已经将数据传输代码封装在 Sync Adapter 组件中，但是我们必须让框架可以访问我们的代码。为了做到这一点，我们需要创建一个绑定 Service，它将一个特殊的 Android Binder 对象从 Sync Adapter 组件传递给框架。有了这一 Binder 对象，框架就可以调用 onPerformSync()方法并将数据传递给它。

在服务的 onCreate()方法中将我们的 Sync Adapter 组件实例化为一个单例。通过在 onCreate()方法中实例化该组件，我们可以推迟到服务启动后再创建它，这会在框架第一次尝试执行数据传输时发生。我们需要通过一种线程安全的方法来实例化组件，以防止 Sync Adapter 框架在响应触发和调度时，形成含有多个 Sync Adapter 执行的队列。

下面的代码片段展示了我们应该如何实现一个绑定 Service 的类，实例化我们的 Sync Adapter 组件，并获取 Android Binder 对象：

```
package com.example.android.syncadapter;
/**
 * Define a Service that returns an IBinder for the
 * sync adapter class, allowing the sync adapter framework to call
 * onPerformSync().
 */
public class SyncService extends Service {
    // Storage for an instance of the sync adapter
    private static SyncAdapter sSyncAdapter = null;
    // Object to use as a thread-safe lock
    private static final Object sSyncAdapterLock = new Object();
    /*
     * Instantiate the sync adapter object.
     */
    @Override
    public void onCreate() {
        /*
         * Create the sync adapter as a singleton.
         * Set the sync adapter as syncable
         * Disallow parallel syncs
         */
```

```
        synchronized (sSyncAdapterLock) {
            if (sSyncAdapter == null) {
                sSyncAdapter = new SyncAdapter(getApplicationContext(), true);
            }
        }
    }
    /**
     * Return an object that allows the system to invoke
     * the sync adapter.
     *
     */
    @Override
    public IBinder onBind(Intent intent) {
        /*
         * Get the object that allows external processes
         * to call onPerformSync(). The object is created
         * in the base class code when the SyncAdapter
         * constructors call super()
         */
        return sSyncAdapter.getSyncAdapterBinder();
    }
}
```

(三) 添加框架所需的账户

Sync Adapter 框架需要每个 Sync Adapter 拥有一个账户类型。在创建 Stub 授权器章节中,我们已经声明了账户类型的值。现在我们需要在 Android 系统中配置该账户类型。要配置账户类型,通过调用 addAccountExplicitly()添加一个使用其账户类型的虚拟账户。

调用该方法最合适的地方是在应用的启动 Activity 的 onCreate()方法中。如下面的代码样例所示:

```
public class MainActivity extends FragmentActivity {
    ...
    ...
    // Constants
    // The authority for the sync adapter's content provider
    public static final String AUTHORITY =
                "com.example.android.datasync.provider"
    // An account type, in the form of a domain name
    public static final String ACCOUNT_TYPE = "example.com";
    // The account name
    public static final String ACCOUNT = "dummyaccount";
    // Instance fields
    Account mAccount;
```

```
...
@Override
protected void onCreate(Bundle savedInstanceState) {
    super.onCreate(savedInstanceState);
    ...
    // Create the dummy account
    mAccount = CreateSyncAccount(this);
    ...
}
...
/**
 * Create a new dummy account for the sync adapter
 *
 * @param context The application context
 */
public static Account CreateSyncAccount(Context context) {
    // Create the account type and default account
    Account newAccount = new Account(ACCOUNT, ACCOUNT_TYPE);
    // Get an instance of the Android account manager
    AccountManager accountManager =
            (AccountManager) context.getSystemService(
                    ACCOUNT_SERVICE);
    /*
     * Add the account and account type, no password or user data
     * If successful, return the Account object, otherwise report an
     * error.
     */
    if (accountManager.addAccountExplicitly(newAccount, null,
                                                              null))) {
        /*
         * If you don't set android:syncable="true" in
         * in your <provider> element in the manifest,
         * then call context.setIsSyncable(account, AUTHORITY, 1)
         * here.
         */
    } else {
        /*
         * The account exists or some other error occurred. Log this,
         * report it,
         * or handle it internally.
         */
    }
}
```

```
    ...
}
```

(四) 添加 Sync Adapter 的元数据文件

要将 Sync Adapter 组件集成到框架中，我们需要向框架提供描述组件的元数据，以及额外的标识信息。元数据指定了我们为 Sync Adapter 所创建的账户类型，声明了一个和应用相关联的 Content Provider Authority，对和 Sync Adapter 相关的一部分系统用户接口进行控制，同时还声明了其他同步相关的标识。在我们项目的/res/xml/目录下的一个特定文件内声明这一元数据，我们可以为这个文件命名，不过通常来说我们将其命名为 syncadapter. xml。

在这一文件中包含了一个 XML 标签<sync-adapter>，它包含了下列的属性字段：

(1) android:contentAuthority：Content Provider 的 URI Authority。这个值也是我们在 manifest 清单文件中添加在<provider>标签内 android:authorities 属性的值。

(2) android:accountType：Sync Adapter 框架所需要的账户类型。这个值必须和我们所创建的验证器元数据文件内所提供的账户类型一致，即常量 ACCOUNT_TYPE 的值。

还要配置其他相关属性：

(1) android:userVisible。

该属性设置 Sync Adapter 框架的账户类型是否可见。默认地，和账户类型相关联的账户图标和标签在系统设置的账户选项中可以看见，所以我们应该将 Sync Adapter 设置为对用户不可见(除非我们确实拥有一个账户类型或者域名或者它们可以轻松地和我们的应用相关联)。如果我们将账户类型设置为不可见，那么我们仍然可以允许用户通过一个 Activity 中的用户接口来控制 Sync Adapter。

(2) android:supportsUploading。

它允许我们将数据上传到云。如果应用仅仅下载数据，那么请将该属性设置为 false。

(3) android:allowParallelSyncs。

它允许多个 Sync Adapter 组件的实例同时运行。如果应用支持多个用户账户并且我们希望多个用户并行地传输数据，那么可以使用该特性。如果我们从不执行多个数据传输，那么这个选项是没用的。

(4) android:isAlwaysSyncable。

它指明 Sync Adapter 框架可以在任何我们指定的时间运行 Sync Adapter。如果我们希望通过代码来控制 Sync Adapter 的运行时机，请将该属性设置为 false。然后调用 requestSync()来运行 Sync Adapter。

下面的代码展示了应该如何通过 XML 配置一个使用单个虚拟账户，并且只执行下载的 Sync Adapter：

```
<? xml version="1.0" encoding="utf-8"? >
<sync-adapter
        xmlns:android="http://schemas.android.com/apk/res/android"
        android:contentAuthority=
"com.example.android.datasync.provider"
        android:accountType="com.android.example.datasync"
```

```
        android:userVisible="false"
        android:supportsUploading="false"
        android:allowParallelSyncs="false"
        android:isAlwaysSyncable="true"/>
```

(五) 在 manifest 清单文件中声明 Sync Adapter

一旦我们将 Sync Adapter 组件集成到应用中，我们需要声明相关的权限来使用它，并且还需要声明我们所添加的绑定 Service。

由于 Sync Adapter 组件会运行设备与网络之间传输数据的代码，所以我们需要请求使用网络的权限。同时，我们的应用还需要读写 Sync Adapter 配置信息的权限，这样我们才能通过应用中的其他组件去控制 Sync Adapter。另外，我们还需要一个特殊的权限，来允许应用使用我们在创建 Stub 授权器中所创建的授权器组件。

要请求这些权限，将下列内容添加到应用 manifest 清单文件中，并作为<manifest>标签的子标签：

(1) android. permission. INTERNET。

它允许 Sync Adapter 访问网络，使得它可以从设备下载和上传数据到服务器。如果之前已经请求了该权限，那么就不需要重复请求了。

(2) android. permission. READ_SYNC_SETTINGS。

它允许应用读取当前的 Sync Adapter 配置。例如，我们需要该权限来调用 getIsSyncable()。

(3) android. permission. WRITE_SYNC_SETTINGS。

它允许我们的应用对 Sync Adapter 的配置进行控制。我们需要这一权限来通过 addPeriodicSync()方法设置执行同步的时间间隔。另外，调用 requestSync()方法不需要用到该权限。

(4) android. permission. AUTHENTICATE_ACCOUNTS。

它允许我们使用在创建 Stub 授权器中所创建的验证器组件。

下面的代码片段展示了如何添加这些权限：

```
<manifest>
...
<uses-permission
        android:name="android.permission.INTERNET"/>
<uses-permission
        android:name="android.permission.READ_SYNC_SETTINGS"/>
<uses-permission
        android:name="android.permission.WRITE_SYNC_SETTINGS"/>
<uses-permission
        android:name="android.permission.AUTHENTICATE_ACCOUNTS"/>
...
</manifest>
```

最后，要声明框架用来和 Sync Adapter 进行交互的绑定 Service，添加下列的 XML 代

码到应用 manifest 清单文件中，作为<application>标签的子标签：

```
<service
        android:name="com.example.android.datasync.SyncService"
            android:exported="true"
            android:process=":sync">
<intent-filter>
<action android:name="android.content.SyncAdapter"/>
</intent-filter>
<meta-data android:name="android.content.SyncAdapter"
            android:resource="@xml/syncadapter" />
</service>
```

<intent-filter>标签配置了一个过滤器，它会被带有 android.content.SyncAdapter 这一 action 的 Intent 所触发，该 Intent 一般是由系统为了运行 Sync Adapter 而发出的。当过滤器被触发后，系统会启动我们所创建的绑定服务，在本例中它叫做 SyncService。属性 android:exported="true"允许我们应用之外的其他进程（包括系统）访问这一 Service。属性 android:process=":sync"告诉系统应该在一个全局共享的，且名字叫做 sync 的进程内运行该 Service。如果我们的应用中有多个 Sync Adapter，那么它们可以共享该进程，这有助于减少开销。

<meta-data>标签提供了我们之前为 Sync Adapter 所创建的元数据 XML 文件的文件名。属性 android:name 指出这一元数据是针对 Sync Adapter 框架的。而 android:resource 标签则指定了元数据文件的名称。

四、执行 Sync Adpater

我们已经学习了如何创建一个封装了数据传输代码的 Sync Adapter 组件，以及如何添加其他的组件，使得我们可以将 Sync Adapter 集成到系统当中。现在我们已经拥有了所有部件，来安装一个包含有 Sync Adapter 的应用，但是这里还没有任何代码是负责去运行 Sync Adapter。

执行 Sync Adapter 的时机，一般应该基于某个计划任务或者一些事件的间接结果。例如，我们可能希望 Sync Adapter 以一个定期计划任务的形式运行（如每隔一段时间或者在每天的一个固定时间运行），或者也可能希望当设备上的数据发生变化后，执行 Sync Adapter。我们应该避免将运行 Sync Adapter 作为用户某个行为的直接结果，因为如果我们这样做，就无法利用 Sync Adapter 框架可以按计划调度的这个特性。

下列情况可以作为运行 Sync Adapter 的时机。

（一）当服务器数据变化时，运行 Sync Adapter

当服务端发送消息告知服务端数据发生变化时，运行 Sync Adapter 可以响应这一来自服务端的消息。这一选项允许从服务器更新数据到设备上，该方法可以避免由于轮询服务器所造成的执行效率下降，或者电量损耗。

如果应用从服务器传输数据，且服务器的数据会频繁地发生变化，那么可以使用一个 Sync Adapter 通过下载数据来响应服务端数据的变化。要运行 Sync Adapter，我们需要让服务端向应用的 BroadcastReceiver 发送一条特殊的消息。为了响应这条消息，可以调用

ContentResolver. requestSync()方法，向 Sync Adapter 框架发出信号，让它运行 Sync Adapter。

谷歌云消息(Google Cloud Messaging，GCM)提供了我们需要的服务端组件和设备端组件，来让上述消息系统能够运行。使用 GCM 触发数据传输比通过向服务器轮询的方式要更加可靠，也更加有效。因为轮询需要一个一直处于活跃状态的 Service，而 GCM 使用的 BroadcastReceiver 仅在消息到达时会被激活。另外，即使没有更新的内容，定期的轮询也会消耗大量的电池电量，而 GCM 仅在需要时才会发出消息。

下面的代码展示了如何通过 requestSync()响应一个接收到的 GCM 消息：

```
public class GcmBroadcastReceiver extends BroadcastReceiver {
    ...
    // Constants
    // Content provider authority
    public static final String AUTHORITY =
            "com.example.android.datasync.provider"
    // Account type
    public static final String ACCOUNT_TYPE =
                    "com.example.android.datasync";
    // Account
    public static final String ACCOUNT = "default_account";
    // Incoming Intent key for extended data
    public static final String KEY_SYNC_REQUEST =
            "com.example.android.datasync.KEY_SYNC_REQUEST";
    ...
    @Override
    public void onReceive(Context context, Intent intent) {
        // Get a GCM object instance
        GoogleCloudMessaging gcm =
                GoogleCloudMessaging.getInstance(context);
        // Get the type of GCM message
        String messageType = gcm.getMessageType(intent);
        /*
         * Test the message type and examine the message contents.
         * Since GCM is a general-purpose messaging system, you
         * may receive normal messages that don't require a sync
         * adapter run.
         * The following code tests for a a boolean flag indicating
         * that the message is requesting a transfer from the device.
         */
        if
        (GoogleCloudMessaging.MESSAGE_TYPE_MESSAGE.equals(messageType)
&&
            intent.getBooleanExtra(KEY_SYNC_REQUEST)) {
            /*
```

```
            * Signal the framework to run your sync adapter. Assume that
            * app initialization has already created the account.
            */
           ContentResolver.requestSync(ACCOUNT, AUTHORITY, null);
           ...
       }
       ...
    }
    ...
}
```

（二）当设备上的数据变化时，运行 Sync Adapter

当设备上的数据发生变化时，运行 Sync Adapter。这一选项允许我们将修改后的数据从设备发送给服务器。如果需要保证服务器端一直拥有设备上最新的数据，那么这一选项非常有用。如果我们将数据存储于 Content Provider，那么这一选项的实现将会非常直接。如果使用的是一个 Stub Content Provider，检测数据的变化可能会比较困难。

如果应用在一个 Content Provider 中收集数据，并且希望当我们更新了 Content Provider 的时候，同时更新服务器的数据，我们可以配置 Sync Adapter 来让它自动运行。要做到这一点，首先应该为 Content Provider 注册一个 Observer。当 Content Provider 的数据发生了变化之后，Content Provider 框架会调用 Observer。在 Observer 中，可以调用 requestSync()来告诉框架现在应该运行 Sync Adapter 了。

注意：如果我们使用的是一个 Stub Content Provider，那么在 Content Provider 中不会有任何数据，并且不会调用 onChange()方法。在这种情况下，我们不得不提供自己的某种机制来检测设备数据的变化。这一机制还要负责在数据发生变化时调用 requestSync()。

为了给 Content Provider 创建一个 Observer，需要继承 ContentObserver 类，并且实现 onChange()方法的两种形式。在 onChange()中，可以调用 requestSync()来启动 Sync Adapter。

注册 Observer，并需要将它作为参数传递给 registerContentObserver()。在该方法中，我们还要传递一个我们想要监视的 Content URI。Content Provider 框架会将这个需要监视的 URI 与其他一些 Content URIs 进行比较，这些其他的 Content URIs 来自 ContentResolver 中那些可以修改 Provider 的方法（如 ContentResolver. insert()）所传入的参数。如果出现了变化，那么我们所实现的 ContentObserver. onChange()将会被调用。

下面的代码片段展示了如何定义一个 ContentObserver，它在表数据发生变化后调用 requestSync()：

```
public class MainActivity extends FragmentActivity {
    ...
    // Constants
    // Content provider scheme
    public static final String SCHEME = "content://";
    // Content provider authority
    public static final String AUTHORITY =
```

```
        "com.example.android.datasync.provider";
    // Path for the content provider table
    public static final String TABLE_PATH = "data_table";
    // Account
    public static final String ACCOUNT = "default_account";
    // Global variables
    // A content URI for the content provider's data table
    Uri mUri;
    // A content resolver for accessing the provider
    ContentResolver mResolver;
    ...
    public class TableObserver extends ContentObserver {
        /*
         * Define a method that's called when data in the
         * observed content provider changes.
         * This method signature is provided for compatibility with
         * older platforms.
         */
        @Override
        public void onChange(boolean selfChange) {
            /*
             * Invoke the method signature available as of
             * Android platform version 4.1, with a null URI.
             */
            onChange(selfChange, null);
        }
        /*
         * Define a method that's called when data in the
         * observed content provider changes.
         */
        @Override
        public void onChange(boolean selfChange, Uri changeUri) {
            /*
             * Ask the framework to run your sync adapter.
             * To maintain backward compatibility, assume that
             * changeUri is null.
            ContentResolver.requestSync(ACCOUNT, AUTHORITY, null);
        }
        ...
    }
    ...
    @Override
    protected void onCreate(Bundle savedInstanceState) {
```

```
        super.onCreate(savedInstanceState);
        ...
        // Get the content resolver object for your app
        mResolver = getContentResolver();
        // Construct a URI that points to the content provider data table
        mUri = new Uri.Builder()
                  .scheme(SCHEME)
                  .authority(AUTHORITY)
                  .path(TABLE_PATH)
                  .build();
        /*
         * Create a content observer object.
         * Its code does not mutate the provider, so set
         * selfChange to "false"
         */
        TableObserver observer = new TableObserver(false);
        /*
         * Register the observer for the data table. The table's path
         * and any of its subpaths trigger the observer.
         */
        mResolver.registerContentObserver(mUri, true, observer);
        ...
    }
    ...
}
```

(三) 当系统发送了一个网络消息,运行 Sync Adapter

当 Android 系统发送了一个网络消息来保持 TCP/IP 连接开启时,运行 Sync Adapter。这个消息是网络框架(Networking Framework)的一个基本部分。可以将这一选项作为自动运行 Sync Adapter 的一个方法。另外还可以考虑将它和基于时间间隔运行 Sync Adapter 的策略结合起来使用。

每当可以获得一个网络连接时,Android 系统会每隔几秒发送一条消息来保持 TCP/IP 连接处于开启状态。这一消息也会传递到每个应用的 ContentResolver 中。通过调用 setSyncAutomatically(),我们可以在 ContentResolver 收到消息后,运行 Sync Adapter。

每当网络消息被发送后会运行 Sync Adapter,通过这样的调度方式可以保证每次运行 Sync Adapter 时都可以访问网络。如果不是每次数据变化时都要以数据传输来响应,并且又希望自己的数据会被定期地更新,那么我们可以用这一选项。类似地,如果我们不想要定期执行 Sync Adapter,但希望经常运行它,我们也可以使用这一选项。

由于 setSyncAutomatically()方法不会禁用 addPeriodicSync(),所以 Sync Adapter 可能会在一小段时间内重复地被触发激活。如果我们想要定期地运行 Sync Adapter,应该禁用 setSyncAutomatically()。

下面的代码片段展示如何配置 ContentResolver，利用它来响应网络消息，从而运行 Sync Adapter：

```
public class MainActivity extends FragmentActivity {
    ...
    // Constants
    // Content provider authority
    public static final String AUTHORITY =
                "com.example.android.datasync.provider";
    // Account
    public static final String ACCOUNT = "default_account";
    // Global variables
    // A content resolver for accessing the provider
    ContentResolver mResolver;
    ...
    @Override
    protected void onCreate(Bundle savedInstanceState) {
        super.onCreate(savedInstanceState);
        ...
        // Get the content resolver for your app
        mResolver = getContentResolver();
        // Turn on automatic syncing for the default account and authority
        mResolver.setSyncAutomatically(ACCOUNT, AUTHORITY, true);
        ...
    }
    ...
}
```

(四) 定期地运行 Sync Adapter

我们可以设置一个在运行之间的时间间隔来定期运行 Sync Adapter，或者在每天的固定时间运行它，还可以同时使用这两种策略。定期地运行 Sync Adapter 可以让服务器的更新间隔大致保持一致。

同样地，当服务器相对来说比较空闲时，我们可以通过在夜间定期调用 Sync Adapter，把设备上的数据上传到服务器。大多数用户在晚上不会关机，并为手机充电，所以这一方法是可行的。而且，通常来说，设备不会在深夜运行除了 Sync Adapter 之外的其他的任务。然而，如果我们使用这个方法的话，我们需要注意让每台设备在略微不同的时间触发数据传输。如果所有设备在同一时间运行我们的 Sync Adapter，那么我们的服务器和移动运营商的网络将很有可能负载过重。

一般来说，当我们的用户不需要实时更新，而希望定期更新时，使用定期运行的策略会很有用。如果我们希望在数据的实时性和 Sync Adapter 的资源消耗之间进行一个平衡，那么定期执行是一个不错的选择。

要定期运行我们的 Sync Adapter，可以调用 addPeriodicSync()，这样每隔一段时间，

Sync Adapter 就会运行。由于 Sync Adapter 框架会考虑其他 Sync Adapter 的执行，并尝试最大化电池效率，所以间隔时间会动态地进行细微调整。同时，如果当前无法获得网络连接，框架不会运行 Sync Adapter。

注意，addPeriodicSync()方法不会让 Sync Adapter 每天在某个时间自动运行。要让 Sync Adapter 在每天的某个时刻自动执行，可以使用一个重复计时器作为触发器。如果我们使用 setInexactRepeating()方法设置了一个每天的触发时刻会有粗略变化的触发器，我们仍然应该将不同设备 Sync Adapter 的运行时间随机化，使得它们的执行交错开来。

addPeriodicSync()方法不会禁用 setSyncAutomatically()，所以我们可能会在一小段时间内产生多个 Sync Adapter 的运行实例。另外，仅有一部分 Sync Adapter 的控制标识可以在调用 addPeriodicSync()时使用。不被允许的标识在该方法的文档中可以查看。

下面的代码样例展示了如何定期执行 Sync Adapter：

```
public class MainActivity extends FragmentActivity {
    ...
    // Constants
    // Content provider authority
    public static final String AUTHORITY =
            "com.example.android.datasync.provider";
    // Account
    public static final String ACCOUNT = "default_account";
    // Sync interval constants
    public static final long SECONDS_PER_MINUTE = 60L;
    public static final long SYNC_INTERVAL_IN_MINUTES = 60L;
    public static final long SYNC_INTERVAL =
            SYNC_INTERVAL_IN_MINUTES * SECONDS_PER_MINUTE;

    // Global variables
    // A content resolver for accessing the provider
    ContentResolver mResolver;
    ...
    @Override
    protected void onCreate(Bundle savedInstanceState) {
        super.onCreate(savedInstanceState);
        ...
        // Get the content resolver for your app
        mResolver = getContentResolver();
        /*
         * Turn on periodic syncing
         */
        ContentResolver.addPeriodicSync(
```

```
                ACCOUNT,
                AUTHORITY,
                Bundle.EMPTY,
                SYNC_INTERVAL);
        ...
    }
    ...
}
```

(五) 按需求执行 Sync Adapter

运行 Sync Adapter 以响应用户的行为。然而,为了提供最佳的用户体验,我们应该主要依赖那些更加自动式的选项。使用自动式的选项,可以节省大量的电量和网络资源。

以响应用户请求的方式运行 Sync Adapter 是最不推荐的策略。要知道,该框架是被特别设计的,它可以让 Sync Adapter 在根据某个调度规则运行时,能够尽量最高效地使用手机电量。显然,在数据改变的时候执行同步可以更有效地使用手机电量,因为电量都消耗在了更新数据上。

相比之下,允许用户按照自己的需求运行 Sync Adapter 意味着 Sync Adapter 会自己运行,这将无法有效地使用电量和网络资源。如果根据需求执行同步,会在没有证据表明数据发生了变化的情况下仍请求一个更新,从而诱导用户更新,这些无用的更新会导致对电量的低效率使用。一般来说,应用应该使用其他信号来触发一个同步更新或者让它们定期地去执行,而不是依赖于用户的输入。

不过,如果我们仍然想要按照需求运行 Sync Adapter,可以将 Sync Adapter 的配置标识设置为手动执行,之后调用 ContentResolver.requestSync()来触发一次更新。

通过下列标识来执行按需求的数据传输:

(1) SYNC_EXTRAS_MANUAL:强制执行手动的同步更新。Sync Adapter 框架会忽略当前的设置,比如,通过 setSyncAutomatically()方法设置的标识。

(2) SYNC_EXTRAS_EXPEDITED:强制同步立即执行。如果我们不设置此项,系统可能会在运行同步请求之前等待一小段时间,因为它会尝试将一小段时间内的多个请求集中在一起调度,目的是为了优化电量的使用。

下面的代码片段将展示如何调用 requestSync()来响应一个按钮点击事件:

```
public class MainActivity extends FragmentActivity {
    ...
    // Constants
    // Content provider authority
    public static final String AUTHORITY =
            "com.example.android.datasync.provider"
    // Account type
    public static final String ACCOUNT_TYPE =
                    "com.example.android.datasync";
    // Account
```

```
public static final String ACCOUNT = "default_account";
// Instance fields
Account mAccount;
...
@Override
protected void onCreate(Bundle savedInstanceState) {
            super.onCreate(savedInstanceState);
    ...
    /*
     * Create the dummy account. The code for CreateSyncAccount
     * is listed in the lesson Creating a Sync Adapter
     */

    mAccount = CreateSyncAccount(this);
    ...
}
/**
 * Respond to a button click by calling requestSync(). This is an
 * asynchronous operation.
 *
 * This method is attached to the refresh button in the layout
 * XML file
 *
 * @param v The View associated with the method call,
 * in this case a Button
 */
public void onRefreshButtonClick(View v) {
    ...
    // Pass the settings flags by inserting them in a bundle
    Bundle settingsBundle = new Bundle();
    settingsBundle.putBoolean(
            ContentResolver.SYNC_EXTRAS_MANUAL, true);
    settingsBundle.putBoolean(
            ContentResolver.SYNC_EXTRAS_EXPEDITED, true);
    /*
     * Request the sync for the default account, authority, and
     * manual sync settings
     */
    ContentResolver.requestSync(mAccount, AUTHORITY,
                                                settingsBundle);
}
```

5.8 Android 安全

5.8.1 安全要点

Android 内建的安全机制可以显著地减少应用程序的安全问题。可以在默认的系统设置和文件权限设置的环境下建立应用，避免针对一堆头疼的安全问题寻找解决方案。

一些帮助建立应用的核心安全特性如下：

(1) Android 应用程序沙盒，将应用数据和代码的执行与其他程序隔离。

(2) 具有鲁棒性的常见安全功能的应用框架，如加密、权限控制、安全 IPC。

(3) 使用 ASLR、NX、ProPolice、safe_iop、OpenBSD dlmalloc、OpenBSD calloc、Linux mmap_min_addr 等技术，减少了常见内存管理错误。

(4) 加密文件系统可以保护丢失或被盗走的设备数据。

(5) 用户权限控制限制访问系统关键信息和用户数据。

(6) 应用程序权限以单个应用为基础控制其数据。

尽管如此，熟悉 Android 安全特性仍然很重要。遵守这些习惯并将其作为优秀的代码风格，能够减少无意间给用户带来的安全问题。

(一) 数据存储

对于一个 Android 的应用程序来说，最为常见的安全问题是存放在设备上的数据能否被其他应用获取。在设备上存放数据基本方式有三种。

1. 使用内部存储

默认情况下，你在内部存储中创建的文件只有你的应用可以访问。Android 实现了这种机制，并且对于大多数应用程序都是有效的。应该避免在 IPC 文件中使用 MODE_WORLD_WRITEABLE 或者 MODE_WORLD_READABLE 模式，因为它们不为特殊程序提供限制数据访问的功能，它们也不对数据格式进行任何控制。如果想与其他应用的进程共享数据，可以使用 Content Provider，它可以给其他应用提供了可读写权限以及逐项动态获取权限。

如果想对敏感数据进行特别保护，可以使用应用程序无法直接获取的密钥来加密本地文件。例如，密钥可以存放在 KeyStore 而非设备上，使用用户密码进行保护。尽管这种方式无法防止通过 root 权限查看用户输入的密码，但是它可以为未进行文件系统加密的丢失设备提供保护。

2. 使用外部存储

创建于外部存储的文件，如 SD 卡，是全局可读写的。由于外部存储器可被用户移除并且能够被任何应用修改，因此不应使用外部存储保存应用的敏感信息。当处理来自外部存储的数据时，应用程序应该执行输入验证[参看本小节(四)输入验证]我们强烈建议应用在动态加载之前不要把可执行文件或 class 文件存储到外部存储中。如果一个应用从外部存储检索可执行文件，那么在动态加载之前它们应该进行签名与加密验证。

3. 使用 Content Providers

ContentProviders 提供了一种结构存储机制，它可以限制你的应用，也可以允许其他应用程序进行访问。如果不打算向其他应用提供访问你的 ContentProvider 功能，那么在 manifest 中标记他们为 android：exported＝false 即可。要建立一个给其他应用使用的 ContentProvider，可以为读写操作指定一个单一的 permission，或者在 manifest 中为读写操作指定确切的权限。我们强烈建议对要分配的权限进行限制，仅满足目前有的功能即可。注意，通常新的权限在新功能加入的时候同时增加，会比把现有权限撤销并打断已经存在的用户更合理。

如果 Content Provider 仅在应用中共享数据，使用签名级别 android：protectionLevel 的权限是更可取的。签名权限不需要用户确认，当应用使用同样的密钥获取数据时，这提供了更好的用户体验，也更好地控制了 Content Provider 数据的访问。Content Providers 也可以通过声明 android：grantUriPermissions 并在触发组件的 Intent 对象中使用 FLAG_GRANT_READ_URI_PERMISSION 和 FLAG_GRANT_WRITE_URI_PERMISSION 标志提供更细致的访问。这些许可的作用域可以通过 grant-uri-permission 进一步限制。当访问一个 ContentProvider 时，使用参数化的查询方法，如 query()、update()和 delete()来避免来自不信任源潜在的 SQL 注入。注意，如果 selection 语句是在提交给方法之前先连接用户数据的，使用参数化的方法或许不够。不要对“写”权限有一个错误的观念。可以考虑“写”权限允许 SQL 语句，它能通过使用创造性的 WHERE 子句并且解析结果让部分数据的确认变为可能。例如：入侵者可能在通话记录中通过修改一条记录来检测某个特定存在的电话号码，只要那个电话号码已经存在。如果 Content Provider 数据有可预见的结构，提供“写”权限也许等同于同时提供了“读写”权限。

(二) 使用权限

1. 请求权限

我们建议最小化应用请求的权限数量，不具有访问敏感资料的权限可以减少无意中滥用这些权限的风险，可以增加用户接受度，并且减少应用被攻击者攻击利用的可能性。

如果应用可以设计成不需要任何权限，那最好不过。例如：与其请求访问设备信息来建立一个标识，不如建立一个 GUID。

除了请求权限之外，应用可以使用 permissions 来保护可能会暴露给其他应用的安全敏感的 IPC，如 ContentProvider。通常来说，我们建议使用访问控制而不是用户权限确认许可，因为权限会使用户感到困惑。例如，考虑在权限设置上为应用间的 IPC 通信使用单一开发者提供的签名保护级别。

不要泄漏受许可保护的数据。只有当应用通过 IPC 暴露数据才会发生这种情况，因为它具有特殊权限，却不要求任何客户端的 IPC 接口有那样的权限。

2. 创建权限

通常应该力求建立拥有尽量少权限的应用，直至满足你的安全需要。建立一个新的权限对于大多数应用相对少见，因为系统定义的许可覆盖很多情况。在适当的地方应使用已经存在的许可执行访问检查。

如果必须建立一个新的权限，考虑能否使用 signature protection level 来完成你的任务。签名许可对用户是透明的并且只允许相同开发者签名的应用访问，与应用执行权限检查一样。

（三）使用网络

网络交易具有很高的安全风险，因为它涉及传送私人的数据。人们对移动设备的隐私关注日益加深，特别是当设备进行网络交易时，因此应用采取最佳方式保护用户数据安全极为重要。

1. 使用 IP 网络

Android 下的网络与 Linux 环境下的差别并不大。主要考虑的是确保对敏感数据采用了适当的协议，比如，使用 HTTPS 进行网络传输。我们在任何支持 HTTPS 的服务器上更愿意使用 HTTPS 而不是 HTTP，因为移动设备可能会频繁连接不安全的网络，比如，公共 WiFi 热点。

授权且加密的套接层级别的通信可通过使用 SSLSocket 类轻松实现。考虑到 Android 设备使用 WiFi 连接不安全网络的频率，对于所有应用来说，使用安全网络是极力鼓励支持的。

我们发现部分应用使用 localhost 端口处理敏感的 IPC。我们不鼓励这种方法，是因为这些接口可被设备上的其他应用访问。相反，你应该在可认证的地方使用 Android IPC 机制，例如，Service，比使用回环还糟的是绑定 INADDR_ANY，因为应用可能收到来自任何地方来的请求。

一个有必要重复的常见议题是，确保不信任从 HTTP 或者其他不安全协议下载的数据。这包括在 WebView 中的输入验证和对于 HTTP 的任何响应。

2. 使用电话网络

SMS 协议是 Android 开发者使用最频繁的电话协议，主要为用户与用户之间的通信设计，但对于想要传送数据的应用来说并不合适。由于 SMS 的限制性，我们强烈建议使用 Google Cloud Messaging（GCM）和 IP 网络从 Web 服务器发送数据消息给用户设备应用。

很多开发者没有意识到 SMS 在网络上或者设备上是不加密的，也没有牢固验证。

特别是任何 SMS 接收者应该预料到恶意用户也许已经给你的应用发送了 SMS：不要指望未验证的 SMS 数据执行敏感操作。你也应该注意到 SMS 在网络上也许会遭到冒名顶替并且/或者拦截，对于 Android 设备本身，SMS 消息是通过广播 Intent 传递的，所以他们也许会被其他拥有 READ_SMS 许可的应用截获。

（四）输入验证

无论应用运行在什么平台上，功能不完善的输入验证是最常见的影响应用安全问题之一。Android 有平台级别的对策，用于减少应用的公开输入验证问题，应该在可能的地方使用这些功能。同样需要注意的是，选择类型安全的语言能减少输入验证问题。

如果使用 native 代码，那么任何从文件读取的、通过网络接收的、或者通过 IPC 接收的数据都有可能引发安全问题。最常见的问题是 buffer overflows、use after free 和 off-by-one。Android 提供安全机制如 ASLR 和 DEP，以减少这些漏洞的可利用性，但是没有解决基本的问题。小心处理指针和管理缓存可以预防这些问题。

动态、基于字符串的语言，如 JavaScript 和 SQL，都常受到由转义字符和脚本注入带来的输入验证问题。

如果使用提交到 SQL Database 或者 Content Provider 的数据，SQL 注入也许是个问

题。最好的防御是使用参数化的查询,就像ContentProviders中讨论的那样。限制权限为只读或者只写可以减少SQL注入的潜在危害。

如果不能使用上面提到的安全功能,强烈建议使用结构严谨的数据格式并且验证符合期望的格式。黑名单策略与替换危险字符是有效的,但这些技术在实践中是易错的并且当错误可能发生的时候应该尽量避免。

(五) 处理用户数据

通常来说,处理用户数据安全最好的方法是最小化获取敏感数据用户个人数据的API使用。如果你对数据进行访问并且可以避免存储或传输,那就不要存储和传输数据。最后,思考是否有一种应用逻辑可能被实现为使用hash或者不可逆形式的数据。例如,你的应用也许使用一个email地址的hash作为主键,避免传输或存储email地址,这减少无意间泄漏数据的机会,并且也能减少攻击者尝试利用应用的机会。

如果应用访问私人数据,如密码或者用户名,记住司法也许要求你提供一个使用和存储这些数据的隐私策略的解释。所以遵守最小化访问用户数据最佳的安全实践也许只是简单地服从。

你也应该考虑到应用是否会疏忽暴露个人信息给其他方,比如,广告第三方组件或者你应用使用的第三方服务。如果你不知道为什么一个组件或者服务请求个人信息,那么就不要提供给它。通常来说,通过减少应用访问个人信息,会减少这个区域潜在的问题。

如果必须访问敏感数据,评估这个信息是否必须要传到服务器,或者是否可以被客户端操作。考虑客户端上使用敏感数据运行的任何代码,避免传输用户数据确保不会无意间通过过渡自由的IPC、world writable文件或网络socket暴露用户数据给其他设备上的应用。

应用开发者应谨慎地把log写到机器上。在Android中,log是共享资源,一个带有READ_LOGS许可的应用可以访问。即使电话log数据是临时的并且在重启之后会擦除,不恰当地记录用户信息也会无意间泄漏用户数据给其他应用。

(六) 使用WebView

这是因为WebView能包含HTML和JavaScript浏览网络内容,不恰当的使用会引入常见的web安全问题,比如,跨站脚本攻击(JavaScript注入)。Android会采取一些机制通过限制WebView的能力到应用请求功能最小化来减少这些潜在的问题。

如果应用没有在WebView内直接使用JavaScript,不要调用setJavaScriptEnabled()。某些样本代码使用这种方法,可能会导致在产品应用中改变用途,所以如果不需要的话应移除它。默认情况下WebView不执行JavaScript,所以跨站脚本攻击不会产生。

使用addJavaScriptInterface()要特别小心,因为它允许JavaScript执行通常保留给Android应用的操作。只把addJavaScriptInterface()暴露给可靠的输入源。如果不受信任的输入是被允许的,不受信任的JavaScript也许会执行Android方法。总的来说,我们建议只把addJavaScriptInterface()暴露给应用内包含的JavaScript。

如果应用通过WebView访问敏感数据,你也许想要使用clearCache()方法来删除任何存储到本地的文件。服务端的header,如no-cache,能用于指示应用不应该缓存特定的内容。

(七) 使用加密

除了采取数据隔离,支持完整的文件系统加密,提供安全信道之外。Android提供大量加密算法来保护数据。

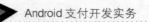

通常来说，可以尝试使用最高级别的已存在 framework 的实现来支持，如果你需要安全地从一个已知的位置取回一个文件，一个简单的 HTTPS URI 也许就足够了，并且这部分不要求任何加密知识。如果需要一个安全信道，考虑使用 HttpsURLConnection 或者 SSLSocket 要比使用你自己的协议好。

如果你发现的确需要实现一个自定义的协议，我们强烈建议你不要自己实现加密算法。使用已经存在的加密算法更好，如 Cipher 类中提供的 AES 或者 RSA。

应当使用一个安全的随机数生成器（SecureRandom）来初始化加密密钥（KeyGenerator）。使用一个不安全随机数生成器生成的密钥会严重削弱算法的优点，而且可能遭到离线攻击。

（八）使用进程间通信

一些 Android 应用试图使用传统的 Linux 技术实现 IPC，比如，网络 socket 和共享文件。我们强烈建议使用 Android 系统 IPC 功能，比如，Intent、Binder、Messenger 和 BroadcastReceiver。Android IPC 机制允许为每一个 IPC 机制验证连接到 IPC 和设置安全策略的应用的身份。

很多安全元素可以通过 IPC 机制共享。Broadcast Receiver、Activitie 和 Service 都在应用的 manifest 中声明。如果 IPC 机制不打算给其他应用使用，可以设置 android：exported 属性为 false。这对于同一个 UID 内包含多个进程的应用，或者在开发后期决定不想通过 IPC 暴露功能并且不想重写代码的时候，非常有用。

如果 IPC 打算让别的应用访问，你可以通过使用 Permission 标记设置一个安全策略。如果 IPC 是使用同一个密钥签名的独立的应用间的，使用 signature 更好一些。

1. 使用 Intent

Intent 是 Android 中异步 IPC 机制的首选。根据应用的需求，你也许使用 sendBroadcast()、sendOrderedBroadcast()或者直接的 Intent 来指定一个应用组件。

注意，有序广播可以被 Receiver 接收，所以他们也许不会被发送到所有的应用中。如果要发送一个 Intent 给指定的 Receiver，这个 Intent 必须被直接地发送给这个 Receiver。

Intent 的发送者能在发送的时候验证 Receiver 是否有一个许可指定了一个 non-Null Permission。只有有这个许可的应用才会收到这个 Intent。如果广播 Intent 内的数据是敏感的，你应该考虑使用许可来保证恶意应用没有恰当的许可并无法注册接收那些消息。这种情况下，可以考虑直接执行这个 Receiver 而不是发起一个广播。

注意：Intent 过滤器不能作为安全特性——组件可被 Intent 显式调用，可能会没有符合 Intent 过滤器的数据。你应该在 Intent Receiver 内执行输入验证，确认对于调用 Receiver、Service 或 Activity 来说格式正确合理。

2. 使用服务

Service 经常被用于为其他应用提供服务。每个 Service 类必须在它的 manifest 文件进行相应的声明。

默认情况下，Service 不能被导出和被其他应用执行。如果你加入了任何 Intent 过滤器到服务的声明中，那么它默认为可以被导出。最好明确声明 android：exported 元素来确定它按照你设想的运行。可以使用 android：permission 保护 Service。这样，其他应用在它们

自己的manifest文件中将需要声明相应的元素来启动、停止或者绑定到这个Service上。

一个Service可以使用许可保护单独的IPC调用，在执行调用前通过调用checkCallingPermission()来实现。我们建议使用manifest中声明的许可，因为那些许可是不容易监管的。

3. 使用Binder和Messenger接口

在Android中，Binder和Messenger是RPC风格IPC的首选机制。必要的话，他们提供一个定义明确的接口，促进彼此的端点认证。

鼓励在一定程度上，设计不要求指定许可检查的接口。Binder和Messenger不在应用的manifest中声明，因此你不能直接在Binder上应用声明的许可。它们在应用的manifest中继承许可声明，并在Service或者Activity内实现了许可。如果你打算创建一个接口，在一个指定Binder接口上要求认证和/或者访问控制，这些控制必须在Binder和Messenger的接口中明确添加代码。

如果提供一个需要访问控制的接口，可以使用checkCallingPermission()来验证调用者是否拥有必要的许可。由于应用的ID已经被传递到别的接口，因此代表调用者访问一个Service之前这尤其重要。如果调用一个Service提供的接口，如果你没有对给定的Service访问许可，bindService()请求也许会失败。如果调用应用提供的本地接口，可以使用clearCallingIdentity()来进行内部安全检查。

4. 利用Broadcast Receiver

Broadcast Receiver是用来处理通过Intent发起的异步请求。

默认情况下，Receiver是导出的，并且可以被任何其他应用执行。如果你的Broadcast Receiver打算让其他应用使用，你也许想在应用的manifest文件中使用元素对Receiver使用安全许可。这将阻止没有恰当许可的应用发送Intent给这个Broadcast Receiver。

5.8.2 使用HTTPS与SSL

SSL，安全套接层(TSL)，是一个常见的用来加密客户端和服务器通信的模块。但是应用程序错误地使用SSL可能会导致应用程序的数据在网络中被恶意攻击者拦截。为了确保这种情况不在应用中发生，本节主要说明使用网络安全协议常见的陷阱和使用Public-Key Infrastructure(PKI)时一些值得关注的问题。

一、概念

一个典型的SSL使用场景是：服务器配置中包含了一个证书，有匹配的公钥和私钥。作为SSL客户端和服务端握手的一部分，服务端通过使用public-key cryptography(公钥加密算法)进行证书签名来证明它有私钥。

然而，任何人都可以生成他们自己的证书和私钥，因此一次简单的握手不能证明服务端具有匹配证书公钥的私钥。一种解决这个问题的方法是让客户端拥有一个或者更多可信赖的证书。如果服务端提供的证书不在其中，那么它将不能得到客户端的信任。这种简单的方法有一些缺陷。服务端应该根据时间升级到强壮的密钥(Key Rotation)，更新证书中的公钥。不过，现在客户端应用需要根据服务端配置的变化来进行更新。如果服务端不在应用程序开发者的控制下，问题将变得更加麻烦，比如，它是一个第三方网络服务。如果程序需要和任意的服务器进行对话，如Web浏览器或者E-mail应用，这种方法也会带来问题。

为了解决这个问题，服务端通常配置了知名的发行者证书，称为 Certificate Authorities (CAs)。提供的平台通常包含了一系列知名可信赖的 CAs。Android4. 2(Jelly Bean)包含了超过 100CAs 并在每个发行版中更新。和服务端相似的是，一个 CA 拥有一个证书和一个私钥。当为一个服务端发布颁发证书的时候，CA 用它的私钥为服务端签名。客户端可以通过服务端拥有被已知平台 CA 签名的证书来确认服务端。

然而，使用 CAs 又带来了其他的问题。因为 CA 为许多服务端证书签名，所以仍然需要其他的方法来确保你对话的是你想要的服务器。为了解决这个问题，使用 CA 签名的证书通过特殊的名字如 gmail. com 或者带有通配符的域名如 *. google. com 来确认服务端。下面这个例子会使这些概念具体化一些：openssl 工具的客户端命令关注 Wikipedia 服务端证书信息。端口为 443(默认为 HTTPS)。这条命令将 open s_client 的输出发送给 openssl x509，根据 X. 509 standard 格式化证书中的内容。特别的是，这条命令需要对象(subject)，包含服务端名字和签发者(issuer)来确认 CA。程序如下：

```
$ openssl s_client -connect wikipedia.org:443 | openssl x509 -noout -subject -issuer
subject=
  /serialNumber=sOrr2rKpMVP70Z6E9BT5reY008SJEdYv/C=US/O= *.wikipedia.org/OU=
  GT03314600/OU= See www. rapidssl. com/resources/cps (c) 11/OU = Domain Control
  Validated - RapidSSL(R)/CN= *.wikipedia.org
issuer= /C=US/O=GeoTrust, Inc./CN=RapidSSL CA
```

可以看到由 RapidSSL CA 颁发给匹配 *. wikipedia. org 的服务端证书。

二、一个 HTTP 的例子

假设我们有一个知名 CA 颁发证书的 Web 服务器，那么可以使用下面的代码发送一个安全请求：

```
URL url = new URL("https://wikipedia.org");
URLConnection urlConnection = url.openConnection();
InputStream in = urlConnection.getInputStream();
copyInputStreamToOutputStream(in, System.out);
```

如果我们想要修改 HTTP 的请求，可以把它交付给 HttpURLConnection。Android 关于 HttpURLConnetcion 文档中还有更贴切的关于怎样去处理请求、响应头、posting 的内容、cookies 管理、使用代理、获取 responses 等例子。但是就这些确认证书和域名的细节而言，Android 框架已经通过 API 为我们考虑到了这些细节。下面是其他需要关注的问题。

（一）服务器普通问题的验证

假设没有从 getInputStream()收到内容，而是抛出了一个异常：

```
Javax.net.ssl.SSLHandshakeException:
  Java.security.cert.CertPathValidatorException: Trust anchor for certification path not
  found.
        at
org. apache. harmony. xnet. provider. jsse. OpenSSLSocketImpl. startHandshake
(OpenSSLSocketImpl.Java:374)
```

```
        at
libcore.net.http.HttpConnection.setupSecureSocket(HttpConnection.Java:209)
        at
libcore.net.http.HttpsURLConnectionImpl$HttpsEngine.makeSslConnection(HttpsURLConnectionImpl.Java:478)
        at
libcore.net.http.HttpsURLConnectionImpl$HttpsEngine.connect(HttpsURLConnectionImpl.Java:433)
        at
libcore.net.http.HttpEngine.sendSocketRequest(HttpEngine.Java:290)
        at libcore.net.http.HttpEngine.sendRequest(HttpEngine.Java:240)
        at
libcore.net.http.HttpURLConnectionImpl.getResponse(HttpURLConnectionImpl.Java:282)
        at
libcore.net.http.HttpURLConnectionImpl.getInputStream(HttpURLConnectionImpl.Java:177)
        at
libcore.net.http.HttpsURLConnectionImpl.getInputStream(HttpsURLConnectionImpl.Java:271)
```

这种情况发生的原因包括：

(1) 颁布证书给服务器的CA不是知名的。

(2) 服务器证书不是CA签名的而是自己签名的。

(3) 服务器配置缺失了中间CA。

下面分别讨论当我们和服务器安全连接时如何去解决这些问题。

1. *无法识别证书机构*

在这种情况中，SSLHandshakeException异常产生的原因是我们有一个不被系统信任的CA。可能是我们的证书来源于新CA而不被安卓信任，也可能是应用运行版本较老没有CA。更多的时候，一个CA不知名是因为它不是公开的CA，而是政府、公司、教育机构等组织私有的。

不过，我们可以让HttpsURLConnection学会信任特殊的CA。下面这个例子是从InputStream中获得特殊的CA，使用它去创建一个密钥库，用来创建和初始化TrustManager。TrustManager是系统用来验证服务器证书的，这些证书通过使用TrustManager信任的CA和密钥库中的密钥创建。给定一个新的TrustManager，下面这个例子初始化了一个新的SSLContext，提供了一个SSLSocketFactory，我们可以覆盖来自HttpsURLConnection的默认SSLSocketFactory。这样连接时会使用我们的CA来进行证书验证。

下面是一个CA的使用例子：

```
// Load CAs from an InputStream
// (could be from a resource or ByteArrayInputStream or ...)
```

```
CertificateFactory cf = CertificateFactory.getInstance("X.509");
// From https://www.washington.edu/itconnect/security/ca/load-der.crt
InputStream caInput = new BufferedInputStream(new
            FileInputStream("load-der.crt"));
Certificate ca;
try {
    ca = cf.generateCertificate(caInput);
    System.out.println("ca=" + ((X509Certificate) ca).getSubjectDN());
} finally {
    caInput.close();
}

// Create a KeyStore containing our trusted CAs
String keyStoreType = KeyStore.getDefaultType();
KeyStore keyStore = KeyStore.getInstance(keyStoreType);
keyStore.load(null, null);
keyStore.setCertificateEntry("ca", ca);

// Create a TrustManager that trusts the CAs in our KeyStore
String tmfAlgorithm = TrustManagerFactory.getDefaultAlgorithm();
TrustManagerFactory tmf =
          TrustManagerFactory.getInstance(tmfAlgorithm);
tmf.init(keyStore);

// Create an SSLContext that uses our TrustManager
SSLContext context = SSLContext.getInstance("TLS");
context.init(null, tmf.getTrustManagers(), null);

// Tell the URLConnection to use a SocketFactory from our SSLContext
URL url = new URL("https://certs.cac.washington.edu/CAtest/");
HttpsURLConnection urlConnection =
            (HttpsURLConnection)url.openConnection();
urlConnection.setSSLSocketFactory(context.getSocketFactory());
InputStream in = urlConnection.getInputStream();
copyInputStreamToOutputStream(in, System.out);
```

使用一个常用的了解你 CA 的 TrustManager,系统可以确认你的服务器证书来自一个可信任的发行者。

2. 自签名服务器证书

第二种 SSLHandshakeException 取决于自签名证书,意味着服务器就是它自己的 CA。这同未知证书权威机构类似,因此你同样可以用前面提到的方法。

你可以创建自己的 TrustManager,这一次直接信任服务器证书。将应用于证书直接捆绑会有一些缺点,不过我们依然可以确保其安全性。我们应该小心确保我们的自签名证书

拥有合适的强密钥。

3. 缺少中间证书颁发机构

第三种SSLHandshakeException情况的产生于缺少中间CA。大多数公开的CA不直接给服务器签名。相反，他们使用它们主要的机构(简称根认证机构)证书来给中间认证机构签名，根认证机构这样做，可以离线存储减少危险。然而，像安卓等操作系统通常只直接信任根认证机构，在服务器证书(由中间证书颁发机构签名)和证书验证者(只知道根认证机构)之间留下了一个缺口。为了解决这个问题，服务器并不在SSL握手的过程中只向客户端发送它的证书，而是一系列的从服务器到必经的任何中间机构到达根认证机构的证书。

下面是一个mail.google.com证书链，以openssls_client命令显示：

```
$ openssl s_client -connect mail.google.com:443
---
Certificate chain
0 s:/C=US/ST=California/L=Mountain View/O=Google Inc/CN=mail.google.com
   i:/C=ZA/O=Thawte Consulting (Pty) Ltd./CN=Thawte SGC CA
1 s:/C=ZA/O=Thawte Consulting (Pty) Ltd./CN=Thawte SGC CA
   i:/C=US/O=VeriSign, Inc./OU=Class 3 Public Primary Certification Authority
---
```

这里显示了一台服务器发送了一个由Thawte SGC CA为mail.google.com颁发的证书，Thawte SGC CA是一个中间证书颁发机构，Thawte SGC CA的证书由被安卓信任的Verisign CA颁发。然而，配置一台服务器不包括中间证书机构是不常见的。例如，一台服务器导致安卓浏览器的错误和应用的异常：

```
$ openssl s_client -connect egov.uscis.gov:443
---
Certificate chain
0 s:/C=US/ST=District Of Columbia/L=Washington/O=U.S. Department of Homeland
Security/OU=United States Citizenship and Immigration Services/OU=Terms of use at www.
verisign.com/rpa (c)05/CN=egov.uscis.gov
   i:/C=US/O=VeriSign, Inc./OU=VeriSign Trust Network/OU=Terms of use at https://
www.verisign.com/rpa (c)10/CN=VeriSign Class 3 International Server CA - G3
---
```

有趣的是，用大多数桌面浏览器访问这台服务器不会导致类似于完全未知CA的或者自签名的服务器证书导致的错误。这是因为大多数桌面浏览器缓存随着时间的推移信任中间证书机构。一旦浏览器访问并且从一个网站了解到的一个中间证书机构，下一次它将不需要中间证书机构包含证书链。

一些站点会有意让用来提供资源服务的二级服务器采用上文所述的方法。比如，他们可能会让他们的主HTML页面用一台拥有全部证书链的服务器来提供，但是像图片、CSS或者JavaScript等这样的资源用不包含CA的服务器来提供，以此节省带宽。但是，有时这些服务器可能会提供一个在应用中调用的Web服务。这里有两种解决这些问题的方法：

(1) 配置服务器使它包含服务器链中的中间证书颁发机构

(2) 像对待不知名的 CA 一样对待中间 CA,并且创建一个 TrustManager 来直接信任它。

(二) 验证主机名常见问题

确保你当前对话的服务器有正确的证书。当情况不是这样时,你可能会看到这样的典型错误:

```
Java.io.IOException: Hostname 'example.com' was not verified
        at
  libcore.net.http.HttpConnection.verifySecureSocketHostname(HttpConnection.Java:
  223)
        at
  libcore. net. http. HttpsURLConnectionImpl $HttpsEngine. connect ( HttpsURL
  ConnectionImpl.Java:446)
        at
  libcore.net.http.HttpEngine.sendSocketRequest(HttpEngine.Java:290)
        at libcore.net.http.HttpEngine.sendRequest(HttpEngine.Java:240)
        at
  libcore.net.http.HttpURLConnectionImpl.getResponse(HttpURLConnectionImpl.Java:
  282)
        at
  libcore. net. http. HttpURLConnectionImpl. getInputStream ( HttpURLConnectionImpl.
  Java:177)
        at
  libcore.net.http.HttpsURLConnectionImpl.getInputStream(HttpsURLConnectionImpl.
  Java:271)
```

服务器配置错误可能会导致这种情况发生。服务器配置了一个证书,这个证书没有匹配的你想连接的服务器的 subject 或者 subject 可选的命名域。一个证书可能被许多不同的服务器使用。比如,使用 openssl s_client -connect google. com:443 |openssl x509 -text 查看 google 证书,你可以看到一个 subject 支持 google. con . youtube. com、*. android. com 或者其他的证书。这种错误只会发生在所连接的服务器名称没有被证书列为可接受。

此外,还有一种原因也会导致这种情况发生:虚拟化服务。当用 HTTP 同时拥有一个以上主机名的服务器共享时,Web 服务器可以从 HTTP/1. 1 请求中找到客户端需要的目标主机名。但是,使用 HTTPS 会使情况变得复杂,因为服务器必须知道在发现 HTTP 请求前返回哪一个证书。为了解决这个问题,新版本的 SSL,特别是 TLSV. 1. 0 和之后的版本,支持服务器名指示(SNI),允许 SSL 客户端为服务端指定目标主机名,从而返回正确的证书。

这里应当采用的是不使用虚拟服务的主机名 HostnameVerifier,而不是服务器默认的主机名。

注意:替换 HostnameVerifier 可能会非常危险,如果另外一个虚拟服务不在你的控制下,中间人攻击可能会直接使流量到达另外一台服务器而超出预想。如果你仍然想覆盖主

机名验证，这里有一个为单 URLConnection 替换验证过程的例子：

```
// Create an HostnameVerifier that hardwires the expected hostname.
// Note that is different than the URL's hostname:
// example.com versus example.org
HostnameVerifier hostnameVerifier = new HostnameVerifier() {
    @Override
    public boolean verify(String hostname, SSLSession session) {
        HostnameVerifier hv =
            HttpsURLConnection.getDefaultHostnameVerifier();
        return hv.verify("example.com", session);
    }
};

// Tell the URLConnection to use our HostnameVerifier
URL url = new URL("https://example.org/");
HttpsURLConnection urlConnection =
    (HttpsURLConnection)url.openConnection();
urlConnection.setHostnameVerifier(hostnameVerifier);
InputStream in = urlConnection.getInputStream();
copyInputStreamToOutputStream(in, System.out);
```

（三）nogotofail：网络流量安全测试工具

对于已知的 TLS/SSL 漏洞和错误，nogotofail 提供了一个简单的方法来确认应用程序是否是安全的。它是一个自动化的、强大的、用于测试网络的安全问题可扩展性的工具，任何设备的网络流量都可以通过它。nogotofail 主要应用于三种场景：

（1）发现错误和漏洞。

（2）验证修补程序和等待回归。

（3）了解应用程序和设备产生的交通。

nogotofail 可以在 Android、iOS、Linux、Windows、Chrome OS、OSX 环境下工作，事实上它可以在任何需要连接到 Internet 的设备上工作。

第 6 章　Android 支付开发实务

6.1　银联 Android 支付

银联 Android 支付，也叫银联手机支付，是中国银联推出的手机支付产品，可以通过银行卡进行安全的、便捷的即时支付。银联合作商户的手机客户端(或网站)内集成(或调用)银联支付控件后，持卡人在合作商户上便可使用银联手机支付安全控件进行安全的、便捷的即时支付，同时，保障用户银行卡信息的安全。

银联手机控件支付必须实现消费、交易状态查询及后台通知交易，消费撤销、退货、文件传输(下载对账文件)等技术流程。消费交易通过调用控件进行支付，持卡人通过控件显示的支付页面输入有效信息完成支付。其他交易属于后台交易，商户网站按接口发送到银联后台即可，不跳转到银联页面。

本章以银联消费交易为例对银联手机支付的开发要点做介绍。

6.1.1　概述

一、用户使用场景

(1) 持卡人在商户界面发起支付，调起银联手机安全控件，如图 6-1 所示。

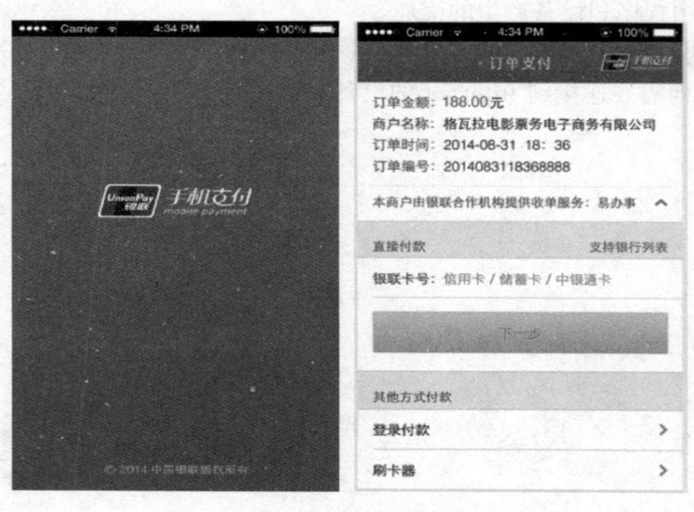

图 6-1　银联安全控件界面

(2) 持卡人在银联手机安全控件界面上,输入卡号直接付款,或通过登录付款选择常用卡号确认支付,如图 6-2 所示。

图 6-2　支付界面

(3) 完成验证要素输入后,确认付款,显示支付结果,如图 6-3 所示。

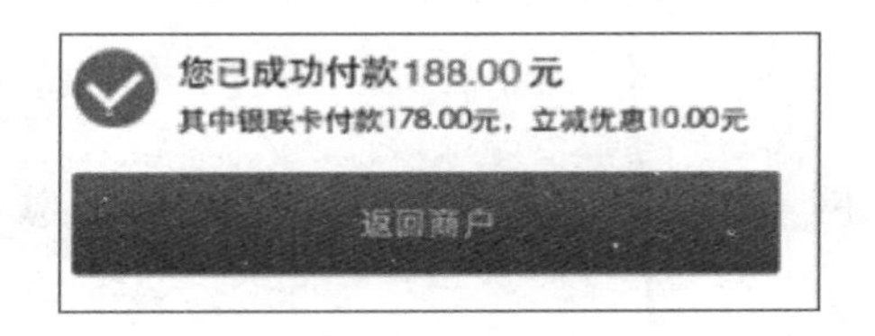

图 6-3　支付成功界面

二、交易流程

整个流程如图 6-4 所示。

(1) 用户在客户端中点击购买商品,客户端发起订单生成请求到商户后台。

(2) 商户后台收到订单生成请求后,按照接口规范生成订单请求推送至银联后台。

(3) 银联后台接收订单信息并检查通过后,生成对应交易流水号(即 TN),并回复交易流水号至商户后台(应答要素:交易流水号等)。

(4) 商户后台接收到交易流水号,将交易流水号返回给客户端。

(5) 客户端通过交易流水号(TN)调用支付控件。

(6) 用户在支付控件中输入相关支付信息后,由支付控件向银联后台发起支付请求。

(7) 支付成功后,银联后台将支付结果通知给商户后台。

(8) 银联将支付结果通知支付控件。

(9) 支付控件显示支付结果并将支付结果返回给客户端。

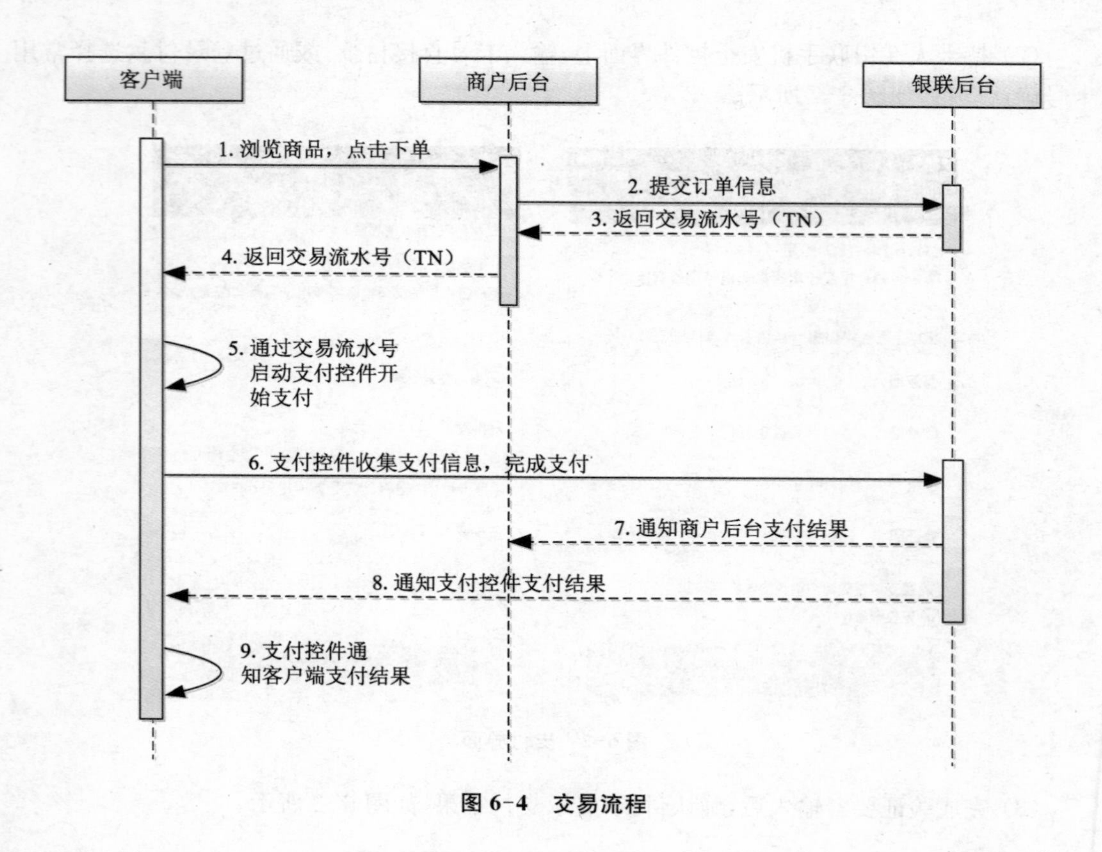

图 6-4　交易流程

6.1.2　开发详解

首先到银联支付官网 https://open. unionpay. com/下载手机控件支付 SDK 包（Android 版）。

一、SDK 包说明

检查 SDK 文件所在目录 upmp_android/sdkPro，以下部分提及的文件均在该目录中（见图 6-5）：

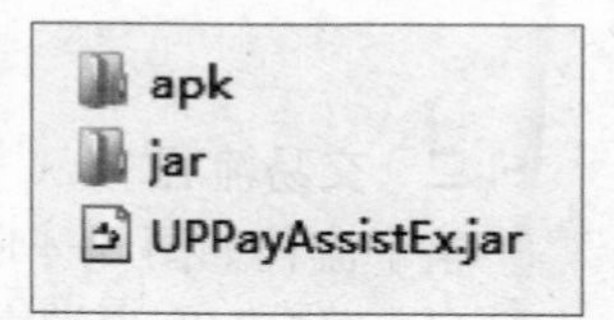

图 6-5　SDK 包部分文件

apk 目录下包括了支付控件的 apk：UPPayPluginExPro. apk。

jar 目录下包括了商户集成所需要的 jar 包、so 文件（支持 arm、armv7、x86、x86_64、mips 和 arm64-v8a 平台）和资源文件。

UPPayAssistEx. jar 定义了调用支付控件所需要的接口。

1. 支付接口

upmp_android/UPPayAssistEx. jar 中定义了启动支付控件的接口，接口定义如下：

```
public static int startPay(Activity activity, String spId,
                    String sysProvider, String orderInfo, String mode)
```

参数说明：

activity——用于启动支付控件的活动对象

spId——保留使用，这里输入 null

sysProvider——保留使用，这里输入 null

orderInfo——订单信息为交易流水号，即 TN，为商户后台从银联后台获取。

mode——银联后台环境标识，“00”将在银联正式环境发起交易，“01”将在银联测试环境发起交易

返回值：

UPPayAssistEx. PLUGIN_VALID——该终端已经安装控件，并启动控件

UPPayAssistEx. PLUGIN_NOT_FOUND—手机终端尚未安装支付控件，需要先安装支付控件

2. 检查是否安装银联 Apk 的接口

upmp_android/UPPayAssistEx. jar 中定义了检测银联 Apk 是否安装的接口，接口定义如下：

```
public static boolean checkInstalled (Context context)
```

参数说明：

activity——用于启动支付控件的 context 环境

返回值：

true——该终端已经安装控件 apk

false—该终端未安装控件 apk

二、添加 SDK 包

(1) 拷贝 upmp_android/sdkPro/jar/data. bin 到工程的 assets/目录下。

(2) 拷贝 upmp_android/sdkPro/jar/xxx/libentryexpro. so 和 upmp_android/sdkPro/jar/xxx/libuptsmaddon. so 到工程的 libs/xxx/目录下，其中 xxx 为 armeabi-v7a、armeabi、arm64-v8a、x86、x86_64 之一。

(3) 拷贝 upmp_android/sdkPro/UPPayAssistEx. jar 到工程的 libs/目录下。

(4) 拷贝 upmp_android/sdkPro/jar/UPPayPluginExPro. jar 到工程的 libs/目录下。

具体如图 6-6 所示。

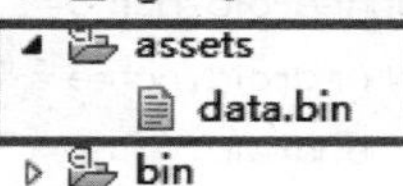

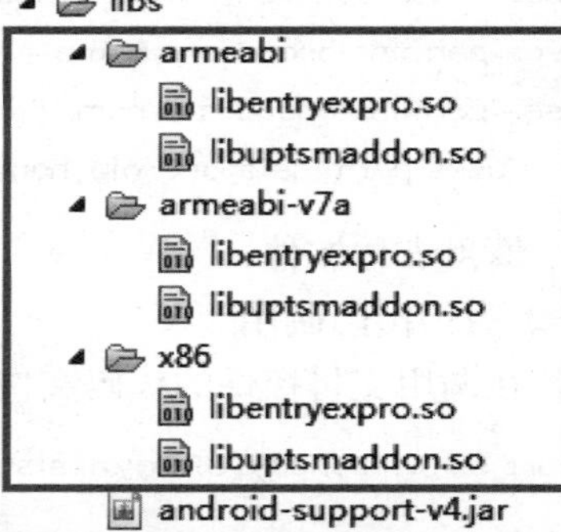

图 6-6　添加 SDK 包界面

接着右键单击工程，选择 Build Path 中的“Configure Build Path …”，选中 Libraries 标签，并通过“Add Jars …”导入工程 libs 目录下的 UPPayPluginExPro. jar。

(5) 在工程的 AndroidManifest. xml 文件中注册支付插件使用的 Activity。添加如下：

```
<application>
```

```
<! --工程其他配置此处省略……-->
<uses-libraryandroid:name="org.simalliance.openmobileapi"android:required="false"/>
<activity
    android:name="com.unionpay.uppay.PayActivity"
    android:label="@string/app_name"
    android:screenOrientation="portrait"
    android:configChanges="orientation|keyboardHidden"
    android:excludeFromRecents="true"
    android:windowSoftInputMode="adjustResize"/>

<activity
android:name="com.unionpay.UPPayWapActivity"
    android:configChanges="orientation|keyboardHidden"
android:screenOrientation="portrait"
android:windowSoftInputMode="adjustResize"/>
</application>
```

同时添加，银联支付插件相关权限：

```
<uses-permission
    android:name="android.permission.INTERNET"/>
<uses-permission
    android:name="android.permission.ACCESS_NETWORK_STATE"/>
<uses-permission
    android:name="android.permission.CHANGE_NETWORK_STATE"/>
<uses-permissionandroid:name="android.permission.WRITE_EXTERNAL_STORAGE"/>
<uses-permissionandroid:name="android.permission.READ_PHONE_STATE"/>
<uses-permissionandroid:name="android.permission.ACCESS_WIFI_STATE"/>
<uses-permissionandroid:name="android.permission.NFC"/>
<uses-featureandroid:name="android.hardware.nfc.hce"/>
<uses-permissionandroid:name="android.permission.RECORD_AUDIO"/>
<uses-permissionandroid:name="android.permission.MODIFY_AUDIO_SETTINGS"/>
    <uses-permissionandroid:name="org.simalliance.openmobileapi.SMARTCARD" />
```

三、调用支付控件

（一）支付接口调用

（1）在调用支付控件的代码文件中引入 UPPayAssistEx 类如：

```
import com.unionpay.UPPayAssistEx;
```

（2）接着可以通过以下方式调用支付控件：

```
//"00" - 银联正式环境
//"01" - 银联测试环境，该环境中不发生真实交易
String serverMode ="01";
        UPPayAssistEx.startPay (activity, null, null,tn, serverMode);
```

支付完成后，获取支付控件支付结果，并添加相应处理逻辑，只需实现调用 Activity 中的 onActivityResult()方法即可，支付成功时会返回商户客户端支付结果的签名信息。

对于签名信息需注意以下几点：

① 前台返回的支付结果中包含银联签名，要在商户后台对签名进行校验后才能展示结果。

② 前台签名使用的密钥和算法与后台结果中的签名一致。

③ 如果商户 APP 在客户端内进行签名验证，要自行实现签名密钥更新的机制，否则更换密钥后会导致验签失败。（不推荐）

④ 商户订单是否成功支付应该以商户后台收到全渠道返回的支付结果为准，此处支付控件返回的结果仅作为参考。

示例代码如下：

```
protected void onActivityResult( int requestCode,
        int resultCode, Intent data)
{
  if( data == null ){
    return;
  }

String str =   data.getExtras().getString("pay_result");
if( str.equalsIgnoreCase(R_SUCCESS) ){
//支付成功后，extra 中如果存在 result_data，取出校验
          // result_data 结构见 c)result_data 参数说明
        if(data.hasExtra("result_data")) {
                      Stringsign =   data.getExtras().getString("result_data");
              //验签证书同后台验签证书
              //此处的 verify，商户需送去商户后台做验签
              if(verify(sign)) {
                    //验证通过后，显示支付结果
        showResultDialog(" 支付成功！");
              } else {
                      //验证不通过后的处理
                      //建议通过商户后台查询支付结果
                      }
          } else {
                //未收到签名信息
                //建议通过商户后台查询支付结果
                }
}else if( str.equalsIgnoreCase(R_FAIL) ){
    showResultDialog(" 支付失败！");
}else if( str.equalsIgnoreCase(R_CANCEL) ){
    showResultDialog(" 你已取消了本次订单的支付！");
                }
}
```

c) result_data 参数说明：

参数说明：

sign——签名后做 Base64 的数据

data——用于签名的原始数据

data 中原始数据结构：

pay_result——支付结果 success，fail，cancel

tn——订单号

result_data 示例：

"{"sign":"ZnZY4nqFGu/ugcXNIhniJh6UDVriWANIHtIDRzV9w120E6tUgpL9Z7jIFzWrSV73hmrkk8BZMXMc/9b8u3Ex1ugnZn0OZtWfMZk2I979dxp2MmOB+1N+Zxf8iHr7KNhf9xb+VZdEydn3Wc/xX/B4jncg0AwDJO/0pezhSZqdhSivTEoxq7KQTq2KaHJmNotPzBatWI5Ta7Ka2I/fKUv8zr6DGu3/5UaPqHhnUq1IwgxEWOYxGWQgtyTMo/tDIRx0OIXOm4iOEcnA9DWGT5hXTT3nONkRFuOSyqS5Rzc26gQE6boD+wkdUZTy55ns8cDCdaPajMrnuEByZCs70yvSgA==","data":"pay_result=success&tn=201512151321481233778"}"

（二）检测是否已安装银联 Apk 接口调用

```
if(UPPayAssistEx.checkInstalled(context))
{
//当判断用户手机上已安装银联 Apk,商户客户端可以做相应个性化处理
}
```

四、业务逻辑实现 Demo

```
public abstract class BaseActivity extends Activity implements Callback, Runnable {
    public static final String LOG_TAG = "PayDemo";
    private Context mContext = null;
    private int mGoodsIdx = 0;
    private Handler mHandler = null;
    private ProgressDialog mLoadingDialog = null;

    public static final int PLUGIN_VALID = 0;
    public static final int PLUGIN_NOT_INSTALLED = -1;
    public static final int PLUGIN_NEED_UPGRADE = 2;

    /*****************************************************************
     * mMode 参数解释："00" - 启动银联正式环境 "01" - 连接银联测试环境
     *****************************************************************/
    private final String mMode = "01";
    private static final String TN_URL_01 =
                    "http://101.231.204.84:8091/sim/getacptn";

    private final View.OnClickListener mClickListener = new
                                        View.OnClickListener() {
```

```
        @Override
        public void onClick(View v) {
            Log.e(LOG_TAG, " " + v.getTag());
            mGoodsIdx = (Integer) v.getTag();

            mLoadingDialog = ProgressDialog.show(mContext, // context
                    "", // title
                    "正在努力的获取 tn 中,请稍候...", // message
                    true); //进度是否是不确定的,这只和创建进度条有关

            /*************************************************
             * 步骤 1:从网络开始,获取交易流水号即 TN
             ************************************************/
            new Thread(BaseActivity.this).start();
        }
    };

    public abstract void doStartUnionPayPlugin(Activity activity, String tn,
            String mode);

    @Override
    protected void onCreate(Bundle savedInstanceState) {
        super.onCreate(savedInstanceState);
        mContext = this;
        mHandler = new Handler(this);

        setContentView(R.layout.activity_main);

        Button btn0 = (Button) findViewById(R.id.btn0);
        btn0.setTag(0);
        btn0.setOnClickListener(mClickListener);

        TextView tv = (TextView) findViewById(R.id.guide);
        tv.setTextSize(16);
        updateTextView(tv);
    }

    public abstract void updateTextView(TextView tv);

    @Override
    public boolean handleMessage(Message msg) {
        Log.e(LOG_TAG, " " + "" + msg.obj);
        if (mLoadingDialog.isShowing()) {
```

```
            mLoadingDialog.dismiss();
        }

        String tn = "";
        if (msg.obj == null || ((String) msg.obj).length() == 0) {
            AlertDialog.Builder builder = new AlertDialog.Builder(this);
            builder.setTitle("错误提示");
            builder.setMessage("网络连接失败,请重试!");
            builder.setNegativeButton("确定",
                    new DialogInterface.OnClickListener() {
                        @Override
                        public void onClick(DialogInterface dialog, int which) {
                            dialog.dismiss();
                        }
                    });
            builder.create().show();
        } else {
            tn = (String) msg.obj;
            /*************************************************
             * 步骤2:通过银联工具类启动支付插件
             *************************************************/
            doStartUnionPayPlugin(this, tn, mMode);
        }

        return false;
    }

    @Override
    protected void onActivityResult(int requestCode, int resultCode, Intent data)
    {
        /*************************************************
         * 步骤3:处理银联手机支付控件返回的支付结果
         *************************************************/
        if (data == null) {
            return;
        }

        String msg = "";
        /*
         * 支付控件返回字符串:success、fail、cancel 分别代表支付成功,支付失败,支付
         * 取消
         */
        String str = data.getExtras().getString("pay_result");
```

```
if (str.equalsIgnoreCase("success")) {
    //支付成功后,extra 中如果存在 result_data,取出校验
    // result_data 结构见 c)result_data 参数说明
    if (data.hasExtra("result_data")) {
        String result = data.getExtras().getString("result_data");
        try {
            JSONObject resultJson = new JSONObject(result);
            String sign = resultJson.getString("sign");
            String dataOrg = resultJson.getString("data");
            //验签证书同后台验签证书
            //此处的 verify,商户需送去商户后台做验签
            boolean ret = verify(dataOrg, sign, mMode);
            if (ret) {
                //验证通过后,显示支付结果
                msg = "支付成功!";
            } else {
                //验证不通过后的处理
                //建议通过商户后台查询支付结果
                msg = "支付失败!";
            }
        } catch (JSONException e) {
        }
    } else {
        //未收到签名信息
        //建议通过商户后台查询支付结果
        msg = "支付成功!";
    }
} else if (str.equalsIgnoreCase("fail")) {
    msg = "支付失败!";
} else if (str.equalsIgnoreCase("cancel")) {
    msg = "用户取消了支付";
}

AlertDialog.Builder builder = new AlertDialog.Builder(this);
builder.setTitle("支付结果通知");
builder.setMessage(msg);
builder.setInverseBackgroundForced(true);
// builder.setCustomTitle();
builder.setNegativeButton("确定", new
                                DialogInterface.OnClickListener() {
    @Override
    public void onClick(DialogInterface dialog, int which) {
        dialog.dismiss();
```

```
            }
        });
        builder.create().show();
    }

    @Override
    public void run() {
        String tn = null;
        InputStream is;
        try {

            String url = TN_URL_01;

            URL myURL = new URL(url);
            URLConnection ucon = myURL.openConnection();
            ucon.setConnectTimeout(120000);
            is = ucon.getInputStream();
            int i = -1;
            ByteArrayOutputStream baos = new ByteArrayOutputStream();
            while ((i = is.read()) != -1) {
                baos.write(i);
            }

            tn = baos.toString();
            is.close();
            baos.close();
        } catch (Exception e) {
            e.printStackTrace();
        }

        Message msg = mHandler.obtainMessage();
        msg.obj = tn;
        mHandler.sendMessage(msg);
    }

    int startpay(Activity act, String tn, int serverIdentifier) {
        return 0;
    }

    private boolean verify(String msg, String sign64, String mode) {
        //此处的 verify,商户需送去商户后台做验签
        return true;

    }
```

6.2　支付宝 Android 支付开发

支付宝 Android 支付开发即商家在 APP 应用中集成支付宝支付功能。

商家 APP 通过调用支付宝提供的 SDK,可以调用支付宝客户端内的支付模块,之后商家 APP 会跳转到支付宝中完成支付,支付完后跳回到商家 APP 内,最后展示支付结果。

6.2.1　概述

一、用户使用场景

(1) 用户在商家 APP 中选择商品下单、确认购买,进入支付环节,选择支付宝,用户点击确认支付,如图 6-7(a)所示。

(2) 进入到支付宝页面,调起支付宝支付,出现确认支付界面,如图 6-7(b)所示。

(3) 用户确认收款方和金额,点击立即支付后出现输入密码界面,如图 6-7(c)所示。

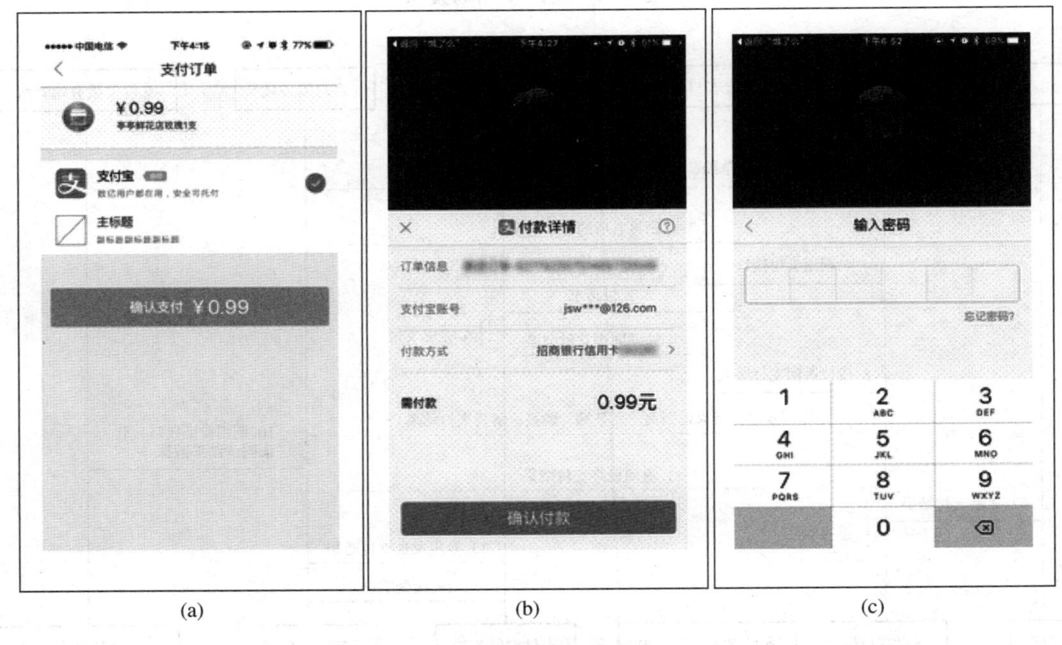

(a)　　(b)　　(c)

图 6-7　用户使用场景一

(4) 输入正确密码后,支付宝端显示支付结果,如图 6-8(a)所示。

(5) 自动回跳到商家 APP 中,商家根据付款结果个性化展示订单处理结果,如图 6-8(b)所示。

二、系统交互流程

系统交互流程如图 6-9 所示:

其中,APP 支付集成开发涉及的关键有以下几步:

(a)

(b)

图 6-8　用户使用场景二

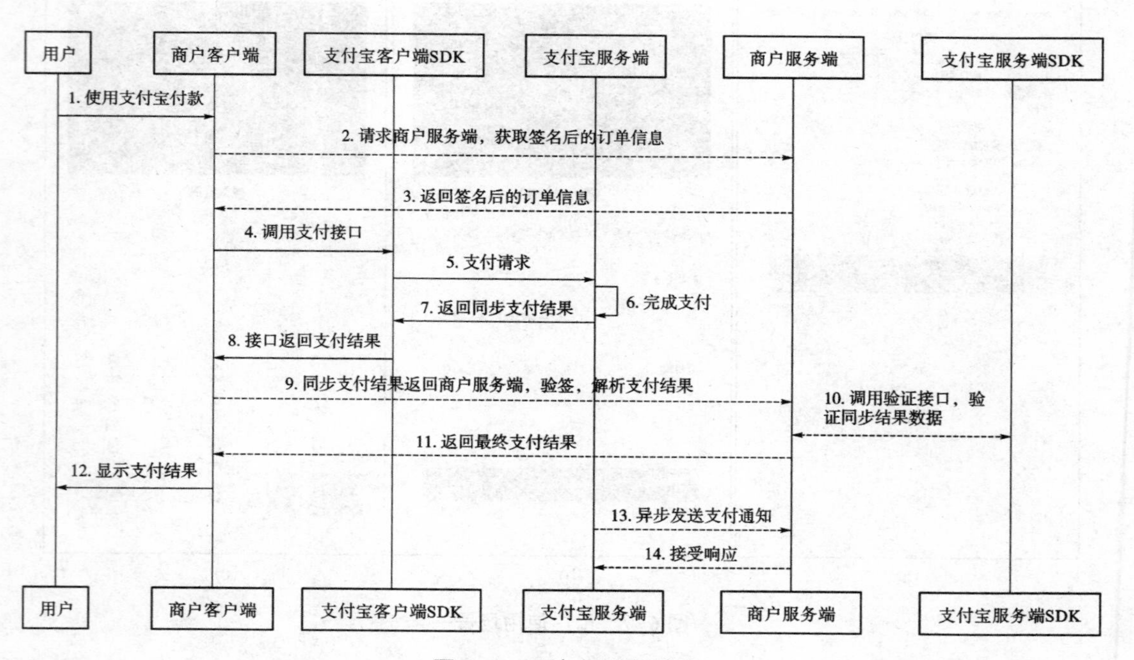

图 6-9　系统交互流程图

（1）第 4 步：调用支付接口。

此消息就是接口所描述的支付宝客户端 SDK 提供的支付对象 PayTask，将商户签名后的订单信息传进 payv2 方法唤起支付宝收银台。

（2）第 5 步：支付请求。

支付宝客户端 SDK 将会按照商户客户端提供的请求参数发送支付请求。

(3) 第 8 步：接口返回支付结果。

商户客户端在第 4 步中调用的支付接口，会返回最终的支付结果(即同步通知)

(4) 第 13 步：用户在支付宝 APP 完成支付后，会根据商户在手机网站支付 API 中传入的前台回跳地址 return_url 自动跳转回商户页面，同时在 URL 请求中附带上支付结果参数。同时，支付宝还会根据原始支付 API 中传入的异步通知地址 notify_url，通过 POST 请求的形式将支付结果作为参数通知到商户系统。

6.2.2　开发详解

首先到蚂蚁金服官网 https://open.alipay.com 下载 APP 支付 SDK 包(Android 版)。

一、导入 SDK 开发资源

(1) 将 alipay_sdk /alipaySdk-xxxxxxxx.jar 包放入商户应用工程的 libs 目录下。

(2) 进入商户应用工程的 Java Build Path，将 libs 目录下的 alipaySDK-xxxxxxxx.jar 导入，添加到依赖中。

1. 修改 Manifest

在商户应用工程的 AndroidManifest.xml 文件里面添加声明：

```
<activity
        android:name="com.alipay.sdk.app.H5PayActivity"
        android:configChanges="orientation|keyboardHidden|navigation"
        android:exported="false"
        android:screenOrientation="behind" >
</activity>
<activity
        android:name="com.alipay.sdk.auth.AuthActivity"
        android:configChanges="orientation|keyboardHidden|navigation"
        android:exported="false"
        android:screenOrientation="behind" >
</activity>
```

和权限声明：

```
<uses-permission android:name="android.permission.INTERNET" />
<uses-permission android:name="android.permission.ACCESS_NETWORK_STATE" />
<uses-permission android:name="android.permission.ACCESS_WIFI_STATE" />
<uses-permission android:name="android.permission.READ_PHONE_STATE" />
<uses-permission android:name="android.permission.WRITE_EXTERNAL_STORAGE" />
```

2. 添加混淆规则

在商户应用工程的 proguard-project.txt 里添加以下相关规则：

```
-libraryjars libs/alipaySDK-20160912.jar

-keep class com.alipay.android.app.IAlixPay{ *;}
-keep class com.alipay.android.app.IAlixPay$Stub{ *;}
```

```
-keep class com.alipay.android.app.IRemoteServiceCallback{ *;}
-keep class com.alipay.android.app.IRemoteServiceCallback$Stub{ *;}
-keep class com.alipay.sdk.app.PayTask{ public *;}
-keep class com.alipay.sdk.app.AuthTask{ public *;}
```

二、支付接口调用

需要在新线程中调用支付接口。

获取 PayTask 支付对象调用支付(支付行为需要在独立的非 ui 线程中执行),代码示例:

```
final String orderInfo = info;    //订单信息

        Runnable payRunnable = new Runnable() {

            @Override
            public void run() {
                PayTask alipay = new PayTask(DemoActivity.this);
                String result = alipay.payV2(orderInfo,true);

                Message msg = new Message();
                msg.what = SDK_PAY_FLAG;
                msg.obj = result;
                mHandler.sendMessage(msg);
            }
        };
        //必须异步调用
        Thread payThread = new Thread(payRunnable);
        payThread.start();
```

三、支付结果获取和处理

调用 pay 方法支付后,获得同步返回的支付结果:商户应用客户端通过当前调用支付的 Activity 的 Handler 对象,通过它的回调函数获取支付结果。

示例代码:

```
private Handler mHandler = new Handler() {
        public void handleMessage(Message msg) {
            Result result = new Result((String) msg.obj);
            Toast.makeText(DemoActivity.this, result.getResult(),
                        Toast.LENGTH_LONG).show();
        };
};
```

四、业务逻辑实现 Demo

```
package com.alipay.sdk.pay.demo;
```

```
import Java.util.Map;
import com.alipay.sdk.app.AuthTask;
import com.alipay.sdk.app.PayTask;
import com.alipay.sdk.pay.demo.util.OrderInfoUtil2_0;
import android.annotation.SuppressLint;
import android.app.AlertDialog;
import android.content.DialogInterface;
import android.content.Intent;
import android.os.Bundle;
import android.os.Handler;
import android.os.Message;
import android.support.v4.app.FragmentActivity;
import android.text.TextUtils;
import android.util.Log;
import android.view.View;
import android.widget.Toast;

/**
 * 重要说明:
 *
 * 这里只是为了方便直接向商户展示支付宝的整个支付流程;所以 Demo 中加签过程直接
 * 放在客户端完成;
 * 真实 APP 里,privateKey 等数据严禁放在客户端,加签过程务必要放在服务端完成;
 * 防止商户私密数据泄露,造成不必要的资金损失,及面临各种安全风险;
 */
public class PayDemoActivity extends FragmentActivity {

  /** 支付宝支付业务:入参 app_id */
  public static final String APPID = "";

  /** 支付宝账户登录授权业务:入参 pid 值 */
  public static final String PID = "";
  /** 支付宝账户登录授权业务:入参 target_id 值 */
  public static final String TARGET_ID = "";

  /** 商户私钥,pkcs8 格式 */
  /** 如下私钥,RSA2_PRIVATE 或者 RSA_PRIVATE 只需要填入一个 */
  /** 如果商户两个都设置了,优先使用 RSA2_PRIVATE */
  /** RSA2_PRIVATE 可以保证商户交易在更加安全的环境下进行,建议使用
  RSA2_PRIVATE */
  /** 获取 RSA2_PRIVATE,建议使用支付宝提供的公私钥生成工具生成, */
/** 工具地址:
  https://doc.open.alipay.com/docs/doc.htm? treeId=291&articleId=
```

```
    106097&docType=1 */
  public static final String RSA2_PRIVATE = "";
  public static final String RSA_PRIVATE = "";

  private static final int SDK_PAY_FLAG = 1;
  private static final int SDK_AUTH_FLAG = 2;

  @SuppressLint("HandlerLeak")
  private Handler mHandler = new Handler() {
      @SuppressWarnings("unused")
      public void handleMessage(Message msg) {
          switch (msg.what) {
          case SDK_PAY_FLAG: {
              @SuppressWarnings("unchecked")
              PayResult payResult = new PayResult((Map<String, String>)
                                                msg.obj);

/**
    对于支付结果,请商户依赖服务端的异步通知结果。同步通知结果,仅作为支付结束
的通知。*/

    String resultInfo = payResult.getResult();// 同步返回需要验证的信息
    String resultStatus = payResult.getResultStatus();
        // 判断 resultStatus 为 9000 则代表支付成功
        if (TextUtils.equals(resultStatus, "9000")) {
        // 该笔订单是否真实支付成功,需要依赖服务端的异步通知。
        Toast.makeText(PayDemoActivity.this, "支付成功",
                    Toast.LENGTH_SHORT).show();
        } else {
            // 该笔订单真实的支付结果,需要依赖服务端的异步通知。
            Toast.makeText (PayDemoActivity.this, "支付失败",
                        Toast.LENGTH_SHORT).show();
        }
        break;
    }
    case SDK_AUTH_FLAG: {
        @SuppressWarnings("unchecked")
        AuthResult authResult = new AuthResult((Map<String, String>)
                                        msg.obj, true);
        String resultStatus = authResult.getResultStatus();

        // 判断 resultStatus 为"9000"且 result_code
        // 为"200"则代表授权成功,具体状态码代表含义可参考授权接口文档
```

```
            if (TextUtils.equals(resultStatus, "9000") &&
              TextUtils.equals(authResult.getResultCode(), "200")) {
            // 获取 alipay_open_id,调支付时作为参数 extern_token 的 value
            // 传入,则支付账户为该授权账户
              Toast.makeText(PayDemoActivity.this,
                      "授权成功\\n" + String.format("authCode:%s",
              authResult.getAuthCode()),Toast.LENGTH_SHORT).show();

            } else {
              // 其他状态值则为授权失败
              Toast.makeText(PayDemoActivity.this,
                      "授权失败" + String.format("authCode:%s",
              authResult.getAuthCode()), Toast.LENGTH_SHORT).show();

              }
              break;
            }
            default:
              break;
            }
        };
};

@Override
protected void onCreate(Bundle savedInstanceState) {
    super.onCreate(savedInstanceState);
    setContentView(R.layout.pay_main);
}

/**
 * 支付宝支付业务
 *
 * @param v
 */
public void payV2(View v) {
    if (TextUtils.isEmpty(APPID) || (TextUtils.isEmpty(RSA2_PRIVATE) &&
                                TextUtils.isEmpty(RSA_PRIVATE))) {
        new AlertDialog.Builder(this).setTitle("警告").setMessage(
    "需要配置 APPID | RSA_PRIVATE").setPositiveButton("确定",
    new DialogInterface.OnClickListener() {
    public void onClick (DialogInterface dialoginterface, int i) {
                    //
                    finish();
```

```
                }
            }).show();
            return;
        }

/**
 * 这里只是为了方便直接向商户展示支付宝的整个支付流程；所以 Demo 中加签过程
 * 直接放在客户端完成；
 * 真实 APP 里，privateKey 等数据严禁放在客户端，加签过程务必要放在服务端完
 * 成；防止商户私密数据泄露，造成不必要的资金损失，及面临各种安全风险；
 *  orderInfo 的获取必须来自服务端；
 */
        boolean rsa2 = (RSA2_PRIVATE.length() > 0);
        Map<String, String> params = OrderInfoUtil2_0.buildOrderParamMap(
                                                        APPID, rsa2);
        String orderParam = OrderInfoUtil2_0.buildOrderParam(params);

        String privateKey = rsa2 ? RSA2_PRIVATE : RSA_PRIVATE;
        String sign = OrderInfoUtil2_0.getSign(params, privateKey, rsa2);
        final String orderInfo = orderParam + "&" + sign;

        Runnable payRunnable = new Runnable() {

            @Override
            public void run() {
                PayTask alipay = new PayTask(PayDemoActivity.this);
                Map<String, String> result = alipay.payV2(orderInfo, true);
                Log.i("msp", result.toString());

                Message msg = new Message();
                msg.what = SDK_PAY_FLAG;
                msg.obj = result;
                mHandler.sendMessage(msg);
            }
        };

        Thread payThread = new Thread(payRunnable);
        payThread.start();
    }

    /**
     * 支付宝账户授权业务
     *
```

```
     * @param v
     */
    public void authV2(View v) {
        if (TextUtils.isEmpty(PID) || TextUtils.isEmpty(APPID)
                || (TextUtils.isEmpty(RSA2_PRIVATE) &&
                          TextUtils.isEmpty(RSA_PRIVATE))
                || TextUtils.isEmpty(TARGET_ID)) {
          new AlertDialog.Builder(this).setTitle("警告").setMessage(
            "需要配置PARTNER |APP_ID| RSA_PRIVATE| TARGET_ID")
                      .setPositiveButton("确定", new
                    DialogInterface.OnClickListener() {
          public void onClick(DialogInterface dialoginterface, int i) {
          }
          }).show();
          return;
    }

/**
* 这里只是为了方便直接向商户展示支付宝的整个支付流程;所以 Demo 中加签过程直接放
* 在客户端完成;真实 APP 里,privateKey 等数据严禁放在客户端,
* 加签过程务必要放在服务端完成;
* 防止商户私密数据泄露,造成不必要的资金损失,及面临各种安全风险;
* authInfo 的获取必须来自服务端;
*/
    boolean rsa2 = (RSA2_PRIVATE.length() > 0);
    Map<String, String> authInfoMap = OrderInfoUtil2_0.buildAuthInfoMap(PID,
            APPID, TARGET_ID, rsa2);
        String info = OrderInfoUtil2_0.buildOrderParam(authInfoMap);

        String privateKey = rsa2 ? RSA2_PRIVATE : RSA_PRIVATE;
        String sign = OrderInfoUtil2_0.getSign(authInfoMap, privateKey,
                                                        rsa2);
        final String authInfo = info + "&" + sign;
        Runnable authRunnable = new Runnable() {

            @Override
            public void run() {
                // 构造 AuthTask 对象
                AuthTask authTask = new AuthTask(PayDemoActivity.this);
                // 调用授权接口,获取授权结果
                Map<String, String> result = authTask.authV2(authInfo, true);

                Message msg = new Message();
```

```
                msg.what = SDK_AUTH_FLAG;
                msg.obj = result;
                mHandler.sendMessage(msg);
            }
        };

        // 必须异步调用
        Thread authThread = new Thread(authRunnable);
        authThread.start();
    }

    /**
     * get the sdk version. 获取 SDK 版本号
     *
     */
    public void getSDKVersion() {
        PayTask payTask = new PayTask(this);
        String version = payTask.getVersion();
        Toast.makeText(this, version, Toast.LENGTH_SHORT).show();
    }

    /**
     * 原生的 H5(手机网页版支付切 natvie 支付)【对应页面网页支付按钮】
     *
     * @param v
     */
    public void h5Pay(View v) {
        Intent intent = new Intent(this, H5PayDemoActivity.class);
        Bundle extras = new Bundle();
        /**
         * URl 是测试的网站,在 APP 内部打开页面是基于 webview 打开的,Demo 中的
         * webview 是 H5PayDemoActivity,
         * Demo 中拦截 url 进行支付的逻辑是在 H5PayDemoActivity 中
         * shouldOverrideUrlLoading 方法实现,
           * 商户可以根据自己的需求来实现
           */
          String url = "http://m.taobao.com";
        // url 可以是一号店或者淘宝等第三方的购物 wap 站点,在该网站的支付过程中,支
        // 付宝 SDK 完成拦截支付
            extras.putString("url", url);
            intent.putExtras(extras);
            startActivity(intent);
        }
    }
```

参 考 文 献

[1] Rogers Cadenhead. Java 入门经典[M]. 6 版. 梅兴文,郝记生,译. 北京:人民邮电出版社,2012.

[2] [美]Cay S. Horstmann. Java 核心技术(卷 1):基础知识[M]. 9 版. 周立新,陈波,叶乃文,等,译. 北京:机械工业出版社出版,2013.

[3] 鸟哥编. 鸟哥的 Linux 私房菜:基础学习篇[M]. 3 版. 北京:人民邮电出版社,2010.

[4] [美]Grant Allen, Mike Owens. SQLite 权威指南[M]. 2 版. 杨谦,刘义宣,谢志强,译. 北京:电子工业出版社,2012.

[5] [美] Joe Fawcett, Liam R. E. Quin,等. XML 入门经典[M]. 5 版. 刘云鹏,译. 北京:清华大学出版社,2013.

[6] https://developer. android. google. cn/index. html.

[7] https://open. unionpay. com.

[8] https://open. alipay. com.